〝川合〟と「里沼」

—利根川・渡良瀬川合流域の歴史像—

地方史研究協議会 編

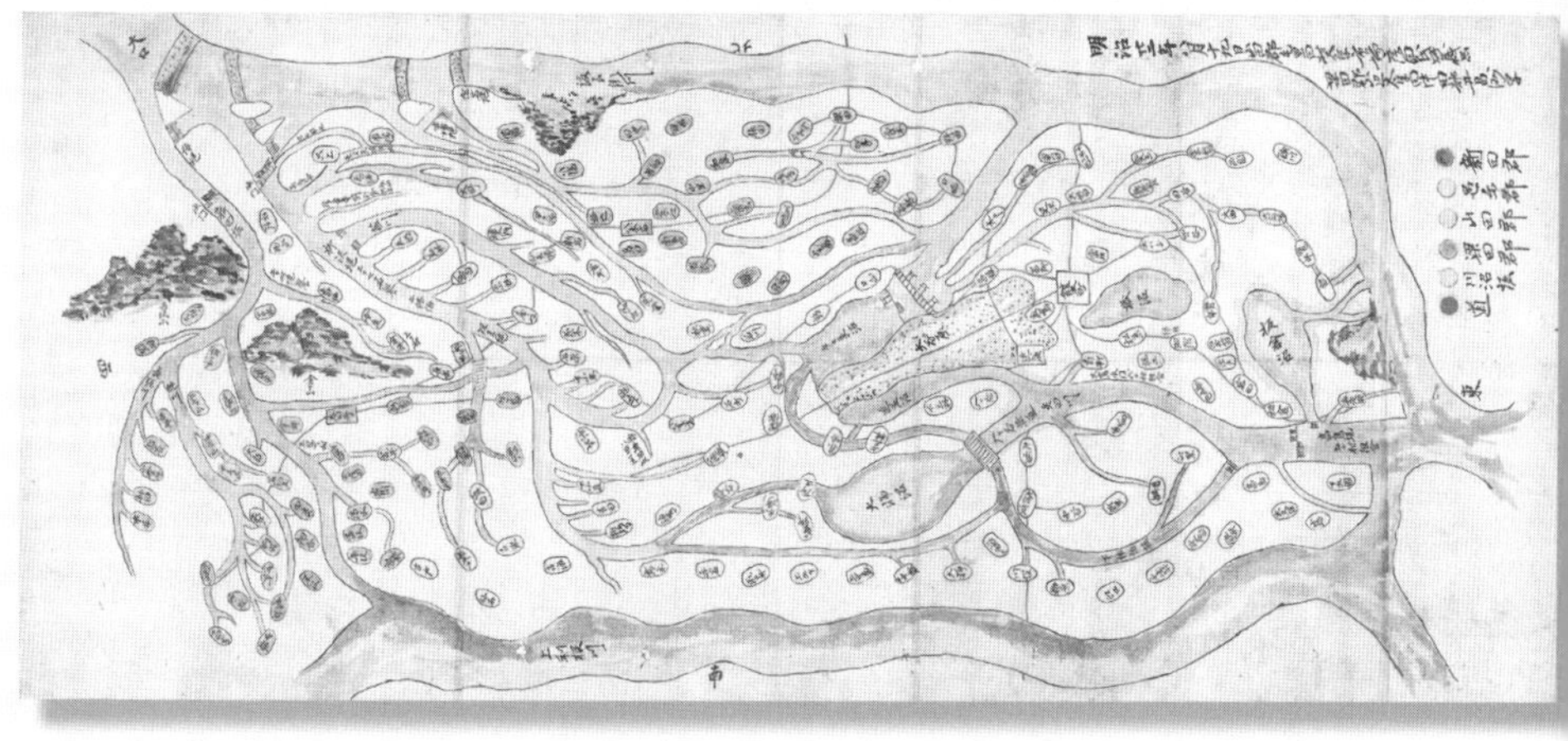

雄山閣

四郡水配図（個人蔵）

序文

本書は、第七三回（館林）大会の成果論文集である。本大会の開催は、二〇二三年一〇月二一日から二三日であった。前回の第七二回（三重）大会では、対面・リモート併用のハイブリッド形式で実施したが、今回も同様な形式で大会を開催した。コロナ禍の脅威から落ち着きを取り戻しつつあるなか、現場を重んじる本会としては、可能な限り参加者が、顔と顔を合わせて議論する機会をもつことの大切さを改めて強く認識しえた大会であった。

茨城大会の延期・開催にともない、三重とともに館林での大会も一年の期間を置かざるをえなかった。大会を担っていただいた開催地実行委員会各位には、いまだ不安を拭いきれない状況のなか、様々な困難に向かいながら準備を進めていただいた。まさしく「感謝」の一言に尽きる。

群馬県内における本会の大会は、一九五三年の群馬大会、一九八四年の第三五回大会、そして二〇〇四年の第五五回（高崎）大会の三回を数えるが、高崎から約二〇年が経過し、今回で四回目となる第七三回（館林）大会を迎えた。

本大会実行委員には簗瀬大輔大会実行委員長を中心に、長年地方史研究に努めてこられた方々に加え、比較的若い世代の研究者が揃った。これまで培ってきた地方史研究の成果や課題が、次の世代へ託される意味合いをもつ大会であったともいえる。

本大会の共通論題には、大嶌聖子常任委員長と高木謙一運営委員長を中心とする常任委員会と、実行委員会との議論の結果、「〝川合〟と「里沼」―利根川・渡良瀬川合流域の歴史像―」が立てられた。過去三回の大会では、県の内陸部や山間部を対象として、その地域性を議論してきたが、今回の視点を加えることで、今後群馬県域全体の歴史像を考える際の手懸かりとなる前提が整ったといえよう。

公開講演は、群馬県地域文化研究協議会会長前澤和之氏と東京大学名誉教授佐藤孝之氏にお願いした。館林ご出身の前澤氏は、館林の川・沼と人々の生活についてその歴史的変遷の観点から紹介され、佐藤氏はとくに大小様々な沼をめぐる人々の利用のあり方を考察されつつ、その消長について論じられた。いずれも本大会の共通論題と大きく関わる有意義な内容であった。そして古代から近現代および民俗に関わる八名の方々に貴重なご報告を頂戴した。

本書では、それらの成果を「Ⅰ 拠点・領域認識の形成」「Ⅱ 生業の諸相と産業発展」「Ⅲ 環境変容と住民意識」の三章立てに構成し収録したものである。原稿をお寄せいただいた各位に篤くお礼を申し上げる。

翻って、今回の大会は先述のように茨城から三重、そして館林と「コロナ禍の脅威から落ち着きを取り戻しつつあるなか」での開催で、結果的にはこの間に私どもが学んだ大会開催運営のあり方を、反映したものとなったと思う。様々な形で支えてくださった方々に、この場をもって感謝申し上げる。

最後になるが、本大会開催に際して多大なるご尽力をいただいた、第七三回（館林）大会実行委員会の前澤・佐藤両顧問、簗瀬委員長をはじめ、逐一お名前をあげられないが実行委員各位に対し、改めて篤くお礼を申し上げる。また、大会会場や委員会の会場の手配等にご協力を賜った事務局の中村豊氏・岡屋紀子氏・井坂優斗氏にも重畳お礼を申し上げる。

そして、後援・協力・協賛いただいた諸機関・諸団体、とくに館林市による後援は心強かった。関わっていただいた各位に衷心よりお礼を申し上げる。

二〇二四年八月

地方史研究協議会

会長　久保田昌希

〝川合〟と「里沼」―利根川・渡良瀬川合流域の歴史像―／目　次

刊行にあたって

大会成果論集刊行特別委員会

本書は、地方史研究協議会第七三回（館林）大会の成果を、当日の公開講演・共通論題研究発表をもとにまとめたものである。大会の共通論題は「〝川合〟と「里沼」―利根川・渡良瀬川合流域の歴史像―」であり、共通論題の趣意は本書の基調でもあるため、大会の趣意書を次に掲げるとともに、〝川合〟と「里沼」という概念を共通論題の主題として設定するに至るまでの経緯を述べておく。

【第七三回大会を迎えるにあたって】

〝川合〟と「里沼」―利根川・渡良瀬川合流域の歴史像―

常任委員会
第七三回（館林）大会実行委員会

地方史研究協議会は、第七三回大会を本年一〇月二一日（土）から二三日（月）までの三日間、群馬県館林市で開催する。

本会常任委員会および開催地の研究者を中心に組織された大会実行委員会では、大会の共通論題を「〝川合〟と

「里沼」―利根川・渡良瀬川合流域の歴史像―」と決定した。

群馬県内では、一九五三年の「群馬県大会」に続き、第三五回大会（一九八四）を前橋市で、第五五回大会（二〇〇四）を高崎市で開催した。後者二大会の共通論題は、「内陸の生活と文化」と「交流の地域史―ぐんまの山・川・道―」であり、いずれも内陸部や山間地域を対象に群馬の地域性を追究してきた。一方、県東部に目を移すと、利根川・渡良瀬川の二つの大きな河川に挟まれた邑楽台地は、これまで対象としてきた地域とは自然環境が大きく異なる。本大会では、行政・政治的背景に規定された国境や県境にとらわれず、二大河川に係る範囲を〝川合〟（かわあい）と称し、その合流域を対象地としたい。

〝川合〟の地域では、自然堤防上に造られた沼除堤や水防建築の水塚など、水との関わり、あるいは闘いのなかで景観が形成されてきた。これらの景観は、例えば板倉町では「利根川・渡良瀬川合流域の水場景観」として重要文化的景観に選定されるなど、保全と活用が進められている。そうしたなか、館林市では沼と人びとが共生しながら現在まで繋いできた歴史・文化、暮らしや生業を営む場を「里沼」（さとぬま）と表現し、その特有の沼辺文化が日本遺産に認定された。

近年、人びとが日常的に利用してきた雑木林や草山を「里山」と呼ぶことが一般化しつつあり、それに対置される概念として「里海」「里湖」（さとうみ）、そして「里沼」が提唱された。「里沼」では、周囲に暮らす人びとが水辺に棲息する魚類や水鳥など生物資源を得るだけでなく、水生植物を肥料や燃料などに利用して、用益地に改変しながら自然環境と向き合ってきた。こうした点をふまえ、本大会では水と人びとの関わりに注目し、利根川・渡良瀬川合流域における〝川合〟と「里沼」の歴史像を実証的に明らかにすることを目的とする。

縄文海進では、茨城県古河市周辺まで海水が進入し、利根川・渡良瀬川合流域にも貝塚が多く残された。寒冷化した縄文後・晩期には、邑楽台地の谷の出口が沼沢地となる。このころ、荒川低地に流れていた利根川本流が現在の谷田川流路を流れるようになった。四世紀には、利根川・渡良瀬川を通じて古墳文化が伝わり、六世紀後半には堂山古墳・山王山古墳などが築かれた。

古代には、台地西部にある大泉町仙石付近に利根川の渡し場が設けられ、武蔵国に至る水陸交通の要所となった。古代社会では、河川や池溝とそれらにともなう堰堤に関して様々な規定が設けられたが、沼についてはいくつかの太政官符などに見えるだけで、行政的施策の対象として注目度は低かった。その一方、『万葉集』からは伊奈良の沼に生える大藺草が歌に詠まれているように、沼地の恵みに支えられた暮らしの情景がうかがえる。

中世になると邑楽郡が一郡規模で荘園化され、邑楽御厨あるいは佐貫荘と呼ばれるようになった。佐貫荘は洪積台地と利根川・渡良瀬川がつくった沖積低地に領域的に立地している。武士団佐貫氏は当初、湿田が卓越していたであろう邑楽台地南辺を本拠とした。その後、次第に台地北辺の渡良瀬低地に進出し、安定的な用水を利用することで、今日の穀倉地帯の礎を築いた。邑楽郡内には、ナガラ（長柄・長良）神社が三〇社以上分布し、特に利根川と谷田川沿いに多く見られ、水辺の開発と佐貫荘経営を祈願して勧請された。戦国時代には、古河公方の鴻巣御所をはじめ、赤井氏の館林城、広田・木戸氏の羽生城、成田氏の忍城など、沼を利用する城郭が構築され、領域支配をおこなう政治拠点として機能し、赤岩などの渡河点とあいまって交通機能も整備された。沼では鯉漁と水鳥猟がおこなわれ、古河公方や小田原北条氏に献上された。

初代館林藩主となった榊原康政は、館林城の拡張工事や城下町の整備、利根川・渡良瀬川の築堤工事を実施した。館林城は城沼の西岸に位置し、南岸の躑躅ヶ崎は周囲の景観を彩る名所として藩領外からも花見客が訪れる行楽地となった。徳川綱吉が藩主であった時期には、矢場川の付替えがおこなわれ、渡良瀬低地の水害を減らすため開発が進められ、下野国の一部の村を上野国に編入し、国境が変更された。同時期、領内には一六の比較的大きな沼があったとされ、古来よりの漁撈や藻草などの採集に加え蓮根栽培も広まったが、沿岸の干上りや新田開発によって規模や数を縮小させていった。地域を潤した用水は、主に渡良瀬川に設けた四堰から引き入れた。多々良沼・近藤沼・大輪沼は用排水をうけ村々の水源となった。低湿な地面や沼底の泥を掻き上げて造成する田地は掘上田と呼ばれ、近代以降も開発は続き、一九七〇年代まで存在した。このように、領主的な開発と民衆による開発が併存しながら今日の「里沼」景観が形成されてきた。

明治以降、殖産興業政策により、第四十国立銀行・館林製粉（後に日清製粉）・上毛モスリンなどが創設された。一方、足尾銅山などの鉱山開発は、河川を汚染し、山の保水機能を失わせ、公害を引き起こした。この事件により公害に対する民衆運動の新たな形が提示された。また、東武鉄道などの開通は河川輸送を衰退させたが、館林は邑楽地域における物資の集散地として機能した。戦後、農業生産の拡大や工業団地の造成のため、多くの沼が埋め立てられ、「里沼」は消滅あるいは縮小していった。しかし今日では、自然との共生を図り〝川合〟の景観を守る資源として、後世に継承していくための活動が進められている。

〝川合〟と「里沼」に関する様々な歴史的事象を学術的に明らかにすることにより、利根川・渡良瀬川合流域の歴史像を検証することは重要な試みだと考える。活発な議論がおこなわれることを期待する。

右の趣意書にも見られるように、本大会の共通論題の設定に関しては、第五五回（高崎）大会「交流の地域史―ぐんまの山・川・道」で議論された成果や課題、そして対象外となった群馬の他地域について取り上げることを出発点としている。同大会では、山間地域の生活の実態や他地域を結ぶ川や道を通じた広範な生産・流通・文化活動といった当時の研究を踏まえ、あらたな地域像をみることが試みられた。

一方、群馬県東部には利根川・渡良瀬川の二つの大きな河川に挟まれた邑楽台地が見え、その自然環境は大きく異なっている。その河川は概ね県境（旧国境）を形成しており、栃木・埼玉・茨城の三県（旧下野・武蔵・下総国）に囲まれ、多様な文化の交流の場であることから、一概に「群馬県（旧上野国）」として括ることが難しい地域である。そこでまず、大会実行委員会において準備委員会による素案として「両毛地域にみる境目の地域形成」を提示した。

地域設定については、「両毛地域」（群馬県館林市・桐生市・太田市・みどり市・板倉町・明和町・千代田町・大泉町・邑楽町・栃木県足利市・佐野市）という範囲設定であれば、ある程度地域的まとまりを網羅できるとし、採用した。また、「地域形成」については、過去の大会における議論も踏まえた。例えば、第六五回（埼玉）大会では「水と地形とのかかわりのなかで形成・展開されるこの地域の歴史像を検討する」とし、「荒川・利根川両河川の流路の変遷といった、時代によって変化する自然環境に対応し、ときには生活や生産の拠点を移動させながら歴史的な展開をみせたという共通点」を検討課題とした。また、第六七回（妙高）大会では「地域社会を構成する多くの要素が、互いに密接な関係を持ちながら時代を超えて形成されてきた空間」であることを「間」と表現し、もう一つの課題設定である「境」は「古来より自然地形などを活かして引かれてきた。古代には国域を定める役割をもち、近世には明確な国境線となり、それは近代の県域へと引き継がれた」と指摘されており、いずれも本大会において検討すべき課題であるとした。

ところで、両毛地域においては、例えば群馬県館林市と太田市との通勤・通学・生活交遊圏が栃木県足利市にもおよんでいるように、県境（国境）河川である渡良瀬川を越えた顕著な地域的一体性が認められる。しかしながら、こうしたことは、もう一つの県境（国境）河川である利根川対岸の埼玉県羽生市や加須市・行田市域との間でもある程度見られることから、上武地域も含める必要があるのではないかとの意見もあった。そのため、当該地域の地域性が「両毛地域」という枠組みではおさめられないことが確認された。また、両毛地域であっても旧山田郡域（桐生市・みどり市）は高崎大会で議論された山間部を含んでおり、旧邑楽郡（館林市・板倉町・大泉町・邑楽町・千代田町・明和町）とは異なる自然条件であるため、テーマとして複雑になるのではないかという意見が出された。一方で、共通論題研究発表を具体的に考えた場合、どのような内容が想定できるかと意見を求めたところ、旧邑楽郡内を中心とした地域に焦点を絞り、周辺地域をも含めて「邑楽地域」という枠組みも提案された。しかし、邑楽郡を軸にしつつも、県境（国境）河川を接する周辺地域との活発な交流の歴史こそが当該地域の地域性であり、歴史性であるという当初からの議論も根強く、大会名称として他地域の研究者や参加者が耳慣れない「邑楽郡」を入れることに異議が唱えられた。さらに、「邑楽」という固有名詞を使わずに、より普遍性の高い表現で地域を示すことはできないかという指摘もあった。以上から、大会独自の地域概念を検討することとなった。

また、この地域には利根川・渡良瀬川だけでなく、巴波川や思川なども流れ込む一大河川合流域でもある。さらに、渡良瀬遊水地周辺には低湿地も存在しており、このことは構造盆地である関東平野の特性に由来する。ゆえに、この地域は関東平野という巨大な擂り鉢のほぼ中央に位置することになった。そのため、当該地域を「中央関東」と呼んでみてはどうかという意見も出されたが採用には至らなかった。

こうした流れの中で、邑楽郡の東西に細長い形状は利根川・渡良瀬川の二つの河川に規定され、「二つの河川に挟まれた地域」や「二つの河川の外側地域との交流」をうまく表現できる言葉を創出できないかという議論が生まれ、そこで新たに提示された地域概念が〝川合〟である。「川合（かわあい・かわい）」という言葉は、辞書的な意味としては川と川が合流する所、合流点を意味する。この提案に対して、「川合」という字句から、二つの河川が「合流す

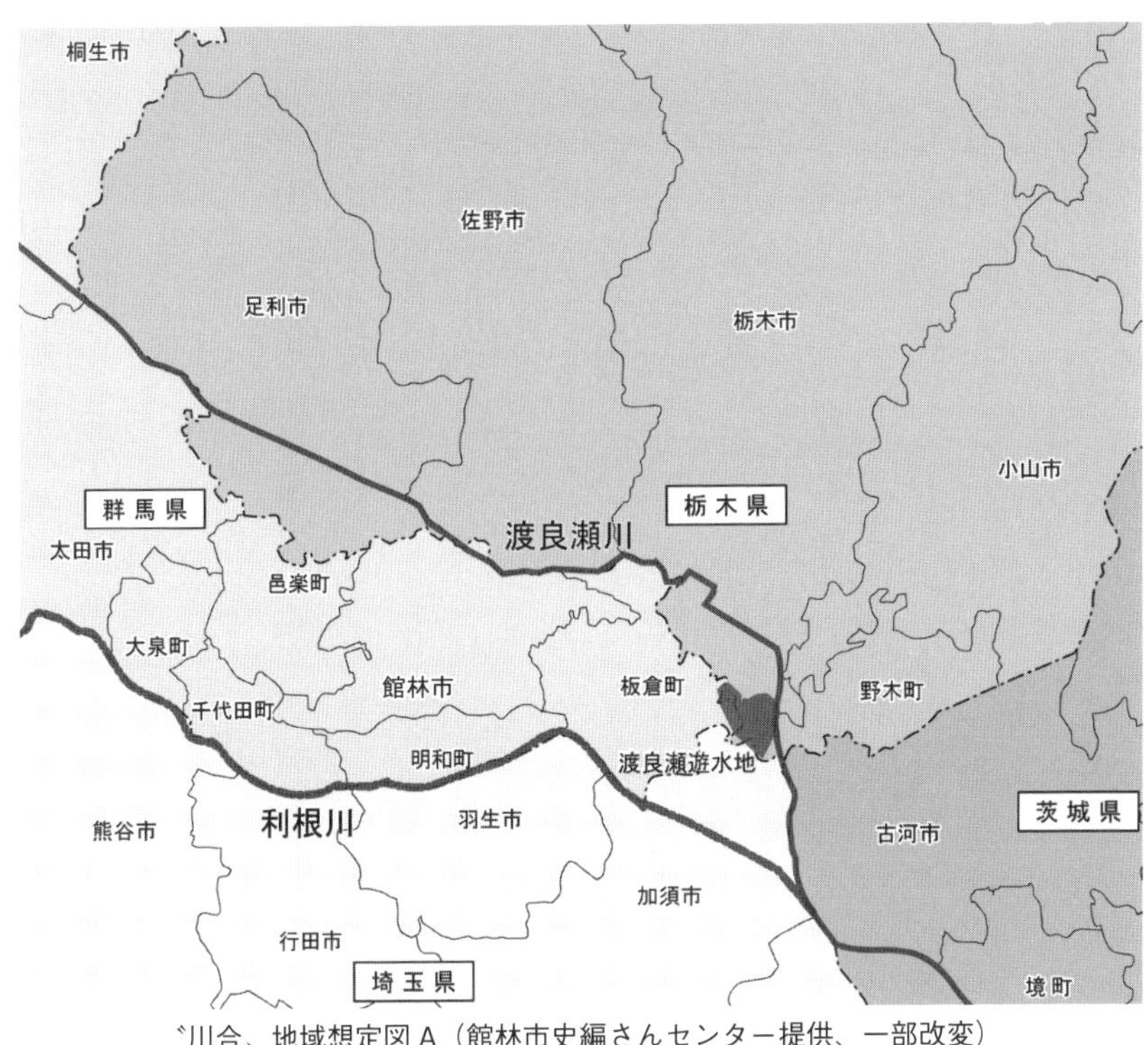

〝川合〟地域想定図Ａ（館林市史編さんセンター提供、一部改変）

る」というイメージができるか疑問であるとの懸念も指摘された。その一方で、「川合」とは何だろうかという意外性や知的好奇心を誘う可能性があるとの期待も示された。その結果、「二つの河川が並走し、合流する」ということが、この地域の歴史や文化の一定部分を規定する基盤的条件であると評価できることから、この〝川合〟という言葉を採用するに至った。

この地域を構成するもう一つの重要な要素に沼がある。先にも述べたとおり、二〇一九年に認定された日本遺産「里沼（ＳＡＴＯ－ＮＵＭＡ）─「祈り」「実り」「守り」の沼が磨き上げてきた館林の里沼文化」では、市域に点在する複数の沼を特有の地域資源としてストーリー化されている。「里沼」というと、沼の景観保持や自然保護が主になると思われがちであるが、基調とされているのは自然と人との関係性の中で生まれ、育まれ、現在まで繋がれてきた歴史・文化である。そこで改めて、テーマには〝川合〟とともに「里沼」も用いるべきではないかという意見が出された。趣意書にも見られるように、「里沼」は「里山」に対置される概念として「里海」「里湖」（さとうみ）とともに提唱された概念である。

「里山」の概念は、すでに学術用語として認知されているが、本大会においても、先行研究および国・環境省による「里地里山」「里海」の定義、日本遺産に認定された館林市による「里沼」の定義に鑑み、沼の周囲に暮らす人びとが水辺に棲息する魚類や水鳥などを生物資源として獲得し、水生植物を肥料や燃料などに利用して、用益地に改変しながら自然環境と向き合ってきた歴史・文化に着目することとした。このことから、本大会ではこうして多元的に用いられている「里沼」という概念を、学術的に改めて実態に即して定義することが可能なのかを見通すことも目的の一つとした。

さて、大会の共通論題には、〝川合〟と「里沼」が具体的な特定地域を指し示していることの説明として、副題に「利根川・渡良瀬川合流域」という言葉を補うこととした。それとともに、大会として明らかにすべき課題を、当該地域の「歴史像」と表現した。この部分については「地域史」や「地域像」という案もあったが、検討の結果、時代によって変化する「人と自然の関係性」と、その結果形成されてきた地域景観を連想させる「歴史像」を採用した。

以上、大会共通論題を設定するまでの経緯とその意図を述べた。本書では公開講演二本、共通論題研究発表八本の論文を、「Ⅰ 拠点・領域認識の形成」、「Ⅱ 生業の諸相と産業発展」、「Ⅲ 環境変容と住民意識」の三部で構成し、それぞれを概ね時代順に配列した。

「Ⅰ」には、古代から中世までの開発を通じて形成された政治的拠点や交通の要衝となる渡河点など、近世期における開発によって形成された領域に係る地域住民の領域認識について追究された諸論文を掲載した。「Ⅱ」には、渡良瀬川・利根川流域、「里沼」周辺で営まれる人間生活と生業に関する実相や、近代に入り地域の産業として発展していく過程についての諸論文を掲載した。「Ⅲ」には、環境変化にともなう地域住民の運動や災害に向き合う住民意識の実態を追究された諸論文や、自然環境の改変と消失に関する歴史や景観を文化財として保全していくあゆみとこれから、現代の私たちに向けた「提言」ともなる公開講演を掲載した。

以上の成果は、〝川合〟や「里沼」に対する人々の向き合い方や環境の変化に注目することによって得られたものである。なお、本テーマの方法論としての有効性については、巻末の「第七三回（館林）大会の記録」の一部である、「共通論題討論」も併せて確認されたい。

今後、本書の内容をもとに多くの議論がかわされ、館林・邑楽地域だけでなく、列島規模で池沼をめぐる地域研究が進展することを願っている。

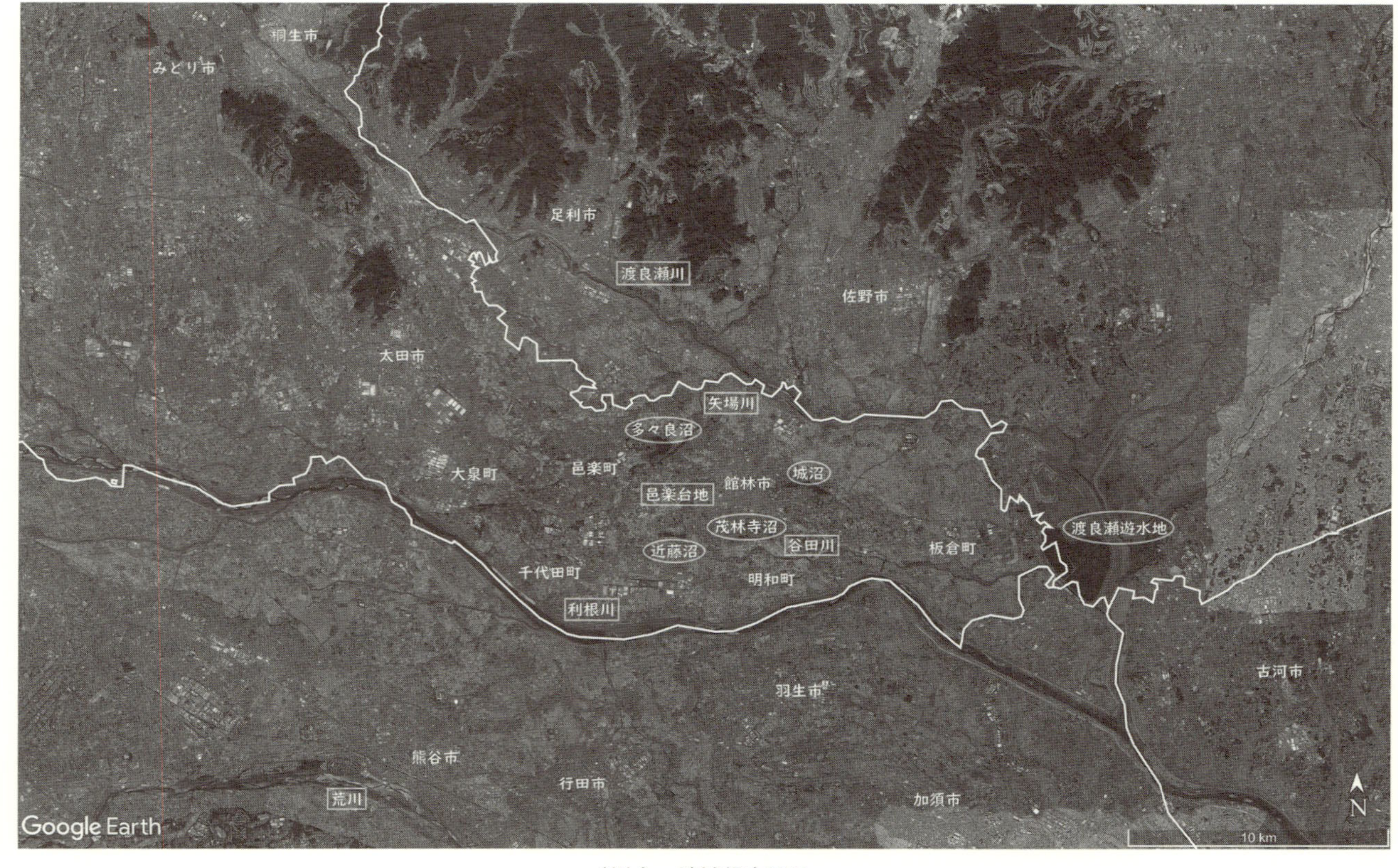

〝川合〟地域想定図B
大会実行委員会・同運営委員会作成

Ⅰ　拠点・領域認識の形成

〝川合〟における古代の交通と開発―利根川・渡良瀬川流域を事例に―

高橋人夢

はじめに

本稿は利根川・渡良瀬川の二つの大河川に挟まれた邑楽台地をはじめとする、二大河川に係る範囲を〝川合〟と称し、当地域の古代社会像を明らかにすることを試みるものである。[1] 群馬県内では近年、郡家遺跡の検出が相次いでいる。近年では、郡家の立地景観、人工河川、河川改修などに着目した郡家と水上交通との関係性を探る研究が盛んである。[2] 東国内陸部、さらには上野国への水上交通利用については既に可能性が示されているものの、[3] 上野国の郡家の立地景観と河川との関係についてはあまり意識されておらず、具体的に検討されているとは言いがたい。そのような現状に先鞭をつけたのが前澤和之氏や『館林市史』の研究成果で、[4] 本稿ではこれらの視点を継承しながら邑楽郡家の立地景観と交通との関係について考察を行う。これを一点目の課題とする。

さて、「邑楽郡」という郡名であるが、『倭名類聚抄』（古活字本）には「邑楽於波良岐」、また藤原宮出土木簡には「大荒城評」と書かれたものがあり、「オハラキ」・「オオアラキ」と訓んでいたことがわかる。「アラキ」とは新たに開墾するという意味で、「オオアラキ」は語幹の「アラキ」に強調を示す「オオ」が付いたものである。このことから邑楽郡は未開の原野が広がる景観であったと推測される。そのような土地に「邑楽」という好字が当てられたのは、実り豊かな土地に向けて積極的な開墾が行われるよう地域の人々の機運を反映したものと考えられている。[5] それではこの地域はどのように開発されたのであろうか。地域を開発するうえで用水は欠かせないが、[6] 先に述べたとおり、この地域は邑楽台地上に位置している。地域開発を進めるうえでこの点を克服しなければならない。筆者はここに台地を挟む二つの大河川からなる〝川合〟地域の独自の特質があると考えている。二点目の課題としてこの地域の開発に焦点を当てる。

一　〝川合〟地域の郡家と立地景観—邑楽郡家を事例に—

邑楽郡家の推定地は利根川左岸、大泉町仙石・寄木戸を中心とした邑楽台地南西部に比定されており、このことは大泉町に「古郡（ふるごおり）」に通じる「古氷（ふるごおり）」の地名が遺されていることからも傍証される。[7]

邑楽郡家自体の遺構は現在のところ発見されていないが、利根川左岸の邑楽台地上に位置する専光寺付近遺跡（大泉町仙石）からは「厨」（須恵器坏　八世紀後半）・「上邑厨」（須恵器高台坏皿　九世紀後半）と郡家との関連が示唆される墨書土器が出土している。[8] また同じく邑楽台地上に位置する仙石丘山・道祖遺跡（大泉町丘山）からは「疋太」（土師器坏　十世紀後半）と書かれた墨書土器が出土しており、『倭名類聚抄』にみえる邑楽郡の郷名「引太郷」を示すものであろう。本郡家比定地付近の西側では石田川が利根川に合流しており、利根川流域の重要位置といえる。

ところで、周辺の遺跡からみるに、館林・邑楽地域の動向が顕著になるのは主に五世紀後半以降で、本格的な開発が進んで集落の数が増加する。この頃の当地域の拠点は利根川左岸の大泉町・千代田町付近に集中している。古海松塚古墳群の高徳寺東古墳からは六鈴内行花文鏡と三環鈴が、古海原前古墳群の一号古墳からは画文帯同行式神獣鏡・

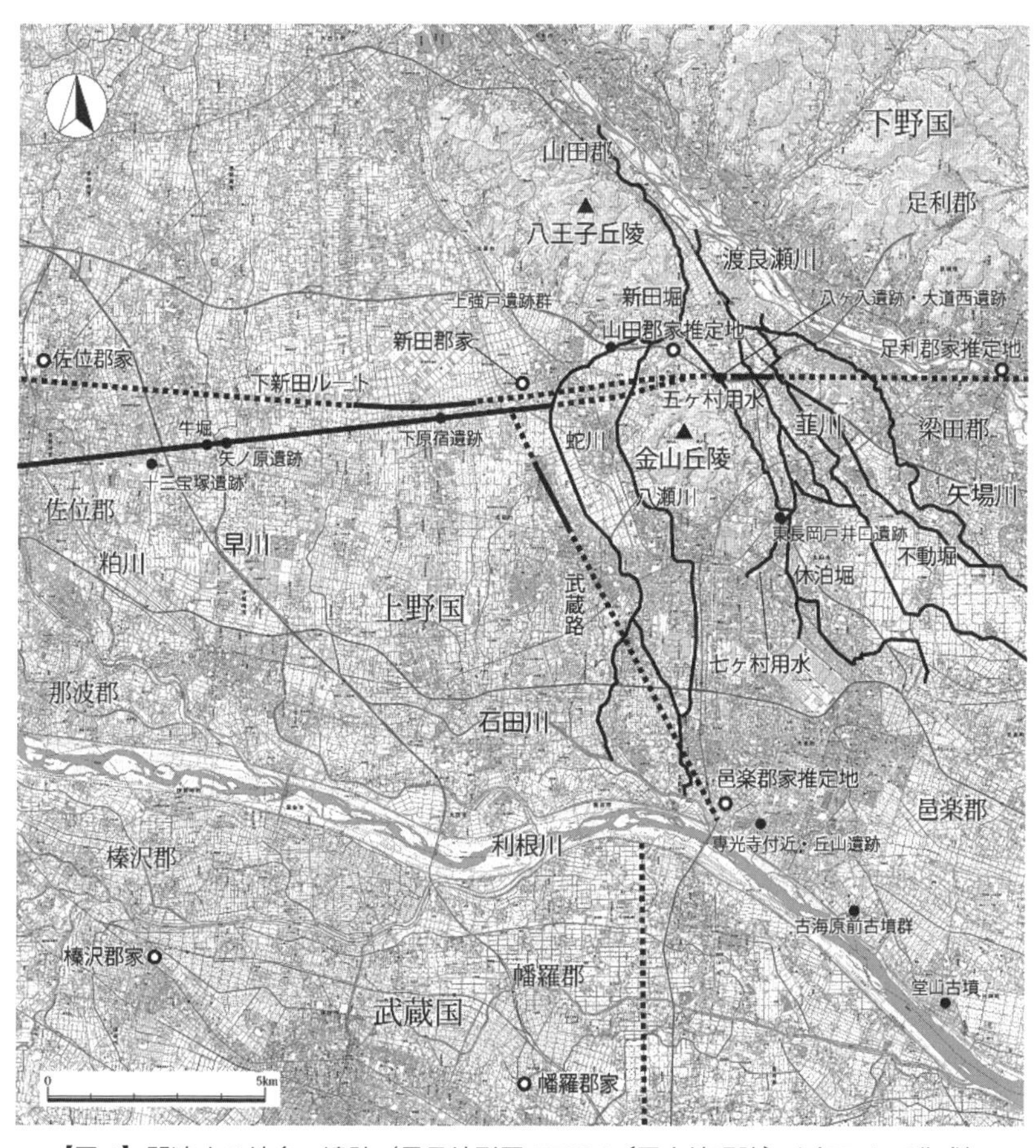

【図 1】関連する地名・遺跡（電子地形図 25000〔国土地理院〕を加工して作成）

捩文環式環頭大刀・初期馬具・陶邑産須恵器が出土している。こうした副葬品を伴うことから、五世紀後半から六世紀前半にかけて、利根川流域の交通の要衝上に位置する本古墳の被葬者集団が利根川対岸の埼玉古墳群を築いた集団と密接な関係を築きながら台頭していったと考えられる(9)。

六世紀後半になると、館林・邑楽地域にも前方後円墳が造営される。そのなかでも最大のものは利根川左岸の千代田町赤岩に位置する赤岩堂山古墳で墳丘長復元約一〇〇m、埴輪を伴う六世紀末から七世紀初頭の前方後円墳である(10)。後円部に胴張形の複室構造と推定される横穴式石室を持ち、側壁に六世紀初頭の榛名山大噴火の噴出物である角閃石安山岩、奥壁に栃木県岩舟産と推定される安山岩巨石、天井石には荒川上流域の緑泥片岩を使用し、埴輪は群馬県太田市駒形神社埴輪窯跡などからの供給が想定されており、副葬品に頭椎大刀を伴う。このように利根川に面し、広範囲からの製品供給が認められるため、被葬者は利根川の水上交通に深く関与していたとみてよかろう。このように、邑楽郡家推定地周辺の遺跡は五世紀後半から利根川を意識した立地景観を有している。つまりは、本郡家の造営に際して、このような水上交通の要衝となり得るような位置が選定されたということができる。

先述のとおり、周辺の遺跡から出土した墨書土器から邑楽郡家は厨家を有していたと想定されるが、本郡家の建物構成は長元三年（一〇三〇）頃に作成された不与解由状の草案である「上野国交替実録帳」からもうかがうことができる。この史料から、本郡家はコの字型をした建物配置を有する郡庁、西・南の二つの群からなる正倉を備える施設を有していたようである。他の郡家とは異なり、通常は厨家に備えられる竈屋・備屋が館に収められており、当初から館と厨家が未分化であったようで、他の郡家よりも小規模で機能が統合されていると評価されている。(11)

さて、本郡家の前を「東山道武蔵路」と呼ばれる、東山道に属する武蔵国への古代駅路が通過していた。本来、京と東山道に属する陸奥・出羽などとの往還に際しては信濃から上野を経て下野に向かうのが正規ルートであるものの、この正規ルートを利用せず、東海道を通り、東山道武蔵路を経て北上するルートがかねてより頻繁に利用されていた。(12)おそらく東北へ向かう人々の多くが本郡家の前を通過していったことであろう。しかし、宝亀二年（七七一）に東山道に属していた武蔵国は東海道に編入され、同時に官道としての東山道武蔵路は廃止された。(13)廃止理由は、東山道は上野国新田駅から上野国邑楽郡、すなわち邑楽郡家の前を通り、五箇駅を経て武蔵国府に行き、同じ道を通り、下野国足利駅へ向かうのは不便であるからだという。しかしながら、これ以降も東山道武蔵路は利用されていたようで、天長十年（八三三）には武蔵国多磨郡と入間郡の堺に悲田処が設置されている。[14]悲田処は公私の行旅飢病者救済のための施設であることから、この道が九世紀前半に利用されていたことが示唆される。また、延喜十四年（九一四）には東山道諸国の国司が東海道を利用するため、経路に当たる駅戸が疲弊することを憂えた駿河国司がこれを停止するよう太政官に求めて認められている。[15]つまり、武蔵国を南北に貫く東山道武蔵路は官道ではなくなったものの、引き続き重要な幹線ルートとして機能したのであり、[16]東山道武蔵路廃止後も邑楽郡家の前を人々が行き交う光景はさほど変わらなかったであろう。すなわち、本郡家は東山道武蔵路の廃止の有無に関わらず、往還に利用される陸上交通の要衝に位置していたのである。ところで、宝亀二年十月己卯条は東山道武蔵路が上記のように本郡家を通過していたことを示すとともに、本郡家の所在地は利根川の渡河点に位置していたことを物語る。関東平野内陸部には各所に渡河点が設置されていたが、[17]おそらくこの渡河点にも渡船か舟橋が設置されていたと思われる。既に触れたように、本郡家推定地付近の地名は古戸・寄木戸であるが、一般に戸の地名は津に通じるといわれている。『上野国神名帳』（総社本）邑楽郡条には「従五位坂津明神」の神名がみえており、所在地は比定されていないものの、東山道武蔵路の渡河点付近と推定されている。[18]関東平野内陸部と東京湾を結ぶ水上交通の存在は既に指摘されているが、[19]このことから、本郡家付近も渡河点であるだけでなく、「郡津」が形成されていた可能性がある。[20]さらに想像を逞しくすれば、この郡家が利根川のみならず武蔵路にも面していることから、東北経略の物資運搬に水上交通が利用された可能性も考えられる。[21]

また『続日本紀』の記事には、邑楽郡家から「五箇駅」を経て武蔵国府に至ったと記載されているが、この「五箇駅」のうちの第五駅は埼玉県熊谷市妻沼台付近に比定されており、[22]本郡家推定地がある利根川左岸と対岸の右岸の両域を含めて渡河域が形成されていたと考えられる。この渡河点は中世にも引き継がれ、左岸側には「古戸渡」があったと伝わる。[23]また、『平家物語』（巻四「橋合戦」）によると対岸には「長井のわたり」、『源平盛衰記』（巻十五「宇治合戦附頼政 後の事」）によると「長井の渡」があったとみえ、藤姓足利氏の忠綱、新田義重が騎馬で渡河したという逸話が載せられている。これらの軍記物によると、新田義重は元々はここを船で渡河しようと考えていたようで、本稿で考察したように、この地が古代から利根川の渡河点として機能していたとすれば、渡河の技術は中世に至ってもこの地域に温存され続けたと考えることもできよう。[24]これらのことから本郡家推定地付近は古代・中世を通じて上野国と武蔵国を結ぶ重要な渡河点として機能していたということができる。

このように、邑楽郡家所在地は、東北に通じる主要道・東山道と関東平野を縦断する利根川とが交差する陸上交通と水上交通の結節点に当たり、古代社会を通して利根川渡河点として重要な位置づけにあったのみならず、「郡津」を要する複合的な機能を持ち合わせていた可能性を有する。なお、本稿で取り扱う余裕はないが、〝川合〟の対称に位置する山田郡家も渡良瀬川渡河点に位置し、さらに対岸には下野国足利郡家・足利駅が存在しており、基本的には邑楽郡家と同様の景観が広がっていたと考えている。また、愛知県津島市西光寺蔵地蔵菩薩像胎内納入品の文治三年（一一八七）「諸国勧進地蔵菩薩印仏」によると、[25]山田郡家推定地付近には「薗田宿」が形成されており、中世も引き続き交通の要衝として機能していたようである。

二　〝川合〟地域における用水と地域開発

天正四年（一五七六）五月末、上杉謙信は赤石・新田・足利領を攻撃した。この時の様子を謙信は国元の直江景綱に次のように報告している。[26]

（前略）渡瀬ヨリ新田・足利へ懸ル用水候、是ヲ切落候得者、新田・館林・足利迄成亡郷由候間、足利・新田之間、金井宿之際ニ陣取、堰四ツ切落、昨日広沢へ引返候、今日ハ桐生之田畠為返候、（後略）

謙信は「新田・館林・足利」までを「亡郷」にせんと、「渡瀬ヨリ新田・足利へ懸ル用水」の「堰四ツ」を切り落としたのである。この「堰四ツ」は待堰・矢場堰・市場堰・借宿堰で、近世の館林領五郡用水に該当する。謙信は、渡良瀬川の堰の受益地が「新田・館林・足利」を含む広範囲に広がっており水田経営を支えていたと認識していたようである。これらの堰は現在、群馬・栃木県境に広がる全国有数の穀倉地帯を支える用水として、待・矢場両堰土地改良区が管理している[27]。本稿では、待堰の幹線水路・新田堀と矢場堰の幹線水路・休泊堀を手がかりに古代の当地域の考察を進めていきたい。

新田堀は渡良瀬川の待堰（山田郡）から取水し、八王子丘陵の東から南を流下し、金山丘陵との鞍部を越えて八瀬川・蛇川を伝って石田川へ落水する。開削年代ははっきりしないが、十六世紀初頭に「従広沢郷新田庄江自前々取来候用水」があり[28]、「広沢郷用水」と呼ばれる用水が足利公方足利高基から横瀬景繁に対して安堵されている[29]。機能的にはこれが現在の新田堀（待堰）を指すと考えられており、十六世紀初頭には新田領の領主となった横瀬氏が渡良瀬川の取水に関して一定の権利を有していたとされている[30]。

またこれとは別に、十六世紀後半に「従桐生領分小泉領分へ、自前々懸来候用水」があり[31]、渡良瀬川の矢場堰（山田郡）から取水し、旧大輪沼へ流す休泊堀（上休泊堀）がそれに当たると考えられている。こちらも開削年代は判然としないが、新田堀と同様、十六世紀初頭が妥当であろう。このように、これらの用水は中世末から今日に至るまで地域の灌漑に重要な機能を果たしてきた。

ところで、先述のとおり上野国内を東山道が横断していた。群馬県域では東山道遺構が何地点かで検出されており、各地点を結んだルートが東山道遺構として認識されており、大きく分けて牛堀・矢ノ原ルート、国府ルート、下新田ルートというルートがある。[32]牛堀・矢ノ原ルートは十三宝塚遺跡・牛堀遺跡・矢ノ原遺跡（以上、伊勢崎市）・大東遺跡・市宿通遺跡・下原宿遺跡・上根遺跡（以上、太田市）などで確認された道路遺構を結び合わせたもので、検出された道路遺構には①約一〇m程の大規模な幅員を有する、②道路の両側に側溝を有する、③直線的な路線形態を有する、といった共通した特徴が認められる。この牛堀・矢ノ原ルートは坂爪久純氏らにより、八世紀第Ⅲ四半期後半から遅くとも九世紀第Ⅱ四半期に道路としての機能が低下し廃棄されていることから、その時期までに機能低下もしくは廃棄されたと考えられている。[33]

本稿で着目したいのはこの道路に付属する側溝である。この側溝が用水路として転用されている事例が見受けられるのである。そして、その用水路が新田堀の開削と深く関わるのではないかと考えられているのである。少々煩雑な説明となるが、この側溝を転用した用水路についてまず説明したい。

まず、牛堀遺跡では東山道駅路の北側側溝だと考えられる、珪藻を検出する水路遺構（上幅四・六～七・三m、下幅〇・六～一・二m、深さ一・八～四・〇m）を確認している。同じように、矢ノ原遺跡でも牛堀遺跡の東への延長直線上で牛堀遺跡と同様、北側側溝が掘り直され、用水路（上幅二・四～二・九m、下幅〇・六～〇・八m）に転用されている様子が確認されている。矢ノ原遺跡B区では支線水路と堰が検出されており、この支線水路（上幅二・六八m、下幅一・二m）は幹線水路に対して約九〇度の角度で南に分岐し、支線水路との分岐部から下流へおよそ五mの位置にあり、幹線水路遺構の南と北に翼状に突出した堰で水量調節をすることで支線水路の流水量を決定できる機能を有している。これらの牛堀・矢ノ原遺跡で発見された用水路跡は直線上に位置しており、東山道駅路の北側側溝を再構築して造成されたと考えられるのである。これらの用水路跡の開削時期は八世紀第Ⅲ四半期頃とされ、用水路覆土上層には天仁元年（一一〇八）の浅間山大噴火のＡｓ－Ｂ層が純層で堆積していることから十二世紀初頭には既に機能していなかったとみられる。このような道路遺構に付属する溝は大東遺跡・市宿通遺跡・下原宿遺跡・上根遺跡でも確認されており、牛堀・矢ノ原遺跡から全て直線上に位置している。

話を元に戻そう。ここで着目したいのは、下原宿遺跡北側側溝の東の延長が新田堀の中心と一致しているということ、あわせて新田堀の東の延長上に位置する上根遺跡でも同規模な側溝が発見されているということである。先述のとおり下原宿遺跡・上根遺跡は牛堀遺跡・矢ノ原遺跡の延長上に位置しているから、牛堀・矢ノ原遺跡の用水路と新田堀は同一的な企画の上に構築されており、東山道駅路の北側側溝が失われないうちに、新田堀が開削されたことを示しているといえる。このことから、坂爪氏は牛堀・矢ノ原遺跡で発見された用水路跡の開削年代がおおよそ八世紀第Ⅲ四半期であることから、新田堀の開削時期が同時期であると推定しているのである。

この新田堀の開削が古代に遡るのではないかという推論は他者からも示されている。この地域の平安時代後期を語る史料として、新田荘に関わる史料があるが、『玉葉』承安二年（一一七二）十二月一日条によると、新田荘司を務める新田義重の勢力伸長に伴い、伊勢神宮祭主大中臣親隆が薗田御厨に対する義重の乱妨を政府に訴えており、新田義重と薗田御厨司が対決させられている。薗田御厨は上野国山田郡薗田郷に立荘された伊勢神宮御厨で、藤姓足利氏の薗田氏がその権利を有する。この争論について、澤口宏氏は新田堀をめぐる水利権に起因するものであり、新田堀は奈良・平安期の条里割施工時に既に新田荘東部の太田樋・八瀬川まで通じていた可能性を指摘している。[34]また須藤聡氏も新田荘の成立を考察するにあたり、新田堀開削の起源については検討を要するものの、新田堀に先行する用水が古代にあった可能性があり、新田荘の開発に際しても重要な位置を占めていた可能性を述べている。[35]事実、新田堀に隣接した上強戸遺跡群（太田市上郷戸町）では広大な古代水田が発掘されたが、そこでは自然流路とともに溝状遺構が数多く検出され、それらは灌漑機能を有する小規模用水路と判断されている。[36]

さらに、新田堀が注ぎ込む八瀬川・蛇川についても、現在のルートになるまで人為的な変遷を重ねてきたと推測されており、[37]蛇川については新田堀開削以前は寺井町付近の湧水を源流とする自然流路に過ぎなかったと考えられている。また、八瀬川が新田郡と邑楽郡の郡界をなしており、もし上記の推測のように八瀬川・蛇川といった新田堀に関連する河川も人の手が加えられているとするならば、その流路の変遷や開削は新田郡と邑楽郡の開発に密接に関わると想定される。このように、技術的な精度は異なるものの、新田堀と同様な用水体系を有する用水路が既に古代から存在していた可能性が指摘できるのであり、筆者はこれを「プレ新田堀」と仮称できるのではないかと考えている。

筆者はこれに加えて、渡良瀬川から取水し山田郡、さらには邑楽郡を潤す「プレ休泊堀」の存在も考えている。八ヶ入遺跡（太田市緑町・東今泉町）では、南北方向に流水が認められる直線的な平面形状の6区8号溝が見つかっており、平安時代遺物の多量出土などから大規模で人為的な用水路と判断されている。[38]掘削時期は不明であるが長期間継続し、上位面にAs-B層混入土を含む暗褐色土が堆積していることから、遅くとも十一世紀までには役目を終えたと考えられる。なお、この8号溝が見つかったのは、圃場整備事業前に新田堀から派生し休泊堀につながる五ヶ村用水（大谷幹線）から分水を受けた用水路が流れていた部分に重なるところで、近世にも同様の用水体系が敷かれていたことがわかる。同遺跡からは東西方向に流水が認められる平安時代の大型用水路（上幅三・七〜五・四m・深さ一m）も検出されているほか、隣接する大道西遺跡（太田市東今泉町）の9号溝（上幅三・〇〜三・三m・深さ一・二m）も流水が認められる大規模用水路で、八ヶ入遺跡8号溝に接続すると推定される。[39]

八ヶ入遺跡・大道西遺跡から南下すること約三㎞にある東長岡戸井口遺跡（太田市東長岡・安良岡町）では、七世紀末から八世紀初頭の開削が見込まれる大規模用水路（第1号堀）が見つかっており、[40]こちらも詳細な掘削時期は不明であるが、九世紀後半頃に洪水により一度埋まった用水路を再構築していること、十二世紀以降は水田として転用されていることがうかがえる。また、遺跡内からは「山田」・「梁」の墨書土器が見つかっており、用水路を山田郡・下野国梁田郡が共益していた可能性が考えられる。こちらも遺跡から約三〇〇m付近に新田堀から派生した五ヶ村用水（大谷幹線）と休泊堀の合流点及び七ヶ村用水の派出点である新観音堰が所在し、近世の用水体系と重なる。このように、発掘調査の成果から古代山田郡を灌漑した用水路の存在が想定されるが、これに関わる可能性があるのが『続日本後紀』承和二年（八三五）七月甲子条の「以二空閑地山城国愛宕二郡二町・上野国山田郡八十町一賜レ諱、田邑、」という記事である。九世紀前半において、山田郡の空閑地の開発が企図されたことを示唆するもので、時代的には東長岡戸井口遺跡第1号堀の再構築にやや先行する時期である。

これらの考古資料および文献史料から、中世後期に築かれた休泊堀とは技術的に画然としているものの、古代山田郡を灌漑する目的で開削された大規模用水路が存在していたとみてよく、(41)それは後代の休泊堀と類似した用水路体系を採っていることから、(42)「プレ上休泊堀」と仮称できるのではないだろうか。

さて、「プレ新田堀」や「プレ休泊堀」が存在していたとすれば、中世後期から現在までと同様に邑楽郡もこれら用水路の重要な受益地であるはずだ。それでは邑楽郡にはどのような景観が広がっていたのであろうか。最後に、館林市域の古代遺跡の様相を手がかりに探ってみたい。

館林市内では分布調査によって奈良・平安時代の遺物の散布は数多く見つかっているものの、確認された遺構は少ない。しかしながら、館林市域における古墳時代後期から奈良・平安時代の遺跡は台地縁辺・沼周辺に多く立地している傾向を有する。(43)これらの遺跡は古墳時代後期から平安時代まで一様に継続するものではないが、具体的には、近藤川・近藤沼流域には北近藤第一地点遺跡・南近藤遺跡など、鶴生田川・城沼流域には陣谷遺跡・大袋Ⅰ遺跡

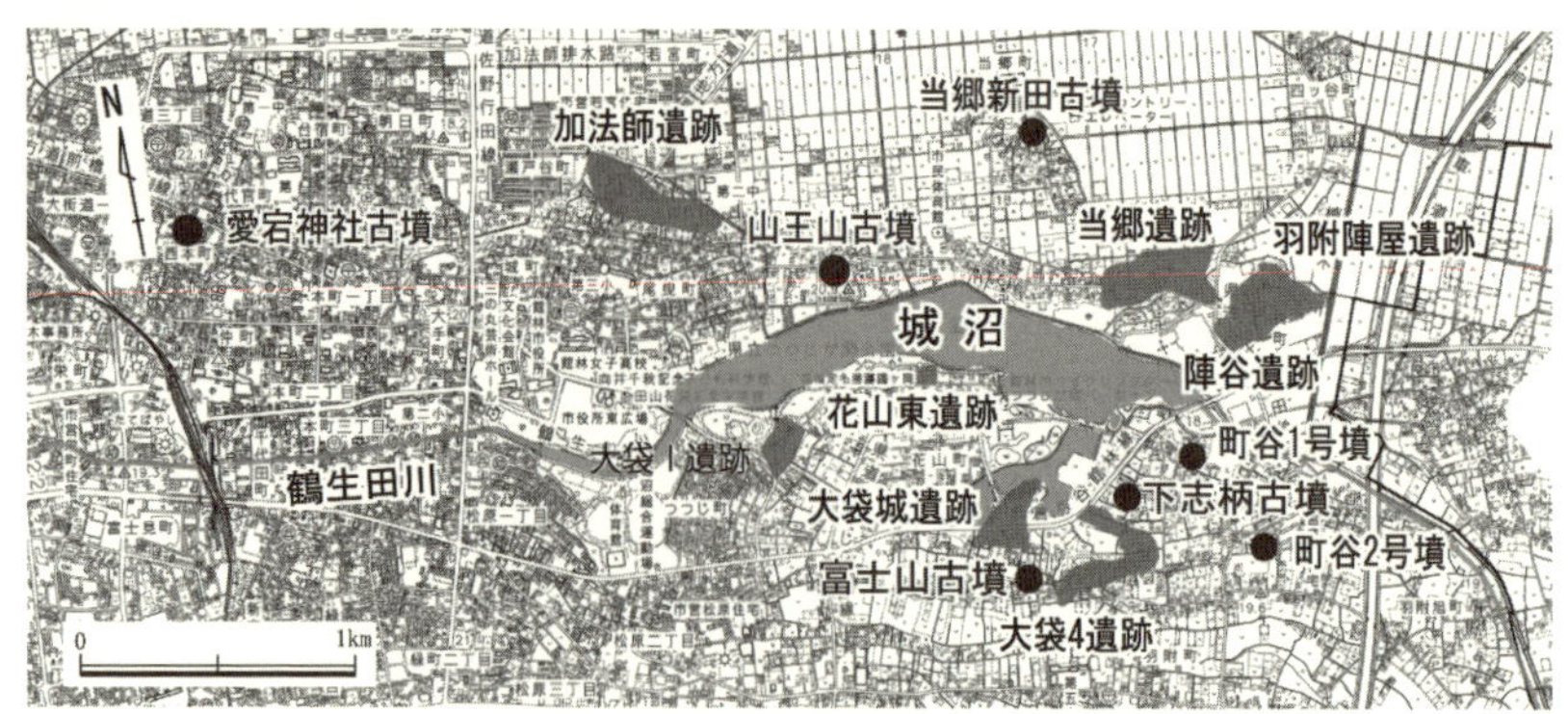

【図2】城沼付近の古墳時代・古代遺跡
（『館林市史別巻　館林の沼里』〔館林市、2022年〕に加筆のうえ転載）

などといったように拠点的な集落がみられるのがこの地域の一つの特徴である。ここで取り上げるのは、陣谷遺跡と大袋Ⅰ遺跡である。

陣谷遺跡（館林市楠町）は城沼東側・邑楽台地北端部に位置しており、遺跡はローム台地からなる微高地と浸食谷からなる低地で構成され、遺跡南北の微高地からは古墳時代後期以降の竪穴建物跡が六〇棟以上検出されている。(44)本稿に関わる点としては、南北二つの微高地の間にある低地から七世紀後半から八世紀後半の木製馬鍬（幅約一・五m）が出土しており、低地の開発に関わる資料と考えられる。そのほかに、水に関わる祭祀遺構と目される土器集中部、盛土状遺構など低地の平坦化を目的とした古代の土地改良跡が見つかったほか、大溝も検出されており、2号溝（幅約六m・深さ約二m）は城沼方面からの用水路と推定されている。

大袋Ⅰ遺跡（館林市花山町）は城沼南岸の比較的大きな舌状の洪積台地上に立地しており、溝状遺構が北側調査区で一条（2号溝）、南側調査区で一条（1号溝）検出されている。(45)このうち、1号溝（調査長四七m・上幅七m・深さ一～二・七m）の時期は平安時代と推定され、北西方向、すなわち鶴生田川・城沼方向から南東に走る規模の大きい溝状遺構と判断される。

断片的ではあるが、これらの遺跡より、大河川から用水路を伝わってきた水は郡を越えて沼へ入り込み、さらに地域内の用水路を伝わって沼縁辺の集落に送り込まれ、地域開発を担っていたと推測することができる。

さて、本章のはじめに謙信が渡良瀬川の堰の受益地が「新田・館林・足利」を含む広範囲に広がっており、当地域の水田経営を支えていると認識していた旨に触れた。本稿で検討した「プレ新田堀」や「プレ休泊堀」のような大河川から派生する用水路が古代に遡って存在していたとすれば、古代社会においても当地域の開発に大きな影響を及ぼしていたといえる。だとすれば、謙信の認識は戦国期以前から存在していたはずである。

おわりに

本稿ではまず、邑楽郡家の立地景観を陸上交通と水上交通の結節点にあり、古代社会をとおして利根川の渡河点に位置する交通の要衝であったと位置づけた。続いて〝川合〟地域の開発について、文献史料と発掘調査の成果に基づき中世に開削された待・矢場両堰用水（新田堀・休泊堀）に先行して古代に用水の開削が企図されていた可能性を述べた。つまりは、利根川・渡良瀬川の二大河川が地域間を結節する機能を担い、それらから派生する用水路などの小河川が毛細血管のように内陸地域に入り込むことで、地域内の結節を密にし、地域開発を促進する役割を果たしていたのである。憶測に憶測を重ねた部分も少なからずあるが、邑楽郡の景観について新たな視点を述べることができたと思う。館林・邑楽地域の集落の様相については未だ明らかになっていない部分が多いが、用水路と沼との関係を視野に入れることで、手がかりとなるのではないだろうか。

註

（1）〝川合〟という言葉は古代史料に確認することができる。例えば、天平神護二年（七六六）「足羽郡道守村開田地図」の生江川・味間川の合流点には絵図上に「川合」と記されている。当時からこのような認識があったことがうかがえる。
（2）郡家と水上交通の関係については、鈴木靖民・川尻秋生・鐘江宏之編『日本古代の運河と水上交通』（八木書店、二〇一五年）を参照のこと。
（3）中村太一「水上交通利用の構造と地域的特質―東国の事例から―」（『日本古代国家と計画道路』吉川弘文館、一九九六年、初出一九九四年）、中村光一「律令国家東北経略と上野国―人員・物資の移動経路を中心として―」（『群馬文化』二八四、二〇〇五年）。
（4）前澤和之「邑楽の古代史と川―館林市史での試み―」（『群馬文化』三一七、二〇一三年）、『館林市史通史編一　館林の原始古代・中世』（館林市、二〇一五年）。
（5）前澤和之「上野国と邑楽郡」（前掲註（4）書所収）。
（6）この分野における代表的な研究として、亀田隆之『日本古代用水史の研究』（吉川弘文館、一九七三年）が挙げられる。
（7）古氷の地名は、上野国山田郡家推定地付近の渡良瀬川右岸に位置する太田市毛里田にも遺されている。
（8）関本寿雄・高島英之・川原秀夫「大泉町出土の墨書土器について」（『市史研究おはらき』二、二〇〇六年）。なお、遺物そのものは流れ込んだもので遺構に絡まない。また、遺跡からは帯金具も出土しており、この点からも郡家との関連が深い遺跡と評価できよう。
（9）大泉町教育委員会編『古海原前古墳群発掘調査概報』一九八六年。
（10）赤岩堂山古墳の考古学知見については、足立佳代「赤岩堂山古墳と光恩寺の意義について」（『地方史研究』四二四、二〇二三年）を参照。
（11）前澤和之「諸郡官舎項にみる郡家」（『上野国交替実録帳と古代社会』同成社、二〇二一年）。
（12）川尻秋生「古代東国における交通の特質―東海道・東山道利用の実態―」（『古代交通研究』一一、二〇〇二年）。
（13）『続日本紀』宝亀二年十月己卯条。

（14）『続日本後紀』天長十年五月丁酉条。

（15）『別聚符宣抄』延喜十四年六月十三日太政官符。

（16）前掲註（12）川尻論文。

（17）佐々木虔一「古代の交通路と河川の渡し」（『古代東国社会と水上交通』校倉書房、一九九五年、初出一九九四年）、鈴木哲雄『中世関東の内浦世界』岩田書院、二〇〇五年など。

（18）前澤和之「東山道の駅路」（前掲註（4）書所収）。

（19）前掲註（3）中村太一論文、宮瀧交二「古代東国における物流と河川交通」（『古代交通研究』六、一九九七年）、平川南「古代における地域支配と河川」（『律令国郡里制の実像　下』吉川弘文館、二〇一四年、初出二〇〇二年）、川尻秋生「国造の世界」（吉村武彦・川尻秋生・松木武彦編『シリーズ地域の古代日本 東国と信越』角川書店、二〇二二年）など。

（20）『万葉集』（巻十四－三三八〇）に武蔵国埼玉郡内に所在していた「埼玉の津」がみられること、埼玉県深谷市中宿遺跡は武蔵国榛沢郡家正倉群とみられ、正倉の立地する台地下には大規模な河川跡（滝下河川跡）が確認され、低地に広がる条里への用水路とともに正倉への物資運搬のための運河的機能を有していたと考えられることから、その蓋然性は低くないと考えられる。榛沢郡家については鳥羽政之「武蔵国榛澤郡家」（須田勉・阿久津久編『東国の古代官衙』高志書院、二〇一三年）を参照。

（21）東北経略と水上交通利用については、内山俊身「征夷事業における軍事物資輸送について―関東の二大河川水系の問題から―」（『平将門の乱と蝦夷戦争』高志書院、二〇二三年、初出一九九八年）、前掲註（3）中村光一論文を参照のこと。

（22）木本雅康「宝亀二年以前の東山道武蔵路」（『古代官道の歴史地理』同成社、二〇一一年、初出一九九二年）。

（23）『群馬県歴史の道調査報告書17 鎌倉街道』（群馬県教育委員会、一九八三年）。

（24）これらの逸話は源平合戦における宇治川の戦いのなかで、利根川渡河の際の故事として引き合いに出されているものであるが、ちなみに宇治川の戦いには古戸から近い古海を初期の拠点とした秀郷流藤原氏の佐貫一族の佐貫四郎大夫

(25) 広綱も出陣しており、騎馬で宇治川を越えている。中世における利根川の渡河については、簗瀬大輔「新田荘の国境河川地域」(『関東平野の中世』高志書院、二〇一五年、初出二〇〇四年)も参照のこと。

(26) 水野敬三郎他編『日本彫刻史基礎資料集成 鎌倉時代造像銘記篇』十六(中央公論美術出版、二〇二〇年)。この文書の性格については、井上大樹「愛知・西光寺地蔵菩薩像について」(肥田路美編『古代寺院の芸術世界』竹林舎、二〇一九年)、川尻秋生「「水落地蔵」の納入品からみた鎌倉初期の東国と東北—愛知県津島市西光寺所蔵地蔵菩薩立像を中心として—」(田島公編『禁裏・公家文庫研究』八、二〇二二年)を参照されたい。なお、薗田宿については別稿を用意している。

(26) 天正四年五月三十日上杉謙信書状(『館林市史 資料編2』四四四号文書「田中文書」)。

(27) 澤口宏「待・矢場両堰用水の歴史地理学的一考察」(『えりあぐんま』一五、二〇〇九年)。

(28) 年次不詳十二月二七日足利高基書状(『群馬県史 資料編7』、一九四三号文書「由良文書」)。

(29) 天文二四年(一五五五)八月二四日足利千代王丸書状(『群馬県史 資料編7』、二〇四四号文書「由良文書」)。

(30) 簗瀬大輔「新田領の形成と渡良瀬川」(前掲註(24)簗瀬書所収、初出二〇〇五年)。

(31) 天正十三年(一五八五)五月二六日北条氏邦判物(『群馬県史 資料編7』三三六四号文書「原文書」)。

(32) ルートの詳細は高島英之「上野国内の古代道路」(『古代東国地域史と出土文字資料』東京堂出版、二〇〇六年、初出二〇〇四年)を参照されたい。

(33) 坂爪久純・小宮俊久「古代上野国における道路遺構について」(『古代交通研究』創刊号、一九九二年)、坂爪久純「上野国の古代道路—牛堀・矢ノ原ルートとそれをめぐる道路遺構について—」(『古代文化』四七-四、一九九五年)、坂爪久純「東山道駅路と牛堀」(『境町史第三巻 歴史編 上』境町、一九九六年)、坂爪久純「上野国の東山道駅路—最近の発掘調査から—」(『古代文化』四九-八、一九九七年)。以後、東山道駅路に関する考古学知見はこれら坂爪氏らの成果による。

(34) 前掲註(27)澤口論文。

(35) 須藤聡「新田荘成立試論—女堀・新田堀との関わりを中心に—」(大間々扇状地研究会編『群馬県大間々扇状地の地域

と景観—自然・考古・歴史・地理—』二〇一〇年）
(36) 群馬県埋蔵文化財調査事業団編『上強戸遺跡群』二〇〇八年。
(37) 梅沢重昭「土地に刻まれた歴史」（『群馬県史しおり 通史編1』群馬県、一九九〇年）、澤口宏「水系と地下水」（『太田市史 通史編 自然』太田市、一九九六年）
(38) 群馬県埋蔵文化財調査事業団編『八ヶ入遺跡Ⅱ』二〇一〇年。
(39) 群馬県埋蔵文化財調査事業団編『大道西遺跡』二〇一〇年。
(40) 群馬県埋蔵文化財調査事業団編『東長岡戸井口遺跡』一九九九年。
(41) 安良岡町より北の休泊堀は大間々扇状地上の旧河道（韮川旧河道）を踏襲しているとされる。前掲註（37）澤口論文参照。
(42) 澤口氏も久寿三年（一一五六）の薗田御厨建立時にはのちの矢場堰・休泊堀相当の用水開発があったとみている。前掲註（27）澤口論文参照。
(43) 市橋一郎「遺跡から見た邑楽郡地域」（前掲註（4）書所収）。
(44) 陣谷遺跡の調査概要は関口博幸「館林市陣谷遺跡から読み解く古代の土地利用と景観」（『地方史研究』四二四、二〇二三年）参照。
(45) 館林市教育委員会編『大袋Ⅰ遺跡発掘調査報告書』一九八二年。

〝川合〟の在地領主―利根川・渡良瀬川合流域の拠点形成―

長谷川明則

はじめに

群馬県の郷土かるた「上毛かるた」には、「つる舞う形の群馬県」という読み札がある。本稿で主に取り扱う邑楽郡周辺（現在の館林市及び邑楽郡五町とその隣接地域）は、南側の埼玉県と北側の栃木県に挟まれた細長い地域であり、「つる舞う形」の頭の部分にあたる。埼玉県側の県境は利根川に、栃木県側の県境は渡良瀬川（館林市下早川田町より上流では中世以前の渡良瀬川本流だった矢場川）に沿っている。両県との県境となっているこの二大河川は、近接して流れているにもかかわらず、その間にある邑楽台地に阻まれて合流できず並流している。したがって、この細長い県境地帯は、邑楽台地と利根川・渡良瀬川の二大河川の三者による産物だと言える。

邑楽台地の南側には利根川・谷田川低地が、北側には渡良瀬低地がそれぞれ広がっており、その低地の中を利根川と渡良瀬川がそれぞれ流れている。これら二大河川は、現在見ることのできる流路が不変だったわけではなく、長い歴史の中では低地の中で支流と本流が入れ替わることが何度もあった。このような地形的特質を踏まえると、河川流路を境に地域区分して地域の歴史像を探るよりも、むしろ河川の流路は移り行くことが当然のことだと捉え、網目状に河川の本流と支流が流れる低地を一つの地域として把握する必要がある。これら二大河川は低地の中で幾度も変流

【図 1】邑楽郡周辺の中世地名と交通路
（国土地理院ウェブサイトの治水地形分類図〔ベースマップ：標準地図〕に加筆）

したが、邑楽台地を飛び越えて合流することはできなかった。合流を阻み二大河川を並流させている邑楽台地の存在こそが、単なる河川合流域にはない、利根川・渡良瀬川合流域の特異性だと言える。そこで本稿においては、「台地を挟むように二つの低地が広がり、その低地を時代によって河川が本流を変えながら流れる地域」を〝川合〟と定義することを提案したうえで、その具体的な事例として邑楽郡周辺を取り上げ、中世前期における在地領主の拠点形成を考察する。

邑楽郡周辺の在地領主研究については、『館林市史』編纂の過程で大きく研究が進展している。『館林市史』において簗瀬大輔は、この地域を渡良瀬川からの用水の非受益地（A地域）と受益地（B地域）に分けて、それぞれの地域における武士による開発の様相を分析している。[1] まずA地域は、利根川北岸の沖積低地に湿田が開発され、周辺の台地や自然堤防上に畠が展開する地域とされる。次にB地域では、A地域における湿田の広がりとは異なり、水田が堰を使って灌漑されており、その堰の維持・管理が領主から百姓に財源ごと委任される点が指摘されている。このように、邑楽郡周辺の在地領主研究では、開発の面で大きく進展が見られるが、一方で、近年の武士研究で重視されてきた、交通・流通の要衝に拠点を置いて、広域的な地域支配を行う存在としての視点からの研究は不十分であると思われる(2)。

中世の邑楽郡周辺では、秀郷流藤原一族の佐貫氏が開発した私領を核として、古代邑楽郡を一郡規模で荘園化して佐貫荘が形成されたと考えられている(3)。簗瀬の分析は、A地域の開発を成し遂げた佐貫氏が、その経営だけでは領主的に充足できず、B地域の開発に乗り出したという文脈で説明されている。ただし、A地域・B地域という考え方は、邑楽郡周辺でも特徴的な一部の郷の分析にもとづいており、この地域の全体像を理解するためには、少なくとも同時代の史料に登場する地名を網羅的に検討する必要があると考える。

さらに簗瀬は、佐貫氏の庶流である舞木氏が、水運と関わる「川の領主」としての一面を有していたと指摘しているが、舞木氏が古河公方の側近となって古河に拠点を移して以降の史料が根拠とされている(4)。簗瀬の指摘を深化させるためには、佐貫氏一族の本貫地である佐貫荘における武士と河川の関係に関する基礎研究が求められると考える。

ここまで述べてきた課題意識を踏まえて、本稿ではまず、河川流路の変遷を考慮したうえで、〝川合〟の地形的特質に規定された在地領主の所領展開を分析していく。次に、二大河川という交通の阻害要因が存在する中で、交通路が拠点形成に及ぼした影響を探りたい。最後に、〝川合〟の在地領主(5)(ただし、史料の残存状況から、武士が主な検討対象となる)による拠点形成の特質を明らかにしたうえで、近接する他の時代の拠点形成と比較した普遍性と特殊性を見出すことを目指す。

一　〝川合〟の在地領主の所領展開

（一）利根川・谷田川低地の在地領主

邑楽台地の南側に広がる利根川・谷田川低地では、永仁三年（一二九五）に、佐貫氏の庶流と思われる大輪氏が、幕府の実務官僚と思われる太田氏に上中森郷（千代田町上中森）内の所領を売却している。(6) 文保元年（一三一七）には「佐貫兵庫允氏秀」と「佐貫孫太郎入道願阿」が、元応元年（一三一九）には「佐貫左衛門六郎経信」が、得宗被官と思われる加治氏の娘に上中森郷の所領を売却しているが、(7) 彼らも大輪氏の可能性がある。なお、加治氏の娘は、佐貫氏庶流の梅原氏からも梅原郷（明和町梅原）の所領を買得している。(8) 梅原郷は、先述の『館林市史』における簗瀬の分析においてA地域の景観復元の事例とされており、上中森や大輪（明和町大輪）と同じく、現在でも利根川沿いの自然堤防上に集落が立地している。

嘉暦三年（一三二八）には、幕府の実務官僚と思われる三善氏が、新田荘世良田（太田市世良田町）の長楽寺に九か所の所領を寄進しているが、その中には千津井郷（明和町千津井）内の田畠が含まれている。(9) このように、利根川・谷田川低地においては、鎌倉後期以降、佐貫氏庶流の所領を買得することなどによって、幕府の実務官僚や得宗被官が進出している。また、大佐貫郷（明和町大佐貫）には、有力御家人であった足利氏の所領も確認できる。(10)

南北朝期になると、利根川・谷田川低地を本貫地とする佐貫氏庶流の中に、邑楽台地上に進出した者が確認できる。暦応四年（一三四一）には、江口（明和町江口）を本貫地とする「佐貫江口又四郎入道」が、同じく佐貫氏庶流の内嶋氏の所領であった寮米保西内嶋村（太田市内ヶ島町）を勲功の賞として与えられている。[11] さらに、康永三年（一三四四）に作成された西内嶋村の田数注文には、梅原氏や瀬戸井（千代田町瀬戸井）を本貫地とする下瀬戸井氏の公事負担が記されており、[12] 彼らが邑楽台地上の同村に権益を有していたことがわかる。

（二） 邑楽台地の在地領主

邑楽台地の西部では、鎌倉初期から佐貫氏の活動が確認できる。まず建久七年（一一九六）、大倉保地頭の佐貫広綱が、所当・雑事の納入を怠ったとして伊勢神宮神主荒木田氏から訴えられている。[13] 広綱は鎌倉幕府草創期の御家人であり、養和元年（一一八一）に鶴岡八幡宮の若宮宝殿上棟式で大工に与える馬を引く役目を担ったのをはじめ、[14]『吾妻鏡』に活動が記録されている。大倉保は邑楽台地西部の太田市下小林町付近に比定される伊勢神宮領であり、『館林市史』による分析ではB地域の水系機能の中枢と評価されている。

佐貫氏で最初に邑楽郡域へ進出したのは、広綱の曽祖父とされる成光であり、彼が古海（大泉町古海）を拠点に邑楽御厨の開発に乗り出し、その子重光が利根川下流の佐貫荘に進出したと考えられている。[15] 古海は邑楽台地西部の利根川に面しており、古代において武蔵国へ向かう東山道駅路が利根川を渡ったとされる古戸（太田市古戸町）[16] に近い。

仁治二年（一二四一）には、佐貫時綱の遺領赤岩郷（千代田町赤岩）を巡って、養子時信と後家藤原氏との間で訴訟が起こった。[17] 赤岩は古海と同じく邑楽台地南端部の利根川に面した地名で、古海から見て利根川下流に位置する。

そのほか、佐貫氏の可能性がある人物としては、正元元年（一二五九）に亡父広家から邑楽御厨飯塚郷（太田市飯塚町）を相続した藤原秀家がいる。[18] 幕府に出仕した佐貫氏惣領家と思われる者の諱には、広綱以外にも「広義」・「広信」・「広胤」[19] のように「広」が付くことが多いことから、広家も惣領家に近い人物の可能性がある。飯塚郷は邑楽御厨の西寄りで、新田荘との境目に位置している。
また、先述の三善氏が長楽寺に寄進した所領には、邑楽台地上の高根郷（館林市高根町など）・鳴嶋郷（館林市成島町など）・赤岩郷・羽継郷（館林市羽附町など）・寮米保（太田市龍舞町）も含まれる。また、幕府法曹官僚の摂津氏も羽継郷に所領を有していた。[20]
邑楽台地の東部では、永仁元年（一二九三）に佐貫荘板倉郷（板倉町板倉）が将軍久明親王によって伊豆走湯山に寄進された。[21]なお、現在の自治体としての板倉町は低地のイメージが強いが、大字板倉の主要部分は台地上である。貞和五年（一三四九）には、板倉郷に隣接する岩田郷（板倉町岩田）の住人「九郎三郎秀信」という人物が、伊豆走湯山の保善院に地蔵像を奉納していて、[22]秀信は佐貫氏だった可能性が指摘されている。[23]また、応安五年（一三七二）に造像された法性寺（茨城県常総市）の如意輪観音像の施主は、佐貫荘青柳（館林市青柳町）の住人「きんあミたふ」と「こんあミたふ」の夫妻であり、[24]青柳郷の領主であった青柳氏の可能性が指摘されている。[25]

（三）　渡良瀬低地の在地領主

邑楽台地の北の渡良瀬低地には足利荘の荘域が広がっており、足利氏被官の所領が多い。木戸郷（館林市木戸町）は足利氏被官である木戸氏の本貫地であり、元徳四年（一三三二）には、足利高氏（のちの尊氏）が木戸宝寿丸に木戸郷を安堵している。[26]同じく足利氏被官の倉持氏も、鎌倉後期までに木戸郷に所領を有していた。[27]現在の矢場川は木戸の集落の北側を流れているが、江戸時代初期の瀬替えまでは集落の南側を流れていた。

木戸郷から矢場川を遡った北岸の縣郷（足利市県町）は、貞治元年（一三六二）に「本領」であるとして高師有に還補された。[28]高氏は足利氏被官であり、南北朝期に渡良瀬川南岸の生河郷（足利市福富町）を与えられている。[29]

先述の三善氏が長楽寺に寄進した所領には、矢場川旧河道南岸の江矢田郷（板倉町大曲など）と鉢形郷（館林市岡野町ほか）、渡良瀬川北岸の羽田郷（佐野市下羽田町など）が含まれている。さらに、同じく先述の摂津氏は知須賀（館林市千塚町）に所領を有していた。

足利氏の影響が強い渡良瀬低地では、佐貫氏の所領はほとんどなく、わずかに矢場川南岸の千原田（邑楽町中野）を本貫地とすると思われる「佐貫千原田小六郎」が、建武三年（一三三六）の板鼻合戦に参戦したのが確認できる。[30]ただし、彼が同合戦で足利方として戦っていることを踏まえると、鎌倉期から既に足利氏被官となり、その縁で千原田の所領を得ていた可能性もある。

（四）〝川合〟の地形的特質からみた武士の所領展開

ここまで、利根川・谷田川低地、邑楽台地、渡良瀬低地それぞれにおける中世前期の武士の所領展開をみてきた。ここからはそれを踏まえ、〝川合〟の地形的特質からみた武士の所領展開の特徴を分析していきたい。

まず指摘できるのは、鎌倉初期から佐貫氏の活動が確認できるのが、古海・大倉保・赤岩郷・飯塚郷といった邑楽台地の西部だという点である。一方で、大輪氏・梅原氏・江口氏・下瀬戸井氏といった佐貫氏庶流の多くは利根川・谷田川低地の自然堤防周辺の集落を本貫地としている。このことから、佐貫氏一族ははじめに邑楽台地西部へ進出し、のちに庶流が利根川・谷田川低地に進出したという流れを想定できる。

次に、鎌倉後期以降、三善氏や摂津氏、加治氏といった幕府の実務官僚や得宗被官が、所領買得などによってこの地域に進出してきている点が指摘できる。これは、利根川・谷田川低地、邑楽台地、渡良瀬低地に共通してみえる特徴である。

最も注目に値するのが、邑楽郡周辺において中世前期の武士の所領は、台地の中央部には少なく、低地の自然堤防周辺や台地の縁辺部に集中する傾向が読み取れる点である。具体的には、上中森郷・千津井郷・大佐貫郷・梅原郷・木戸郷・生河郷・縣郷・江矢田郷・鉢形郷・羽田郷・千塚郷・千原田が低地の自然堤防周辺の集落であり、飯塚郷・大倉保・古海・赤岩郷・高根郷・寮米保・板倉郷・岩田郷が台地の縁辺部に位置する。邑楽郡周辺の武士が所領とした地名の中で、台地の中央部に立地するのは鳴嶋郷と羽継郷のみである。台地の中央部に武士の所領が少ない要因としては、中世前期の段階では二大河川から台地上に用水を引くのは技術的に困難であり、台地の中央部の開発が進まなかったからだと考えられるのではなかろうか。

このように、〝川合〟の地形的特質を持つ邑楽郡周辺においては、低地の自然堤防周辺や台地の縁辺部に武士の所領が集中するという傾向が読み取れる。では、そういった所領の中で、武士の居館を含む彼らの所領経営の拠点は、どういった場所に構築されたのだろうか。その答えを明確に示す史料はないが、以下、この地域に集中して立地しており、佐貫氏との関連が指摘されているナガラ神社の鎮座地から仮説を提示したい。さらに、武士の拠点は交通・流通の要衝を意識して形成されたという視点から、〝川合〟の地形的特質に規定された交通路の様相を検討する。

二　ナガラ神社の立地と武士の拠点

(一)　ナガラ神社の勧請と佐貫氏

前澤和之の研究によれば、邑楽郡全体で長柄神社と長良神社（読みはいずれも「ナガラ」）が四十社（末社を含めると五十五社）鎮座しており、隣接する太田市東部にも四社が確認できるという。[31]前澤の研究に沿って「長柄」と「長良」の違いを確認すると、古代の邑楽郡に関係する史料には「長柄」は見えるものの、「長良」は見えないとされる。さらに前澤は、佐貫荘の開発に際して佐貫氏（秀郷流藤原一族）が、古代邑楽郡以来の伝統を持つ長柄神社と同じ「ナガラ」の音を持ち、自らと同じ藤原北家の系統に属する藤原長良（藤原冬嗣の子）を荘園鎮守として祀ったのが長良神社であると論じる。

ナガラ神社は利根川・谷田川低地を中心に、邑楽台地にも鎮座している。しかし、台地の中央部に立地することは少なく、この傾向は佐貫氏の所領の分布と重なる。このことから、ナガラ神社の勧請を佐貫氏の進出と関連付けた前澤の指摘は的を射ていると言える。このように考えた場合に、荘園鎮守として勧請されたナガラ神社は、所領経営の拠点である佐貫氏一族の居館と近接して構築されたと考えるのが自然である。そこで、ナガラ神社の立地環境を分析することで、その共通点を見出すことができないか試みたい。なお、本稿においては秀郷流藤原一族である佐貫氏との関係から長良神社を重視するが、社名に用いられる漢字は時代によって変わっている可能性もあることから、長柄神社も検討の対象に含めることとする。

（二）　ナガラ神社の立地環境

前近代におけるナガラ神社の立地環境を確認するために使用したのは、国土地理院ウェブサイトで公開されている治水地形分類図である。この地図では、河川の旧河道や自然堤防、台地などとの位置関係がわかりやすい。なお、神社の鎮座地は近代以降の合祀等で変わっていることもあるため、「神社明細帳」等で移転が明らかな場合は、明治初期の「地引絵図」や幕末に編纂された館林藩領の地誌「封内経界図誌」（館林市立資料館所蔵）で元の鎮座地を確認した。

中世前期に武士が所領とした地名の周辺でナガラ神社の鎮座地を確認すると、まず利根川・谷田川低地では、瀬戸井・大佐貫・千津井[32]のナガラ神社が自然堤防上に立地しており、自然堤防上でも末端部の小河川旧河道に近接している。また、大輪・梅原[33]・江口[34]では同様に自然堤防上に立地し、利根川に近接している。

次に邑楽台地上では、古戸・古海・舞木・赤岩・青柳（字苗木・字正光寺に一社ずつ）・岩田・板倉・羽附・高根にナガラ神社が祀られている。このうち、古海・赤岩[35]・高根では台地上の低地との境目に鎮座している。舞木・青柳（字正光寺）[36]・板倉のナガラ神社も同じく台地の末端部に立地しており、利根川や谷田川に近接している。羽附のナガラ神社は城沼に近接している。なお、岩田[37]と古戸[38]のナガラ神社は、もともと谷田川沿いと利根川沿いに鎮座していたと伝わっている。

最後に渡良瀬低地では、佐貫千原田氏の本貫地である千原田、江矢田郷の比定地[39]である細谷（板倉町細谷）と離（同離）にナガラ神社が祀られており、いずれも自然堤防の末端部に立地している。

このようにナガラ神社の立地を見てみると、台地や自然堤防の中央部から外れた末端部に立地することが多い傾向が読み取れる。台地や自然堤防は河川氾濫の影響を受けにくく、中世前期の武士がそういった場所に所領を形成したのは自然な流れであろう。一方で、当時の技術では台地上に用水路を引くことは困難であり、開発は台地縁辺部や低地で進められたものと考えられる。ナガラ神社が多く立地する台地や自然堤防の末端部は、安定した地形であるうえに低地の耕作地にアクセスしやすい場所であり、武士の居館が構築された場所と考えても不自然ではない。なお、佐貫氏と関連が指摘される信仰としては、佐貫氏庶流の舞木氏から外護を得て光恩寺（千代田町赤岩）に拠点を移した小俣鶏足寺の法流もある[40]。邑楽郡周辺では、「鶏足寺世代血脈[41]」に記される神光寺（邑楽町中野）・宝寿寺（明和町上江黒）についても、ナガラ神社と同様に台地や自然堤防の末端部に立地している。

もちろん、ここまで検討してきたナガラ神社の鎮座地が中世まで遡る確証はないが、享徳年間の飯塚郷田帳(42)には、「上長良」と「下長良」の田が記されている。明治期の飯塚村には字本郷と字松原に長良神社が祀られており(43)、村落単位の鎮守としてのナガラ神社の祭祀が中世に遡る一つの事例と言える。一方で、近代以降ほど頻繁ではないにしても、前近代においても合祀や移転があったはずであり、鎮座地が中世の位置から変わっている可能性もある。ここでは、武士の居館がナガラ神社と同様に、台地や自然堤防の中央部から外れた末端部に構築されたのではないかという仮説を指摘し、交通・流通の要衝の視点からも、武士の拠点について考えてみたい。

三　交通・流通の要衝と武士の拠点

（一）邑楽郡周辺における交通路の様相

邑楽郡周辺の中世の交通路を示す史料はいくつかあり、史料1はその一つである。

【史料1】『廻国雑記(44)』（部分）

（前略）

三月二日、とね川、青柳、さぬきの庄、館林、ちづか、うへのの宿などうち過て、佐野にてよめる、

いにしへの跡をはとをくへたてきて

霞か丶れるさのの舟橋

（後略）

文明一九年（一四八七）、聖護院門跡の道興准后は、武蔵国から利根川を越え、青柳・千塚・植野を経て下野国佐野（栃木県佐野市）へ移動したことが読み取れる。千塚は館林市中心部から北東方向に位置し、矢場川旧河道南岸の自然堤防上に集落が形成されている。先述のとおり、南北朝期までに摂津氏が千塚に所領を有しており、同氏は鎌倉期からこの地に権益を持っていたことも想定できる。道興が通った経路は当時の佐野へ向かう主要経路とは言い切れないものの、摂津氏は下野国との国境でもある旧矢場川の渡河点を掌握していたことがわかる。[45]

そのほか、この地域の渡河点としては、戦国期の史料で赤岩や大輪が確認できる。利根川北岸の赤岩については、永禄一〇年（一五六七）に北条氏政が舟橋をかけて渡河しており、その後、上杉輝虎によってその舟橋が破壊された。[46]天正一三年（一五八五）には、赤岩と利根川対岸の酒巻（埼玉県行田市）との間の渡船を停止するよう、北条氏が長尾顕長に対して命じている。[47]大輪も利根川の渡河点であり、天正二年（一五七四）、上杉謙信が大輪まで陣を進めて利根川を渡ろうとしたが、増水のため断念している。[48]さらに、瀬戸井・上五箇（千代田町上五箇）が利根川渡河点として、[49]鉢形が矢場川旧河道の渡河点として指摘されている。[50]

利根川渡河点の赤岩には、佐貫氏と幕府実務官僚の三善氏が所領を有しており、三善氏は旧矢場川渡河点の鉢形にも所領を有していた。また、利根川渡河点の大輪と瀬戸井は、佐貫氏庶流の本貫地である。このように見てみると、中世の渡河点があった場所が、在地領主の本貫地や所領のあった地名と一致する傾向が読み取れる。このことは偶然ではなく、〝川合〟の地域においては二大河川が交通の阻害要因として存在していたことから、渡河点をはじめとする交通・流通の要衝は重要であり、在地領主の拠点形成においてもその存在が強く意識されたのではないかと考えられる。

中世上野国の交通路を復元しようとした成果に、「宿」が付く地名を手がかりとしてルートを検討した久保田順一の研究がある。[51] 久保田は邑楽郡周辺で四つのルートを提示しており、一つ目は、寮米・石打（邑楽町石打）・中野・高根・館林・羽附・板倉・海老瀬（板倉町海老瀬）を経由して渡良瀬川を渡河し、下総国古河（茨城県古河市）に至るルートである（近世の古河往還に相当）。このルートは、邑楽台地の北辺に沿って邑楽郡を東西に横断している。南北に縦断するルートは三つ提示されており、最も西寄りが、東金井（太田市東金井町）・寮米・小泉（大泉町上小泉など）を経て古戸又は赤岩で利根川を渡るルートである（古戸に至るルートは近世の古戸・桐生道に相当）。中ほどを通るのが、縣から矢場川を渡り、中野を経て赤岩から利根川を渡るルートである。最も東寄りが、下野国佐野から矢場川を渡り、青柳を通って川俣又は大輪で利根川を渡るルートであり、道興准后が通ったのもこのルートである。

そのほか、低地の自然堤防上に沿った交通路も想定できる。渡良瀬低地では、館林から矢場川旧河道南岸の自然堤防上に沿って大曲（板倉町大曲）・大荷場（同大荷場）・細谷を経て、離で渡良瀬川を渡るルートが指摘されている。[52] 利根川・谷田川低地では、梅原郷の坪付注文に「わうこのみち」（往古の道）という記述があり、[53] 推測の域を出ないが、自然堤防上の集落を結ぶ東西交通路のことを指す可能性もある。

（二）　渡河技術を身に付けた東国武士

ここまで見てきたように、邑楽郡周辺において武士が本貫地や所領とした地名の多くは、中世の交通路や渡河点に立地する傾向がある。これは、武士の領主支配が交通や流通と関わっていたことを背景にしている。このことに関連して、東国武士と渡河技術に関する当時の人びとの認識をうかがわせる史料がある。

【史料2】『平家物語』「橋合戦[54]」（部分）

（前略）下野国住人足利又太郎忠綱、すゝみいでて申けるは、（中略）武蔵と上野のさかゐにとね河と申候大河候、秩父、足利なかをたがひ、つねは合戦をし候しに、大手は長井わたり、搦手は故我杉のわたりよりよせ候しに、上野国の住人新田入道、足利にかたらはれて、杉の渡よりよせんとてまうけたる舟共を、秩父が方よりみなわられて申候しは、たゞいまこゝをわたさずは、ながき弓矢の疵なるべし、水におぼれてしなばしね、いざわたさんとて、馬筏をつくてわたせばこそわたしけめ、坂東武者の習として、かたきを目にかけ、河をへだつるいくさに、淵瀬のきらふ様やある、此河のふかさはやさ、とね河にいくほどのおとりまさりはよもあらじ、つゞけや殿原とて、まさきにこそ打入れたれ、つゞく人共、大胡、大室、深須、山上、那波太郎、佐貫広綱四郎大夫、小野寺禅師太郎、辺屋この四郎、郎等には、宇夫方次郎、切生の六郎、田中の宗太をはじめとして、三百余騎ぞつゞきける、（後略）

史料2は、以仁王とともに挙兵した源頼政の軍勢と平氏方の追討軍が、宇治川を挟んで戦った治承四年（一一八〇）の宇治合戦を語る『平家物語』の一場面である。宇治川にかかる橋は頼政方によって橋桁が外されており、平氏方では淀・芋洗・河内路へ迂回する案が出る。その場面に秀郷流藤原一族の嫡流とされる足利忠綱が登場し、ある故事を語りだす。その故事とは、藤姓足利氏と秩父氏が争った時、搦手の「杉の渡」から攻め込むよう、足利氏に頼まれた新田義重の逸話である。秩父方に川を渡るための舟を壊された義重は、「今ここを渡らなければ、長く弓矢の疵になってしまう」と言って「馬筏」を作って川を渡ったのだという。この故事を引き合いに出し、忠綱は「坂東武者の習として、川を隔てた合戦で淵や瀬を嫌うようなことがあろうか。利根川と宇治川に深さや速さの大差はない」と言って、一族郎党とともに宇治川を渡った。ここで忠綱が率いた一族には、佐貫広綱も含まれている。なお、『源平盛衰記』では、新田義重が渡ろうとしたのは「杉の渡」ではなく「長井の渡」とされる[55]。長井（埼玉県熊谷市）は武蔵国側の地名であり、利根川を挟んだ対岸の上野国側は古戸である。

この忠綱が、史実では足利忠綱ではなく、平家家人の藤原忠綱だという研究があるが[56]、ここで注目したいのは、彼が新田義重の渡河の故事を例に挙げ、「坂東武者の習」と説いている点である。この逸話からは、当時の人びとには、東国武士は渡河技術に長けているという認識があったことがわかる。なお、同様の逸話としては、内海対岸に立て籠もる平忠常を攻める際、源頼信が内海には「馬で渡れる浅瀬がある」という「家の伝え」があるのを思い出し、現地の案内人の手引きで内海を渡ったというものがある[57]。

ここで改めて考えたいのが、邑楽台地上を通る東西交通路が台地の北辺に沿っていた点である。台地の末端部は水はけがよく足元が安定しているため、交通路や渡河点には適した地形と言える。自然堤防の末端部も同様の理由で交通や流通の要衝になりやすい。ナガラ神社が多く立地している台地や自然堤防の末端部は、交通や流通の要衝にも適した場所だったのである。このように、荘園鎮守として祀られたナガラ神社の立地、交通路や渡河点と東国武士とのつながりを踏まえると、〝川合〟の武士は、安定した地形で交通や流通の要衝に適しており、低地の耕作地へのアクセスもしやすいという特徴を持つ、台地や自然堤防の末端部に拠点を形成したものと考えられる。

おわりに―〝川合〟の拠点形成の変遷―

中世前期の武士が台地や自然堤防の末端部に拠点を形成したのは、前後の時代にもみられる〝川合〟の地域の普遍的な事象なのだろうか。そのことを明らかにするために、邑楽郡周辺における古代の拠点形成、戦国期以降の拠点形成と比較することで考えてみたい。

まず、古代の拠点形成と比較すると、邑楽郡周辺の古墳時代後期から奈良・平安時代の集落遺跡は、台地縁辺に立地するものが多い(58)。さらに、古代における郡規模の拠点である邑楽郡家は発見されていないが、大泉町仙石付近にあったと推定されている(59)。仙石は、利根川に面した邑楽台地の南端部に位置し、西隣には利根川渡河点の古戸がある。

このようにみてみると、台地の縁辺部に集落が分布する傾向は、中世前期の拠点形成とも一致する特徴である。一方で、低地の自然堤防に武士の所領が展開したことに対応する現象は、古代では確認できない。一つの仮定として、もし古代において渡良瀬川から引水する小規模な用水路が存在していたとすれば(60)、古代から中世初頭にかけてはその周辺の台地上の一部分が開発されたとも考えられる。そしてその後、この地域に進出してきた佐貫氏によって、より開発の難しい自然堤防周辺が開発されたという流れも想定できるのではないだろうか。

次に、戦国期から近世初頭の拠点形成と比較すると、館林周辺における中近世の城館の立地は、①池沼縁辺、②台地縁辺、③台地上、④自然堤防上に分類できるという(61)。この中では、①池沼縁辺が、中世前期の拠点形成ではあまりみられなかった場所である。東国における戦国時代の始まりと言われる享徳の乱において、館林は古河公方方の古河と関東管領上杉方の五十子（埼玉県本庄市）の中間に位置したことから、軍事的に重要視されたものと思われ、長禄三年（一四五九）には海老瀬口・羽継原合戦の戦場にもなっている。池沼縁辺に城館が築かれるようになったのは、戦乱の中で防御機能の高さが求められたためと考えられる。なお、城沼に面して築かれた館林城の景観については、『松陰私語』に「彼城之地利、湖水三方押廻、責口一方也[62]」と記録されており、城沼が敵を防ぐ装置として機能していたことがわかる。

このように前後の時代と比較することにより、邑楽郡周辺において次のような拠点形成の変遷が想定できる。まず、古代においては台地縁辺に集落が分布し、中世になると佐貫氏を中心とした在地領主が自然堤防周辺に進出した。さらに戦国期から近世初頭にかけて、戦乱の中で防御機能の高さが求められるようになった結果、池沼縁辺に城館が築かれるようになった。川名禎は邑楽郡周辺において次のような指摘をしている。古代は郡西部の開発が早く、中世には郡南部の低地の開発が進んだ。そして、館林城の築城により郡の中心が南から北に移動し、近世には館林が中心地に成長した[63]。本稿で想定した拠点形成の変遷は、川名の指摘とも方向性が一致していると考える。

〝川合〟の地形的特質を有する地域は邑楽郡周辺だけではない。近隣でも、早川と利根川に挟まれた伊勢崎台地には渕名荘が、利根川と烏川に挟まれた前橋台地には玉村御厨が成立した。台地を挟む低地には、新田荘の空閑の郷々や荘園化せずに公領（国衙領）として残った那波郡が広がっている。今後の展望として、これら〝川合〟の地域に注目して事例を集積することにより、〝川合〟の在地領主による拠点形成の理解を普遍化することが可能であると思われる。

註

『館林市史』は頻出するため、次のように略記する。
・『館林市史 通史編一 館林の原始古代・中世』（館林市、二〇一五年）　↓　館通
・『館林市史 資料編二中世 佐貫荘と戦国の館林』（館林市、二〇〇七年）　↓　館資

（1）簗瀬大輔「佐貫荘の開発と景観」（館通）。
（2）地方史研究協議会の第六五回（埼玉）大会の討論でも、武蔵武士の特徴として、生産の拠点と並んで交通・流通の拠点を押さえていた点が指摘されている（地方史研究協議会編『北武蔵の地域形成―水と地形が織りなす歴史像―』雄山閣、二〇一五年）。
（3）須藤聡「秀郷流武士団の展開と館林地域」（館通）。
（4）簗瀬大輔「戦国期渡良瀬川の洪水と水運―横瀬・長尾領国の環境―」（同『関東平野の中世―政治と環境―』高志書院、二〇一五年、初出二〇一三年）。
（5）研究上の用語としての「在地領主」は、当初は都市に住む荘園領主と区別するための概念であったが、その後の研究の進展により、在地領主が京都や鎌倉といった都市にも拠点を有していたことが明らかになった。現在では、都鄙間・地域間ネットワークに立脚し、町場や交通の要衝を掌握し、単位所領を超えて広域的な支配を行った在地領主の活動の在り方に注目が集まっている。守田逸人「在地領主制」（木村茂光監修・歴史科学協議会編『戦後歴史学用語辞典』東京堂出版、二〇一二年）。なお、渡邊浩貴「崖線の在地領主―武蔵国立川氏の水資源開発と地域景観―」（『国立歴史民俗博物館研究報告』第二〇九集、二〇一八年）は、遡及的に在地領主の本領景観を復原し、その地形環境に規定された立川氏の平野部開発や拠点形成を明らかにしている。「生活の場」（在地領主を含めた在地社会で生きる人々の生活空間）の観点から個々の在地領主レベルの開発を見直すという視点は、本研究の構想において参考になった。
（6）「長楽寺文書」永仁三年十二月廿一日関東下知状（館資八六）。
（7）「長楽寺文書」文保二年三月廿七日関東下知状（館資九二）、同元応二年二月廿三日関東下知状（館資九五）。

（8）「長楽寺文書」元応元年九月廿四日佐貫梅原時信在家田畠売券（館資九三）、同元応元年九月廿七日佐貫梅原時信田畠在家坪付注文（館資九四）、同元応二年二月廿三日関東下知状（館資九五）。
（9）「長楽寺文書」嘉暦三年四月八日三善貞広寄進状案（館資九六）、同弘願寺寺領注文案（館資九七）。
（10）「倉持文書」足利氏所領奉行人交名（館資一〇三）、「諸国文書」鎌倉府御料所所課注文（館資一一九）。
（11）「正木文書」暦応四年二月十日上杉憲顕奉書写（館資一一三）。
（12）「正木文書」康永三年壬二月日山田郡寮米保西内嶋村注文（館資一一六）。
（13）『神宮雑書』建久七年二月十四日伊勢大神宮神主注進状写（館資三七）。
（14）『吾妻鏡』養和元年七月二十日条（館資一〇）。
（15）須藤聡「秀郷流武士団と利根川—鎌倉御家人佐貫氏の成立—」（『群馬文化』三四六、二〇二一年）。
（16）前澤和之「東山道の駅路」（館通）。
（17）『吾妻鏡』仁治二年六月二十八日条（館資五二）。
（18）「長楽寺文書」正元元年十二月廿三日関東下知状（館資七〇）。
（19）須藤聡「鎌倉幕府と佐貫一族」（館通）。
（20）「別符文書」建武元年五月三日後醍醐天皇綸旨（館資一〇七）、同建武元年八月廿九日某氏政打渡状（館資一〇八）、「美吉文書」暦応四年八月七日摂津親秀大間帳（館資一一四）、『古今消息集九』所収「別符文書」観応三年七月二日足利尊氏下文写（館資一二八）。
（21）『走湯古文一覧』永仁元年十月六日二階堂行貞奉書写（館資八三）。
（22）貞和五年二月九日銅造延命地蔵半跏坐像銘（館資一二二）。
（23）峰岸純夫・簗瀬大輔「佐貫荘の地蔵信仰」（館通）。
（24）応安五年正月十八日木造如意輪観音菩薩坐像胎内墨書銘（館資一四三）。
（25）峰岸純夫・簗瀬大輔「佐貫荘と浄土信仰」（館通）。
（26）「上杉家文書」元徳四年二月廿九日足利高氏（尊氏）安堵状（館資一〇一）。

(27)「倉持文書」乾元弐年後四月十二日足利貞氏安堵状案（館資八九）、同延慶二年六月十六日足利貞氏安堵状（館資九一）、同元徳三年六月七日倉持師忠譲状（館資一〇〇）、同貞和四年十一月七日足利直義袖判下文（館資一二〇）、同貞和四年十一月八日四方田浄延請文案（館資一二一）、同貞和五年九月四日倉持胤忠譲状（館資一二三）、同応安四年四月廿日倉持胤政譲状（館資一四二）。

(28)「神田孝平文書」貞治元年十二月廿五日足利基氏御判御教書（館資一三四）。

(29)「高文書」正平七年二月六日足利尊氏袖判下文（館資一二六）、同康安二年四月廿九日足利基氏御判御教書（館資一三三）。

(30)「落合文書」建武三年五月日佐野義綱軍忠状写（館資一一〇）。

(31)前澤和之「長柄と長良神社の展開」（館通）。

(32)千津井の字平沼にあった長良神社は、明治四一年（一九〇八）に字上ノ坪の三島神社に合祀された（「上野国邑楽郡神社明細帳」（丑木幸男編『上野国神社明細帳一九』群馬県文化事業振興会、二〇〇九年））。元の鎮座地は、群馬県立文書館所蔵「第七十五区上野国邑楽郡千津井村絵図」（A〇一八一AMA／一二一九）に「社寺」の地目で「長良境内」と記されている。

(33)梅原の字中道にあった長良神社は、明治四〇年（一九〇七）に字七曲道下の三島神社に合祀された（「上野国邑楽郡神社明細帳」（前掲『上野国神社明細帳一九』））。元の鎮座地は、「封内経界図誌」に「長良」と記されている。

(34)江口の字在家にあった長良神社は、明治四三年（一九一〇）に字下川原の諏訪神社に合祀された（「上野国邑楽郡神社明細帳」（前掲『上野国神社明細帳一九』））。元の鎮座地は、「封内経界図誌」に「長良」と記されている。

(35)赤岩の字下宿東にあった長良神社は、大正六年（一九一七）に字熊野の愛宕神社に合祀され、八幡神社と改称された（「上野国邑楽郡神社明細帳」（前掲『上野国神社明細帳一九』））。元の鎮座地は、群馬県立文書館所蔵「第六十九区邑楽郡赤岩村」（A〇一八一AMA／一二三六）に「長良」と記されている。

(36)青柳の字正光寺にあった長良神社は、明治四三年（一九一〇）に字苗木の長良神社に合祀された（「上野国邑楽郡神社明細帳」（前掲『上野国神社明細帳一九』））。元の鎮座地は、「封内経界図誌」に「長良」と記されている。

(37)『板倉町史 通史 下巻』(板倉町史編さん委員会、一九八五年)によれば、昔は谷田川沿いの字長良に鎮座していたが、天明六年頃に現在地の字蔦替に移転したという。
(38)「上野国新田郡神社明細帳」(丑木幸男編『上野国神社明細帳一六』群馬県文化事業振興会、二〇〇七年)によれば、古戸の長良神社はもともと利根川沿岸の鳥尾先にあったが、「川欠流失」の恐れがあったため、明治三七年(一九〇四)に移転したという。
(39)離・細谷・大荷場・大曲の四村は「伊谷田村」という村だったが、元和三年(一六一七)榊原検地の際に分村したという(『群馬県邑楽郡町村誌材料』邑楽郡役所、一八八九年)。
(40)近藤聖弥「「鶏足寺世代血脈」の地域史料としての可能性」(『地方史研究』四二四、二〇二三年)。
(41)「鶏足寺世代血脈」(館資三四九)。
(42)「正木文書」飯塚郷田帳(館資二〇六)。
(43)「上野国新田郡神社明細帳」(前掲『上野国神社明細帳一六』)。
(44)『廻国雑記』(館資二五四)。
(45)飯森康広「中世館林地域の街道」(館通)。
(46)『歴代古案』(永禄十年)極月二日上杉輝虎書状写(館資四〇八)。
(47)「長尾文書」(天正十三年)正月十四日北条家朱印状(館資五四八)。
(48)「志賀槙太郎氏所蔵文書」(天正二年)四月十三日上杉謙信書状(館資四四二)。
(49)田中信司「中世後期上武国境の「みち」―後北条氏の架橋―」(『青山史学』二八、二〇一〇年)。
(50)飯森康広「館林城下町と宿・村の展開」(館通)。
(51)久保田順一「中世上野の交通路と宿」(同『中世前期上野の地域社会』岩田書院、二〇〇九年)。
(52)飯森康広「中世館林地域の街道」(館通)、同「中世館林の城・合戦と地域変容」(同『戦国期上野の城・紛争と地域変容』岩田書院、二〇二二年、初出二〇一四年)。
(53)「長楽寺文書」元応元年九月廿七日佐貫梅原時信田畠在家坪付注文(館資九四)。

(54)『平家物語』「橋合戦」(館資八)。
(55)『源平盛衰記』「宇治合戦附頼政最後の事」(館資九)。
(56)野口実「橋合戦における二人の忠綱」(『文学』三巻四号、二〇〇二年)。
(57)『今昔物語集　巻第二十五』「源頼信朝臣責平忠恒語第九」(『新日本古典文学大系三六　今昔物語集四』岩波書店、一九九四年)。
(58)市橋一郎「遺跡から見た邑楽郡地域」(館通)。
(59)前澤和之「上野国と邑楽郡」(館通)。
(60)本書高橋論文。
(61)『館林市史　特別編第四巻　館林城と中近世の遺跡』(館林市、二〇一〇年)。
(62)『松陰私語　第二』「佐貫庄館林城責事」(館資二三八)。
(63)川名禎「〝川合〟地域における政治領域の形成とその地域性―上野国邑楽郡を中心に―」(『地方史研究』四二四、二〇二三年)。

近世治水政策の地域的対応と地域意識―館林領普請組合の成立伝承を視点に―

小嶋　圭

はじめに

本稿は、館林領普請組合を素材に、近世普請組合の質的変化の過程を明らかにするものである。普請組合は、近世において、堤防や基幹用悪水施設の管理・修繕を行う役負担組織としての組合村である。普請組合という地域的な枠組みは、村々にどのように認識されたのか、地域意識の視点から分析を試みる。

近世治水史の研究では、幕府の治水政策の検討が進められ[1]、享保期の国役普請や[2]、天保期の治水政策[3]など幕府の主導性が評価されている。一方、地域社会史では幕末にかけて治水に関わる利害調整の担い手として、村役人や地主層の力量が重要視されている[4]。こうしたなかで、普請組合は、治水・利水に関わる幕藩権力と地域社会の動向を統一的に把握する手がかりとして注目されてきた[5]。

大谷貞夫は、館林領普請組合を事例に、普請組合結成の契機を、地方直しによる支配関係の錯綜状況に対応するものと指摘した[6]。これに対し、貝塚和実は、近世普請組合は本来的に普請工事に徴発された百姓役編成組織であるとし[7]、普請組合が近世中期頃より自治的な用水組合としての側面を持つようになるという見通しから、個々の普請組合の歴史的変遷を明らかにする必要を提起する。本稿で扱う館林領普請組合では、成立の契機を幕府政策から評価した研究[8]と、普請組合を自治的な灌漑水利機構として総括する幕末期の研究[9]に二分された状況にあり、近世中後期にかけての普請組合の質的変化[10]の過程が詳らかでない[11]。そこで、本稿では、治水政策に対して館林領普請組合の村々が、その地域的枠組みをどのように認識していくのかという視点から、地域的な結合関係の展開を明らかにする。

以上の分析を進める上で、次の二点に留意したい。まずは、地域の記録と地域意識についてである。館林領普請組合の成立過程は、古老の聞書という地域の伝承記録によって説明されてきた[12]。こうした史料では、記述に表れる地域意識を読み解く必要がある。岩橋清美は、「旧記」を受容した村役人層が村落を時間的・空間的に把握し、桜の植樹や碑の建立等を通して地域意識が具象化される過程を明らかにしている[13]。治水政策を地域社会がいかに捉え返すのか、その対応を分析するためには、地域の歴史を再構築する村役人層の動向に着目し[14]、絵図や「旧記」を関連付けながら地域意識の具象化を紐解いていく必要があるだろう。

二点目は、領域に対する空間認識に注目する。具体的には、中世以来の「領」と「藩領」に対する地域社会の認識である。邑楽郡を中心に梁田郡・山田郡・新田郡などに広がる広域的な領域は、「館林領」と呼ばれていた。一方、館林城を中心とした邑楽郡四三か村程度の領域は「館林封内」と称され、重層的な空間認識が形成されていたという[15]。館林領普請組合の村々にとって、「館林領」とはどのような意味合いを持つのだろうか。澤村怜薫は、「領」の語に対する地域社会の認識について、御鷹場としての「領」か、あるいは藩城付領としての「領」を指すのか、時代の趨勢や歴史認識に留意して把握する必要を述べている[16]。本稿では、館林藩城付領[17]としての「館林封内」に対して、「館林領」の意味するところに留意して分析することで、この地域の所領配置とそれに対応する村々という視点から、権力論を踏まえた地域社会像に迫る。

一　館林領普請組合と「館林領五郡農家水配鑑」

（一）館林領普請組合の概況

館林領普請組合[18]は、利根川・渡良瀬川合流域に形成された、上野国新田郡・山田郡・邑楽郡、下野国梁田郡・足利郡の一九一村、組合高一五万石余に及ぶ広域的な普請組合とされる。この地域における用排水は、渡良瀬川右岸の待堰・矢場堰・市場堰・借宿堰の四堰から取水した用水が、複数の沼を経由して河川に排水される。渡良瀬川はこの地域に広がった用排水網の取水源であったが、その右岸堤は、宝永元年（一七〇四）から明治四三年（一九一〇）にかけての二〇七年間で四九回、およそ四年に一回の割合で破堤する水害常襲地帯であり、水害や旱害の影響を受けやすい地域とされる。[19]そのため戦国期以来の歴代の領主は、水方奉行などを置いて水利普請等にあたったとされている。[20]五郡における徳川綱吉の館林藩城付領が、おおよそ館林領普請組合の範囲に該当する。[21]

館林藩は、寛文元年（一六六一）から延宝八年（一六八〇）まで徳川綱吉の領地であった。延宝八年八月に綱吉が将軍となると、城付領村々は幕府領や二〇七名の旗本知行地に分割され、水論が多発、天和二年（一六八二）に旧館林藩城付領の村々が幕府評定所に願い出た結果、翌三年に幕府が水方奉行を設置、普請組合が復興された。[22]

天和年間に、幕府に水方奉行の設置を願い、訴願を展開した村々の動向からは、地域意識の発現がうかがえる。ただし、この時期の普請組合は、旧来の役的編成組織としての性格を強く残すものであったと考えられる。

（二）「館林領五郡農家水配鑑」の記載内容

では、館林領普請組合の村々は、当該地域をどのように認識していたのか。この地域で刊行された、近世後期の木版刷りの絵図「館林領五郡農家水配鑑」（以下、「水配鑑」という。）から分析を試みたい。

嘉永三年（一八五〇）に刊行された「水配鑑」は、館林領普請組合の村々と館林領の用排水系統が描かれた絵図である。図中に「日光例幣使道矢場之郷児螺川邊住　清水芳雄蔵」という記載があり、原版の作者が判明している。清水氏は本矢場村在住の人物で、幕府普請役の道案内のような役割を果たし、ともに廻村して職務を補佐していたようである。[23]明確な製作意図は分からないが、本絵図は館林地域の地勢・水系を説明する基本資料として従来用いられてきた。とはいえ、「水配鑑」それ自体の分析はほとんど行われていない。まずは、本絵図の概観を確認した上で、具体的な記載事項を分析していく。

図1は、「水配鑑」の絵図中の記載事項に記号を付したものである。「水配鑑」には、中央に利根川と渡良瀬川に囲われた村々の図が記載され、その外側に各種説明が記載されている。また、中央の絵図部には、当該地域の空間構造を表す川・沼・寺社などとともに、渡良瀬川右岸から取水した用排水路や堰などの管理施設が描かれている。記載事項は、次のとおりである。

〈絵図外側の各種説明〉

A表題・記号の説明、B絵図の説明、C館林領組合役引高、D水配・天水配村名・石高、E組合総村数・惣石高、F「利根川通堤間数・渡良瀬川通堤間数」、G「御朱印寺領」、H「領中古名沼」、I「日光例幣使道橋

【図1】嘉永三年「館林領五郡農家水配鑑」（木版刷り）
（「館林領五郡農家水配鑑」〔群馬県立図書館デジタルライブラリー、館林市立図書館所蔵〕を加筆・修正して筆者作成）

四十八か所」、J普請組合（小組合の村名）

〈内側：空間構造を表すもの〉

①「利根川」、②「渡良瀬川」、③「多々良沼長十九丁」、④「近藤沼長四丁ヨ（横）三丁」、⑤「大輪沼田ニ成」、⑥「御城沼」、⑦「雷電沼」、⑧「板倉沼長十二丁ヨ（横）八丁二十間」、⑨「溜井」、⑩「大谷原五百十九丁歩」、⑪「天正六年大谷休泊観月居士寅六月廿九日」（大谷休泊の墓）、⑫「大光院」、⑬「金山物廻六里十七丁四十五間」、⑭「下野国八幡国分寺」（下野国一社八幡宮）、⑮「尾引城」、⑯雷電神社、⑰「古河領飯泉」、⑱「羽生領組合」、⑲「忍領」

〈内側：水路内への表記〉

a「待堰」（新田堰）、b「矢場堰」、c「市場堰」（三栗谷堰）、d「借宿堰」、e「加用水」（利根加用水[24]）、f「新田堀」、g「長ホリ川」、h「蛇川」、i「ヤセ川」、j「ウラ川」、k「矢場川」、l「児螺川」、m「柳沢堰三十七ヶ村組合」、n「上休泊」、o「観音▲（堰）」、p「出水姥川」、q「谷田川[25]」、r「加用水出来此方覓取払」、s「大島▲（堰）江加用水覓出来」、t「下休泊」、u「古利根川」

図1の構成について、外側を囲う説明書きには、絵図下部のD部に「水配村々」について記載されており、左右上部を囲うJ部に普請組合の構成村々が示されている。内側の絵図には、この地域を取り囲む①利根川・②渡良瀬川とともに、大きな沼（③から⑧）が水路上に描かれ、大河川と沼が地域の空間構造の重要な構成要素であったことが分

かる。水路の名前まで細かく記載されており、渡良瀬川右岸四堰からの取水領域の在り様が示され、その概況や名称から、「水配鑑」の特徴として、治水・利水へのこだわりや強調が確認できる。加えて、絵図中B部には、次のような説明が記されている。

【史料1】絵図中B部の説明書

此一枚者上毛三郡、下毛二郡之内水配四ヶ領合百九十一ヶ邑、西ハ長堀川、東ハ古河領境、南ハ利根川、北ハ渡良セ川、同川四ヶ所堰上ヶ水配南北川除共、高十四万八千石余、堰・樋・水門組合凡聞集メ、農家幼童領中邑名覧之一枚也、石高相違組合高寄違等ニ真平御高免可被下、全ハ其所ノ御方ニ御聞可被下候

史料1によれば、「水配鑑」は上野国三郡、下野国二郡のうちで、水配の対象となる四領一九一か村の村を記載した絵図であるという。その範囲は、南北は利根川・渡良瀬川、西は長堀川、東は古河領境で囲まれた領域を指すとし、渡良瀬川右岸の四堰から取水した川除普請に関わる高十四万八千石余の堰・樋・水門組合について聞き取って作成したという。そのため、石高など記載の相違についてはその地の者に聞くようにと、記載の正確性について断り書きが付されている。

「水配鑑」は、「農家幼童領中邑名覧之一枚」とあるように、館林領普請組合村々の人々へ向けて作成されたものとみられる。水配村々と普請組合について、その領域と構成村々の全体像を表しており、館林領普請組合の構成村名覧としての絵図であったことが読み取れるのである。

(三)「水配百九十一ヶ村」と「百九十三ヶ村組合」

図1では、水配村々と普請組合が区別されているが、双方は、どのような関係であったのだろうか。

絵図外側のD部に記された「水配村々」には、河川や水路ごとの受水域の村々が、川や水路ごとに書き上げられている。ここに掲載された村数を数えると、実数で一七八か村である。一方、J部に記された普請組合は、三三の小組合で構成され、実数一六六か村、累計四七三か村に及ぶ。水配村々と普請組合は、同じ領域中にそれぞれ構成されており、村々は水配、普請組合のそれぞれに、場合によっては複数属している。貝塚の指摘に基づけば、普請組合は古くから存在した用排水施設の維持・修繕を行う役負担組織であり[26]、史料1の「高十四万八千石余、堰・樋・水門組合」に該当するだろう。水配村々は、用排水管理にあたった受水域の村々と考えられる。

ところで、「水配鑑」外枠のA部に記された表題には、「館林領五郡農家水配鑑」と記された両脇に、「高十四万八千二十五石九斗四升三合四夕」、「百九十三ヶ邑組合」と記されている。また、「水配鑑」が入れられた袋の裏書には、「此一枚者館林領上毛三郡、下毛二郡、二ヶ國五郡高十四万八千石、村数百九十三ヶ村組合」との文言がある。中央絵図部には、史料1のB部の記述と同様、一九一か村の村々が図示されており、一九一か村と一九三か村という二つの総村数が絵図中に併記されているのである。

このことについて、延享三年(一七四六)年、定式御普請場となっている関東の河川について記した史料には、「館林領用水　是は組合百九拾壱ヶ村用水差引之儀、貞享年中より年久敷儀ニ而暦(歴)相知不申[27]」とある。同年の「四川用水方定掛場村数組合等覚書[28]」には、一七二か村高一二万三六三〇石余と記載されている。これは綱吉治政下の館林藩領一七二か村を指しており、西領と呼ばれる館林藩領外の一九か村を加えると一九一か村となる。これらの史料は幕府勘定所の内部記録である「刑銭須知」に所収されたものであり、このことから、一九一か村とは、幕府普請役などにより公的に把握された館林領組合の総村数といえる。これらの史料に、「館林領用水」とある点は、「水配鑑」B部の「水配四ヶ領合百九十一ヶ邑」という表記に共通する。

一方、明治初期頃の「北大島村明細帳」には、「渡良瀬川通り囲堤御普請之儀、組合高拾四万八千石余御定式御普請所ニ而、御目論見・御仕立共、御普請役様方御指図ヲ請仕立来り申候、勿論、満水之節者組合村々罷出相防申候(29)」とある。幕府の御定式御普請所の組合高が一四万八千石余であり、渡良瀬川通りの囲堤御普請を担うとともに、満水時の水防を行っていたとされる。同様に、寛政元年（一七八九）の「邑楽郡古海村明細帳」には、「一郡役相勤候古来ゟ御定式場ニ而館林領拾四万八千石組合、利根川・渡良瀬川両川通御普請幷内郷用悪水堀浚樋堰水門伏替等御普請有之(30)」とある。御定式御普請場であった館林領普請組合は、「館林領拾四万八千石組合」と呼ばれたことが分かる。天明四年（一七八四）の邑楽郡古海村の定式普請に関する記録には、「一當領拾四万八千石、此村数百九拾三ヶ村組合利根川渡良瀬川右大川通幷内郷共ニ御定式御普請所ニ御座候(31)」とあり、村々は普請組合を「拾四万八千石組合」、「百九十三ヶ村組合」と表現した。これらは、館林領普請組合の地域的呼称と考えられる。

このように、館林領普請組合を指す村数表記は、公的な呼称と地域的な呼称が同時に通用しており、その混乱が「水配鑑」における水配村々一九一か村・一九三か村組合の混合表記(32)に表れているのである。館林領普請組合では、時折小組合の構成や村々の負担が変わっていたようで(33)、村々は所属する小組合以外の普請組合の全体像を詳細に理解していたわけではなかったものと思われる。こうしたなかで刊行された「水配鑑」は、治水・利水に関わる地域的結合を可視化する媒体と評価できる。

二　「水配鑑」と「館林領」認識

（一）「水配鑑」の空間構造

「水配鑑」は、館林領普請組合を示した絵図であるが、この「館林領」とは何を意味するだろうか。

「水配鑑」E部には、館林領普請組合の総村数が表1のとおり分類、計上されている。これを見ると、上野国邑楽郡・山田郡・新田郡、下野国梁田郡・足利郡の一九一か村が、「館林領古号」・「新田領古号」・「足利領古号」・「西領」という四つの「領」に編成されていたことが分かる。この分類は、史料1の「上毛三郡、下毛二郡之内水配四ヶ領合百九十一ヶ邑」の記述に対応する。

ここで、「館林領古号」の語が「館林領」と区別して用いられている点に留意したい。この使い分けから、両者が異なる領域を示していることが分かる。「古号」とある三領は、戦国期以来の「領」の範囲におおよそ重なる[34]。また、藩主綱吉の上野・下野領国の所領は、館林領・新田領・桐生領・足利領・佐野領から成り、古号各「領」は天和年間頃まで通用していたとみられる[35]。この三領は、「水配鑑」が刊行された嘉永期には「古号」、すなわち昔「領」と呼ばれた地域として認識されていた。一方、西領は、館林領普請組合のうち綱吉の館林藩領城付領に

【表1】「水配鑑」E部：組合惣村数・惣石高

古号・領名	館林領古号	新田領古号	足利領古号	西領
郡名・村数	邑楽郡 80ヶ邑	新田郡 25ヶ邑	足利郡　1ヶ邑	（新田郡）19ヶ邑
	山田郡 22ヶ邑	山田郡　7ヶ邑	梁田郡 28ヶ邑	
		邑楽郡　9ヶ邑		
合計	191ヶ村			

含まれない地域を指し、嘉永期にも通用していたものとみられる。

以上より、「水配鑑」は、古くから「領」と呼ばれていた三領に、西領を加えた領域として、「館林領」の全体像を表した図といえる。このことは、水配や普請組合として一体性のある「館林領」という地域的枠組みが、古くからの「領」を引き継ぎつつも、それ以上に重要な意味を持つようになったことを表している。

(二)「館林領」の地域意識

では、「館林領」の村々は、一体的・協調的な地域であったのであろうか。実際には、支配の錯綜性を背景に、水論による訴訟が多かったとされる[36]。次の史料は、享保一一年（一七二六）、邑楽郡板倉村・海老瀬村の両名主が幕府代官鈴木平十郎役所へ宛てた見分願である。

【史料2】

一上州邑楽郡板倉村・海老瀬村・離村・細谷村・大荷場村・大曲村・除川村・西岡村・西岡新田・北大島村・籾谷村・内蔵新田、其外近郷①渡良瀬川・谷田川通之村々、水損仕候儀、利根川・渡良瀬川・谷田川満水之節海老瀬村ニ而落合申、其上板倉村・海老瀬村之村境ニ有之候大沼江、四里上郷多々良沼・館林城沼・籾谷村干沼、其外上郷数十ヶ村ゟ落来候悪水落留りニ御座候故、尤古来ゟ有来候悪水堀弐筋有之候得共、堀筋曲り水吐キ兼悪水湛、沼近郷村々年々古田・新田共ニ水損仕候付

…（中略）…

一渡良瀬川拙者共御註進申上候通、御見分之上御廻シ被下候得者、②谷田川通・渡良瀬川通邑楽郡之内御領・私

領ニ而三万石余水損之村々上郷ニ罷成、其上堤川除御普請所茂相減、上郷御普請所組合之村々拾四、五万石程相扶り申候、其外野州安蘇郡・都賀郡之内ニ而弐万石余之村々、御領・私領水損地之百姓相扶り申候御事ニ御座候間、御慈悲を以御見分被為　仰付被下候ハ、難有奉存候御事[37]

史料2は、板倉低地に位置し、板倉沼に隣接する二か村が、板倉沼に排水する邑楽台地上の村々との立地上の不利益を訴え、渡良瀬川の川廻しを願った訴願状である。板倉低地の立地について、①利根川・渡良瀬川・谷田川が満水時、海老瀬村に流水が落ち合い、四里上郷の多々良沼・館林城沼・籾谷村千沼、その他上郷数十か村から落とされる悪水が板倉沼へ落ち溜まり、田を水損させるという。その解決策として、二か村は、渡良瀬川を板倉低地より遠ざける川廻しを願い、②これが実現すれば三万石の水損村々が「上郷」となり、「上郷御普請所組合之村々拾四、五万石程」が助かって堤川除普請所を減らすことができると主張するのである。

この訴願状は、渡良瀬川四堰受水域には上郷・下郷の区分があり、邑楽台地と板倉低地で立地的な不公平が内在していたことを示している。沼を経由する用排水路でつながり合う地域だけに、この地の沼は水害の原因となっていた[38]。享保一一年の本史料には、「館林領」の語は表出していないが、板倉沼周辺村々が上郷地域との一体性を主張している点は見過ごせない。地形的に不均衡である館林領普請組合において、享保期頃から「拾四、五万石程」の御普請所という一体的な意識が最下流域の村々で芽生え、治水の観点で主張され出したのである。

その後、寛政八年（一七九六）に、板倉低地を中心とした邑楽郡四二か村が提出した「悪水落河川改修願」には、「板倉村地内沼、館林領組合拾四万八千石余之悪水落溜リ之沼[39]」とあり、「館林領組合拾四万八千石余」の語が定着している。このことから、享保期以降、「館林領」の語が普請組合と結びつけられて通用していったと推定される。

（三）「館林領」認識の形成過程―「用水方子孫心附草」―

ここでは、「館林領」と普請組合が、どのように結び付けられたのか検証していく。管見の限り、このことを示す最も古い史料は、享保一九年頃作成されたとみられる新田郡強戸村名主の代々覚書である。「用水方子孫心附草」[40]（以下、「心附草」）と題されるこの史料の記載内容は、以下のとおりである。

まず、冒頭に①館林領の水方奉行・普請組合についての中世以来の経緯が記載される。ここには、新田由良信濃守・足利長尾但馬守兄弟の開発と治水政策、その後の榊原康政、松平和泉守、そして徳川綱吉に至る館林藩の治水政策についての聞書が記されている。次に、②綱吉治政下の館林藩普請組合村々の村名・石高が列記される。この書上は、「惣村数合百七拾九ヶ村、上古ゟ館林水方組合」とまとめられ、戦国期から続く館林藩の水方組合として整理されている。続いて、③天和年中の江戸出訴の経緯として、館林藩の廃藩により「用水懸引ニ付村々百姓ばいあい（奪合）口論」となり、普請組合村々が水方奉行設置を嘆願したこと。そして、④村々が幕府評定所へ提出した「天和聞書」[41]と呼ばれる長尾氏以来の経緯についての聞書が掲載される。その後、⑤天和三年の幕府による水方奉行再設置と享保一九年に至るまでの水方奉行に関する記録が記され、⑥館林宰相城付地領知高がまとめられる。そこには、「一上州邑楽郡館林宰相様御城附御領知高之事　高拾三万弐千七百九拾五石八升弐合五夕、是者水方組合村之高ニ相成」とあり、西領一万五千石余を加えるとおよそ一四万八千石となる。最後に、⑦総括として、「一館林領高拾四万八千石村数百九拾三ヶ村、利根川・渡良瀬川両川堤川除并内郷とも御普請之儀」が再び仰せつけられたことは「誠ニ四郡之たから成り」と締められる。

「心附草」は、館林領における普請組合・水方奉行の存続の経緯を後代に伝承する目的で作成された編纂物である。

特に、①から⑤の、幕府定式御普請所となる過程の記述は、古老からの聞書に基づく旧記のような内容といえる。一方、⑥天和三年以降の経緯は非常に詳細な記録であり、支配代官の入れ替わりや普請役の設置、その交代などの来歴が列記され、享保一九年まで記録されている。享保一九年は、館林藩主太田資晴が大坂城代となり城番制となった年で、普請組合村々の支配関係が変わり、水利に関わる地域秩序の変動が想定される時期である。そうしたなかで、戦国期からの治水政策と綱吉の城付領、普請組合が混同され、一体的な「館林領」と「高拾四万八千石村数百九拾三ヶ村」が結びつけられたのだろう。「心附草」は、館林藩の廃藩、幕領・旗本領への分割、所領を減じて再びの立藩（館林封内）という支配の錯綜に対応して、治水・利水に関わる地域的枠組みの一体性を強調、歴史化した史料といえる。

（四）「館林領」認識の展開

「心附草」の冒頭に記された聞書は、館林領普請組合内の村々に多数の写し書きが残されている。邑楽郡大佐貫村に伝わる「館林領拾四万八千石地頭姓名国高覚」[42]は、普請組合の村名書上の冒頭に「心附草」冒頭部①を写したもので、「心附草」に記載のない北条氏直期の水方奉行について記載が追加されている。山田郡下小林村村役人の林家には、安永一〇年（一七八一）の「館林御城御代々御続覚」[43]に同様の記述があり、こちらも北条氏直期の記述がある。また、新田郡牛沢村村役人の神谷家に残る「或記ノ謄写」[44]は、「心附草」を原型にしながら、箇条書き形式でなく文章で説明を肉付けしている。[45]文末には寛政九年（一七九七）の上郷三七か村惣代による諸役の改定の嘆願が掲載され、普請組合における諸役負担の動揺期に、主張に合わせて「心附草」を更新したような内容となっている。

また、「水配鑑」についても、類似の絵図が複数確認できる。文政五年（一八二二）の「五郡用水鑑全」[46]（安蘇郡下渋垂村小川大平家文書）には、「四堰川掛内郷定式組合　高十四万八千石　百九十三村」との記載があり、絵図の構図は「水配鑑」に近似している。この前年にあたる文政四年は、大旱害が発生し、館林領内では広域的な嘆願が行われており、[47]地域秩序の動揺期に製作された絵図である。天明九年に写された新田郡高林村久保田家に伝わる絵図[48]は、大輪沼干拓前の絵図で、利根川・渡良瀬川、金山・八王子丘陵を強調した構図など「水配鑑」に継承される要素を多く含む。大輪沼の干拓は宝永年間であり、天明九年に写した元絵図は、宝永年間以前の絵図であろう。板倉沼の所有権をめぐる訴訟では、水方奉行の水方役所が所有する「拾四万八千石之村々御絵図」について言及された史料がある。[49]水方奉行や普請役が用いた普請組合を表す「拾四万八千石之村々御絵図」の存在がうかがえ、これが原型となり、水論や嘆願などの時々で写されるなかで「水配鑑」の構図が形成されたものと考えられる。

以上のように、「館林領」認識は、普請組合内の水論や諸役負担の均衡化を求める訴願など、地域秩序の動揺のなかで村役人により受容され、伝播し、「水配鑑」に結実していくものと考えられる。[50]

おわりに

本稿では、「水配鑑」を素材に、館林領普請組合の質的変化の過程について分析を試みた。分析における二つの視点から、改めて整理したい。

まず、地域の記録と地域意識の視点である。館林領普請組合の村々は、中世以来の伝統と地域の一体性を主張するなかで、旧来の「領」が統合された「館林領」という新たな地域的枠組みを創出した。村々は、これを「高拾四万八千石、村数百九拾三ヶ村」の語と結び付けることで、地域の来歴と現実の普請組合を重ね合わせて理解した。

「館林領」の呼称には、そうした一体性の主張が込められている。こうした地域社会における「領」の捉え返しは、享保期より始まる。「水配鑑」は、当該地域の「館林領」認識が可視化された絵図であったといえる。

ただし、こうした聞書や絵図による「館林領」の一体性の強調は、地域内部の矛盾への対応の一つのあり方であった。第二の視点である領域の問題について、聞書や絵図を写しとった村役人層に着目すると、その多くは、再立藩した館林藩の城付領（「館林封内」）に入らない、藩領周縁部の村役人であった。[51]「館林封内」の大佐貫村も、越智松平氏が藩主である期間は藩領から外れている。[52]これらの村々は、かつては同じ館林藩城付領の村であり、藩権力による統一的な治水政策・地域秩序の維持が図られていた。それだけに、館林藩の廃藩や城番制、藩領域の縮小は、館林領普請組合内部の矛盾を引き起こした。近世中期頃より、一体的な「館林封内」とその周縁村々の分散状態という、普請組合内の所領配置上の不均衡が生じたのである。藩領周縁部の村役人にとって、館林藩が「封内」のみに固執した対応をとると、地域秩序の維持に支障が生じる。そのために、「館林領」の一体性を旧記から確かめる必要があったのではないか。

館林領普請組合の一体性は、館林藩城付領の可変領域にあたる村役人・地域指導者[53]によって主張された。[54]これらの村々は、伝承や聞書、絵図などを手がかりに、政治的な交渉を展開し、その過程で「館林領」認識が形づくられたのである。「水配鑑」は、そうした「館林領」の地域意識が具象化されたものと評価したい。

註

（1）大谷貞夫①『近世日本治水史の研究』（雄山閣出版、一九八六年）、同②『江戸幕府治水政策史の研究』（雄山閣出版、一九九六年）。

（2）村田路人「吉宗の政治」（『岩波講座　日本歴史』第一二巻、岩波書店、二〇一四年）ほか。
（3）飯島章は、羽生領普請組合などを素材に、関東における幕府の御普請所旧弊改革を分析し、文政末年から天保初年にかけて前例主義的な傾向や、災害復旧的な普請から脱却し、現状に即応した新たな治水政策へ転換したとしている。飯島章「天保期における幕府の治水政策」（『国史学』一三五号、一九八八年）ほか。
（4）山崎圭は、「御救」の減退と同根の問題として治水政策への幕府の消極的態度を指摘し、不断の江戸出訴と、内済を反故にした堤防の修繕の応酬のなかで地主に求められる利害調整機能を明らかにしている。山崎圭「幕末千曲川の治水と地域社会」（『文学部紀要　史学』六五、中央大学文学部、二〇二〇年）、同「近世の千曲川水害と地域社会・江戸幕府」（『西洋史研究』新輯第五〇号、西洋史研究会、二〇二一年）。
（5）榎本博は、自普請と普請組合の研究が捨象されてきた点を問題として提起している。榎本博「江戸幕府の治水政策と普請組合の成立」（根岸茂夫ほか編『近世の環境と開発』、思文閣出版、二〇一〇年）。
（6）前掲註（1）。
（7）貝塚和実「近世普請組合の機能と性格—利根川自普請組合を中心に—」（『埼玉県史研究』第一七号、一九八五年）。
（8）前掲註（1）。
（9）石井日出男は、館林領普請組合を事例に、幕末から明治期における定式御普請所体制について、地域的な灌漑水利機構と位置付けて普請組合の実態を具体的に検証している。石井日出男「幕末・維新期における灌漑水利機構の存在形態—館林定式御普請所体制について—」（『研究論集』第六号、神奈川大学大学院経済学研究科、一九八二年）
（10）他の地域では、工藤航平が、葛西用水八条領組合の「領」内村々が主体的に地域的枠組みを意識し、「領」内部に「上郷」、「下郷」という領域が形成されたことを明らかにしている。工藤航平「近世後期の葛西用水八丈領組合の組織的変遷と地域意識」（『文書館紀要』第一九号、埼玉県立文書館、二〇〇六年）。
（11）『館林市史』では、館林領普請組合復興後の治水政策や水方役所、用悪水をめぐる争論などの展開が説明されている。本稿では、その過程における組合村々の地域意識に着目する。館林市史編さん委員会編『館林市史　通史編二　近世館林の歴史』（館林市、二〇一六年）。

(12)館林領普請組合の成立過程は、大谷（前掲註（1））や『館林市史』（前掲註（11））において、天和年間の聞書の記述により説明されている。この聞書は、次の史料中に掲載されている。「用水方子孫心附草」（太田市編『太田市史　史料編　近世二』、一九七九年）、一一二頁。

(13)岩橋清美「近世後期における歴史意識の形成過程―武蔵国多摩郡を中心として―」（『関東近世史研究』第三四号、一九九三年）。

(14)白井哲哉『日本近世地誌編纂史研究』（思文閣出版、二〇〇四年）、岩橋清美『近世日本の歴史意識と情報空間』（名著出版、二〇一〇年）、工藤航平『近世蔵書文化論―地域〈知〉の形成と社会』（勉誠出版、二〇一七年）など。

(15)川名禎「〝川合〟地域における政治領域の形成とその地域性」（『地方史研究』四二四、地方史研究協議会、二〇二三年）。

(16)澤村怜薫は、「忍領」と刻印された藩領分杭の建立が、従来的な「領」名としての「忍領」と忍藩城付地を意味する「忍領」が混在して使用されていく状況を明らかにしている。澤村怜薫「忍藩領分杭の成立・建替の経緯と意義」（『埼玉地方史』第八一号、二〇二一年）。

(17)館林藩の藩主は、榊原氏・大給松平氏・徳川氏・越智松平氏・太田氏・越智松平氏・井上氏・秋元氏と続く。所領高は、榊原氏の一〇万石、徳川氏の二五万石を除くと、いずれも五～六万石であり、榊原氏・徳川氏の城付領はおおよそ「館林領」に、その他藩主の城付領は「館林封内」に該当するとみられる。

(18)館林領普請組合の組織と運営の概要は、滕附美寿々「定式御普請出来形帳―館林領渡良瀬川通の事例から―」（栃木県立文書館編『栃木県立文書館研究紀要』第二六巻、二〇二二年）を参照。

(19)澤口宏「板倉低地の水害の特徴と地形」（『板倉町とカスリーン台風―人と水との共生を求めて―』板倉町教育委員会、一九九八年）。

(20)四堰から取水する用水体系は、すでに戦国期にはその原型が確認されている。簗瀬大輔『小田原北条氏と越後上杉氏』（吉川弘文館、二〇二二年）、一六二頁。また、松浦茂樹は、渡良瀬川入水域の水利秩序の歴史を中世から一体的に捉えて分析している。松浦「渡良瀬川平地部の水管理の歴史と展望―草木ダムの評価と今後の方向性―」（『水利科学』

五〇（四）、日本治山治水協会、二〇〇六年）。
(21)前掲註（1）・(11)、太田市編『太田市史　通史編　近世』（太田市、一九九二年）。
(22)前掲註（12）。
(23)三栗谷用水土地改良区元理事長である村勇氏所蔵の「水配鑑」（足利市史編纂室収集史料）には、作者清水氏について「文化年代ヨリ明治十一、二年、時代ニ真人物ニシテ、旧幕府時代御普請役ニ追随シ館林領及忍領ヲ巡廻シ、且ツ其事務ニ従事シタルモノナリト云フ」と註記がなされている。石井が分析したこの「水配鑑」は、岡村勇氏が、大正四年八月に山田郡矢場川村大字矢場村字本矢場の清水鶴松氏から分与されたもので、鶴松氏の祖父が原版製作者の清水芳雄氏とされている。（前掲註（9）、一〇頁）。
(24)天保一一年（一八四〇）二月に完成した、利根川沿い邑楽郡内三一か村が、古海村の取水口により利根川から取水する用水路。当初は三四か村が設置を嘆願していたが、負担をめぐって離脱があり、また、下流域の村々との衝突も経て完成した。
(25)休泊堀から大輪沼へ流れ込む用水が、沼廻り一二か村を水損させるとして、元禄一二年（一六九九）に大輪沼から赤生田橋までの区間の川幅拡張工事が行われた。工事による潰地の役負担免除は、図中Cに記載されている。
(26)忍領自普請組合では、天正一八年の松平家忠忍城主のころから普請の徴発単位として百姓役が課されており、個々の機能別・地域別の防水・用水組織に分化していくなかで、役負担組織から自立し、組合としての内実を備えていったとする。前掲註（7）。
(27)延享三年「四川用水方定掛場仕来書（抄）」（埼玉県編『新編埼玉県史　資料編一三』、埼玉県、一九八三年）、六六～七三頁。
(28)埼玉県編『新編埼玉県史　資料編一三』（埼玉県、一九八三年）、六〇頁。
(29)年不詳（明治元年頃）「北大島村明細帳」（慶応義塾大学所蔵文書、館林市史編さん委員会編『館林市史資料編四近世Ⅱ　館林の城下町と村』、館林市、二〇〇九年）、一八七頁。
(30)寛政元年三月「邑楽郡古海村明細帳」（群馬県史編さん委員会編『群馬県史　資料編一六　近世八』、群馬県、一九八八年）、二七三頁。
（31）天明四年二月「御普請之儀御尋ニ付一件書上帳」（群馬県立文書館複製、白石うめ家文書）。
（32）「水配鑑」を刊行した清水芳雄は、製作過程の覚書（嘉永元年九月「万覚帳」（「清水利一家文書」、群馬県立文書館複製、H4-54-5 近世 1/3））に、館林領普請組合の村数を計上しており、邑楽郡の八九か村に加え「新田四拾四ヶ村、山田弐拾九ヶ村外二ヶ村金井、梁田弐拾八ヶ村、足利壱ヶ村、合百九拾壱ヶ村、〆百九十三ヶ村」と記している。山田郡金井村は、三金井とも呼ばれ、枝郷をまとめて金井村と呼ばれるが、清水氏はこれを三か村に数えると一九三か村となると整理していることが分かる。ただし、これはそれ以前から通用している「百九十三ヶ村組合」について、後付けで解釈された可能性を考慮する必要があるだろう。
（33）『館林市史』では、天和二年の記録と「水配鑑」における組合村々の構成の違いから、時代による変化を考慮する必要を指摘している。前掲註（11）、三三三頁。
（34）館林市史編さん委員会編『館林市史　通史編一　館林の原始古代・中世』（館林市、二〇一五年）三三二～三三四頁。
（35）前掲註（11）、二九頁。
（36）館林領普請組合は、広域的な用水網管を行っていたが、そのなかにはいくつもの組合があり、それらの組合間や個々の村々との間で、利害が対立し訴訟となることもしばしばあったとされている。前掲註（11）、三二九頁。
（37）享保一一年（一七二六）正月「邑楽郡板倉・海老瀬村百姓悪水落合地変更建議につき見分願」（群馬県史編さん委員会編『群馬県史　資料編一六　近世八』、一九八八年）、三九〇頁。
（38）板倉低地は自然堤防群に囲まれ、洪積台地と組み合わさって四区画に区分され、後背地が浅い皿状の凹地形を成していることから、澤口宏は、地形が自然に作り上げた輪中として「地形輪中」と称し、一過性の洪水が氾濫すると、長期湛水する特徴を指摘している。前掲註（19）。
（39）板倉町史編さん室宮田茂編『板倉町史　近世史料集　別巻六』（板倉町史編さん委員会、一九八一年）、一九六頁。
（40）「子孫心附草　第拾弐（用水方覚書留）」（「岡部幸雄家文書」H4-45-3 近世 6/410、群馬県立文書館複製資料）。
（41）⑤「天和聞書」は、大谷をはじめとする先行研究において、館林領普請組合の成立を論じる際に用いた史料であり、

「心附草」の一部分である。本稿では史料全体を分析することで、⑤を含めた史料の性格に着目する。

（42）年不詳「館林領拾四万八千石地頭姓名国高覚」（大佐貫「小暮知治氏所蔵文書」、明和村役場村誌編さん室編『明和村誌基礎資料第四号　明和村古文書所在目録』、明和村誌編さん委員会、一九八二年）、一一二頁。

（43）安永一〇年二月写「館林御城御代々御続覚」（「林栄一家文書」H4-51-2近世、3/48、群馬県立文書館県史複製資料）。

（44）年不詳「利根川・渡良瀬川出水除普請由来書」（牛沢「神谷孝喜氏所蔵文書」、太田市編『太田市史　史料編近世二』、太田市、一九七九年）、一九二頁。

（45）大正一一年刊行の『待矢場両堰々史』には、「或記ノ謄写」に近似した「定式御普請縁記」が掲載されている。これは、明治一〇年代新田郡牛沢村戸長で矢場堰惣代の大隅新蔵の備忘録が写されたものとされる。前掲註（9）、一八頁。

（46）文政五年「五郡用水鑑全」（足利市下渋垂町小川大平家蔵）は、表記は簡単ながら同種の史料とされる。前掲註（9）、一〇頁。

（47）文政四年「館林領普請組合役役儀のこと及び渡良瀬川通渇水引水方出入一条」（『太田市史史料編近世三』、太田市、一九八三年）、一九二頁。

（48）天明九年写「太田から館林周辺用水配当　絵図」（「久保田五一家文書」H4-22-1近世、1/15群馬県立文書館県史複製資料）。

（49）寛延三年（一七五〇）から宝暦四年（一七五四）までの五年間にわたる板倉村・海老瀬村の板倉沼の入会地争論において、板倉沼の所有権を争って普請組合絵図が争点の一つとなった。宝暦二年一〇月の史料では、「一先年館林宰相様御領分之節、村高拾四万八千石余之村々堤川除圦樋入門用水悪水堀敷等之御普請組合被仰付候、板倉村・海老瀬村茂右組合之村方ニ御座候、其節之拾四万八千石余之村々御絵図ニ茂沼之其中ニ板倉沼与相載リ御座候間、御慈悲を以館林屋敷水方御役所江御尋被遊被下候様ニ奉願上候御事」と、水方役所が所有する綱吉期以来の組合絵図の存在が示されている。（「荻野貞雄氏所蔵文書」、板倉町史編さん室宮田茂編『板倉町史　近世史料集　別巻六』（板倉町史編さん委員会、一九八一年）、二一六頁。

（50）「水配鑑」が作成された嘉永三年は、普請に用いる諸色相場の年限切替年である。この時、「上州館林領組合御料私領百九拾三ヶ村惣代」が代官林部善太左衛門役所へ諸色切替願を提出している。前掲註（9）。

（51）板倉低地の板倉沼周辺村々に類似の史料は確認できないが、「館林領流末之村方」という語が前掲註（39）の史料に掲載されており、水害における「館林領」の空間が意識されている。また、加助郷の免除願に同様の語が掲載される事例が秋山寛行により明らかにされており、多様な訴訟に「館林領」の構造が援用されていることが分かる。秋山寛行「日光脇往還館林宿の機能と周辺助郷村」（『地方史研究』四二四、地方史研究協議会、二〇二三年）。

（52）宮坂は、越智松平氏が藩財政立て直しのために、水害を受けやすい邑楽郡南部一四か村の上知を要望した可能性を指摘しているが、こうした藩領の可変領域の影響を考慮する必要がある。宮坂新「〝川合〟における水害と館林藩の対応」（『地方史研究』四二四、地方史研究協議会、二〇二三年）。

（53）渡辺尚志は、地域指導者の治水問題への取り組み方が地域の歴史経路に依存的であるとし、治水が政治の問題という側面を持ち、歴史認識とも深く関わるという重要な論点を提示している。渡辺尚志「利水と治水からみた明治維新」（『歴史学研究』九九〇、二〇一九年）、後に、同『川と海からみた近世―日時代の転換期をとらえる―』（塙書房、二〇二二年）、所収。

（54）黒滝香奈は、大藩周縁部の領主支配錯綜地域について、大藩が用水に関する課題対応能力を部分的に有していたと指摘している。一方で、領主が地域側の用水組合の運営力に依拠せざるを得ない点に言及しており、そのせめぎ合いの実相は今後も議論が必要と考える。黒滝香奈「天保期の福井藩用水改革と地域社会」（『歴史評論』八八九、二〇二四年）。

【付記】本稿は、令和五年度高崎経済大学研究奨励費による成果である。

Ⅱ　生業の諸相と産業発展

葭・藻草・泥の採取と沼の「環境」―一九世紀中葉～二〇世紀初頭を中心に―

坂本達彦

はじめに

近世の館林藩領では、一七世紀に開発が進展した[1]。農耕に必要な草肥の供給地として御林や野銭林は存在するが、すべての領民が自由に利用できるわけではなかった。さらに幕末期における上野国内の藩領村々の総反別は五一二七町六反六畝二四歩に対し、御林・野銭林は合計八〇〇町歩未満であり、先行研究で必要と指摘される採草地の面積に達しない[2]。

もちろん、近世に普及した金肥である干鰯などの利用や、秣場からの採草も考慮する必要がある。干鰯については、隣接する下野国では一七世紀後半以降に普及した[3]。当該地域でも利用を確認できるが、古島敏雄氏は近世後期の上野国では刈敷・厩肥が中心であったと指摘している[4]。実際、魚肥の導入には地域差があり、干鰯の産地に隣接した上総国望陀郡でも、近世から明治十年代にかけて魚肥の評価が低い村も存在した[5]。また、魚肥は漁獲量に影響されるため価格が不安定であり[6]、それが生産物の価格にも影響するというデメリットもあった。

秣場については、小稿で主に取り上げる上野国邑楽郡日向村には、幕末維新期にほとんど無く、代わりに村内の多々良沼からヨシ・マコモ・藻草・泥（ヘドロ）を採取して肥料としていた（以下、本文のみ植物の名はカタカナ表記とする[7]。狭義の藻草は藻類であるが、多々良沼で行われた藻草の採取活動ではマコモも採られているので、以下では、「藻草」の語にマコモなどの植物も含めることとする。

一般に沼辺の植物繁茂地は地価が低いため[8]、米などの穀物や野菜類に比べ、沼の植物の価値は低く見られがちであるが、上述の通り日向村では肥料として用いられており、一定の価値を有したと推測される。ただし、本事例が近世から近代の〝川合〟地域では一般的なものであったのかを確認するために、周辺地域も分析する必要がある。また、小稿が対象とする時代は、中国産大豆や化学肥料など、近世日本には存在しない肥料が導入される時期でもある[9]。沼からの肥料採取は近代に入りどのように変化したのか、その変化が沼に何らかの影響を与えたのかも検討する必要がある。

本稿の課題は次の二点である。近世から二〇世紀初頭の〝川合〟地域の沼から採取された肥料（ヨシ・藻草・泥）の価値を考察する。さらに、その採取が当該期の沼の環境に与えた影響を究明したい。

一　〝川合〟地域における藻草・泥の利用

（一）近世における藻草・泥の採取

まず、日向村の事例が特殊ではないことを確認するため、〝川合〟地域における事例を確認したい。まず、大輪沼・近藤沼を水源とする谷田川では[10]、明和四年（一七六七）に羽附・赤生田・斗合田・飯野・岩田・板倉村の者が農閑期（十月以降）における四つ手網漁出願のために作成した議定書に、藻草取りに差し支えがないようにすると記載している。漁猟を想定している時期から、農繁期の水流確保を目的としたものではない。さらに「苅払」うや「浚」うではなく、「取」るとの表現をしていることから、肥料用に採取された可能性を指摘できる。

次に越名（こえな）沼・赤麻（間）沼の事例を、平野哲也氏の研究成果から紹介したい。[11]越名沼は下野国安蘇郡越名村に所属し、沼関係の小物成は鳥猟運上・沼銭（漁業税）・野銭・菱銭（以下、植物採取に対する冥加名は漢字表記とする）があった。野銭は沼周辺の干潟化した湿原地帯の採草に対する運上である。沼のヒシ・藻草は越名村が独占的に採取し、肥料として利用した。菱銭はこの採取に対するものである。[12]なお、藻草には明確な運上は存在しなかった。[13]

また、現在の渡良瀬遊水地内に存在した赤麻沼でも、下野国都賀郡藤岡村・赤麻村などが藻草を採取していた。元文期（一七三六～四一）に沼の新田開発が計画された際には、藤岡村が藻草・土肥採取地の除外を訴えて認められている。以上から判明する通り、当該地域では近世以来、沼の植物・藻草・泥を採取し、肥料としていたのである。そのため、先述した谷田川の藻草も肥料としても利用されたと思われる。

（二）近代城沼における採藻・泥と環境への影響

本項では邑楽郡を事例に、近代の状況を少し踏み込んで見ていこう。郡内作付反別は、明治四十一年（一九〇八）には一万五三三六町余り（田四〇四五町余り・畑六四九一町余り）であったものが、大正三年（一九一四）になると一万七四八町余り（田四二七五町余り・畑六四七三町余り）と増加しており、[14]二〇世紀初頭には開発が進み、用水や肥料の需要が増加したと推測される。表1に掲げた通り、明治末には郡内において化学肥料など多様な肥料が販売されていた。その一方、大正期に刊行された『群馬県邑楽郡誌』には「藻類・青草等を採取して、田畑の肥料に供するものあり」とあるように、藻草も利用されていた。[15]地名を特定していないことから、郡内では広く見られたと推測され

【表1】邑楽郡内で販売された肥料

植物系	大豆粕、大豆粕粉末、菜種油粕、支那菜種油粕、インド菜種油粕、亜麻仁油粕、糠
魚肥系	外国産魚粕、鰯粕、鰊粕、那威魚粕、英国魚粕、魦（イサザ）乾、独逸魚粕、乾鰯、鱒搾粕、小鰊粕、魚腸（カ）樽
動物（骨）系	鹿印苗代肥料、牛印稲麦肥料、薫製骨粉
糞化石（グアノ）	溶解グァノー
配合肥料	日比野安全肥料
化学肥料	硫酸アンモニア、釜屋堀完全肥料・同過燐酸・同特製過燐酸、硫曹過燐酸、魚印完全肥料・同過燐酸、日肥過燐酸・同配合肥料・同完全肥料、アルカリ過燐酸、共益過燐酸、硫曹過燐酸（共益社製のものカ）・同配合肥料・同強過燐酸・同完全肥料、釜屋堀完全一号、同（カゴメ）過燐酸・同完全肥料、鹿印強過燐酸、多木過燐酸、山大印完全肥料、硫酸加里
不明	カゴメ新肥料

出典：「邑楽郡肥料販売高調」（群馬県内務部第四課『群馬県の肥料一斑』第3、1909年）

る。

具体例として、近世には館林城の堀としての機能を有していた城沼を取り上げる。『群馬県邑楽郡誌』から館林町による城沼の利用を確認しておこう。[16]

【史料1】[17]

沼中鯉・鮒・鯰・鰻・鰕・鱒等の魚類多く、又蓮根・蓴菜・菱等を産す。其他沼に生ふる藻類及游泥は肥料として用ひらる。

（中略）

水産業を主とするもの三戸、副とするもの十三戸ありて、漁業・採藻及び採泥等に従事す。而して魚類は鮒の五百貫・鯰の二百五十貫を最多とし・鯉の百貫・鰻の百六十貫・鱒の五十貫を算ふべく、藻泥は肥料として用ひらるゝものなり。

史料1によれば、城沼の藻や泥は肥料として利用されていた。また、水産業の一つとして採藻・採泥が挙げられている。つまり、藻草・泥は販売のために採取されており、金肥化を確認できるのである。[18]これらは当時、非常に活発な生業だったようで、同じく城沼に面した赤羽村では沼内の他の植物への悪影響を確認できる。

【史料2】[19]

水産物は鯉・鰻・鯰・鮒・鱒等の魚類及蓮根・蓴菜等なり。然れども近年沼底の游泥及雑藻を肥料に採取するを以て蓴菜は年々減少せり。

ジュンサイは少なくとも近世以来城沼に生息しており[20]、史料1・2によれば、当時の城沼の水産物の一つであった。しかし、史料2によると、藻草・泥を採取した影響でジュンサイが減少しており、最終的にはこれが原因で絶滅している[21]。藻草や泥の採取は栄養塩を地上に回収するため、水質改善の効果があるはずである。そのため、水質の悪化が原因で絶滅したとは言い難い。「採取」を原因としていることから、近代に入り過剰採取が進行し、ジュンサイもヘドロや藻類と分別されることなく取り上げられたため、生息数が減少したのであろう[22]。

最後に本節を小括しておこう。近世から大正期にかけて、〝川合〟地域では藻草・泥を肥料としていた。これらは一定の価値を有しており、近代には藻草・泥の金肥化も確認できる。その一方で採取の影響により、沼の植物が絶滅することもあったのである。

二　多々良沼における肥料採取とレンコン栽培

(一) 日向村（多々良村）・多々良沼の概要

本節では、多々良沼を素材に検討を進める。多々良沼の事例は研究史上、次のように位置づけられよう。近世における採藻・採泥に関する先行研究では淡水・汽水での事例は湖が多く、沼の場合も印旛沼・手賀沼といった複数村落が入会利用する広い沼である[23]。そのため、小物成負担や村落間争論が発生して史料が残存している。

これに対して、多々良沼は日向村内に存在した。湧水地ではなく、農業に不可欠な用水の結節点であり、溜池的な機能を有していた。また、漁業やレンコン栽培が行われ、人々の生業の場であった。さらに重要な肥料供給地であり、まさに「里沼」と呼ぶにふさわしい沼である。ただし、採藻・泥に関する小物成はなく、近世において採取をめぐる争論もない。本来であれば詳細な利用実態を把握できない沼である。これらの諸点を踏まえれば、貴重な例であることは明らかであろう。

まず多々良沼を検討する前提として、同沼が所属した日向村について、簡単に紹介しておこう。同村は、近世中期以降は一貫して館林藩領で、村高は一七世紀半ばの「寛文郷帳」では四一九石三斗五升九合、一八世紀初頭の「元禄郷帳」では五五六石五斗七升八合、一九世紀前半の「天保郷帳」では五〇一石四斗一升三合であった。反別は近世を通じて六〇町八反歩余（田一五町三反歩余・畑四五町五反歩余）で大きな変化はない。幕末期の家数は一四四軒（内名主一軒、組頭二軒、百姓代五軒）、人口は六一四人（内男三〇六人・女三〇八人）であった。安政二年（一八五五）の農間渡世として漁業や筵織りが挙げられている[24]。なお、一般にマコモは筵の原料にもなった。明治二十二年（一八八九）には、日向村・成島村・高根村・木戸村・谷越村が合併して多々良村となった[25]。

次に多々良村の耕地・農業を確認しておこう。表2によれば、明治中期には田地が拡大し、畑地が縮小した。その後、明治末から昭和にかけて田畑ともに拡大している。『群馬県邑楽郡誌』によると、村内の旧日向村・木戸村の地区は「水田二毛作にして、冬作には多く菜種等を栽う」と説明されている。さらに明治四十一年には

【表2】多々良村の耕地変遷

年	田	畑	合計
明治 18 年（1885）	99 町 22	426 町 51	525 町 73
明治 28 年（1895）	113 町 64	396 町 27	509 町 91
明治 38 年（1905）	120 町 84	409 町 32	530 町 16
大正 4 年（1915）	123 町 81	443 町 32	567 町 13
大正 14 年（1925）	138 町 58	495 町 35	633 町 93
昭和 3 年（1928）	139 町 55	492 町 59	632 町 14

出典：『群馬県邑楽郡多々良村誌』（1928 年）

旧日向村地区で耕地整理が実施されている。[26]

多々良村内の旧成島村地区を中心に館林藩の御林であった大谷原御林が存在したが、幕末期以降開発が進んでいる。[27]まず、幕末期に東西一八町半・南北六〇～八五間が藩の大砲練習場となり、その後、同地及びその周辺が茶園化した。維新後には官林となったが、大正八年（一九一九）に四三一町歩余り（多々良村地内は九八町歩余り）が開墾用地として払い下げられている。つまり、幕末期から大正期にかけて森林が減少したのである。

続いて、多々良沼について説明していく。同沼は、近世には面積一三〇町歩余りで、先述の通り用水池としての性格を持ったため、夏季と冬季で水位が大きく異なった。貞享三年（一六八六）には、低水位期の沼辺を隣村の鶉村が開発したことにより、争論が発生している。幕府の裁定は、多々良沼は干潟も含めて日向村のものとし、開発済みの田地は鶉村のものとするというものであった。

本争論の費用は日向村の全村民ではなく、六九名のみが負担した。彼らは多々良沼の管理と利用権を持つ「沼持」（利用権を持たない者は「沼外」）と呼ばれた。ただし、沼内には、沼持・沼外の関係なく、村人が藻草・泥・レンコン・タニシなどが採取できる場（以下、「肥揚場」と記す）も存在した。なお、後述するように沼持の権利は売買の対象となったため、沼持の人数は時期により異なる。[29]沼に関する小物成としては、寛永年間（一六二四～四三）より漁業税である沼役銭を、安永期（一七七二～八一）から蓮根掘冥加を上納している。そのため、レンコン栽培が盛んになるのは漁業より後発の可能性を指摘できる。先述の通り、この他にも沼からはマコモ・ヨシ・藻類などが採取されるが、これらに対する直接的な小物成は確認できない。藻草の肥料としての利用方法は、畑に敷くほかすき込む、または稲刈り後の水田にすき込む（裏作用か）と説明されている。なお、ヨシは屋根材などのイメージが強いが、日向村では肥料としても使用されている。[30]

以下では、多々良沼の利用をめぐり明治十年代に発生した裁判の史料を分析するため、その大まかな流れを説明しておく[31]。明治五年に多々良沼は公有地となる。その後、同十年に沼持が民有地への改変願を出し、官・民有区分未定地となった。翌十一年には、沼外が沼持と同様の沼への入会権を主張し、沼持・沼外間で裁判が発生した。その後、同十三年に、沼は官有地となり、沼持・沼外による沼の利用が禁じられる。これに対し、沼持・沼外ともに県に対して旧慣を理由に沼の貸与を出願する。同十五年に、沼持は沼内七三町歩余り（沼持のみが利用していた場所）の貸与を認められた。翌年には、沼持・沼外の和解が成立し、残余部（肥揚場）は沼持・沼外に貸与された[32]。

（二）ヨシ・藻草の採取～明治期の裁判から～

本項では、肥料用のヨシ・藻草にどの程度価値があったのかを、二つの事例から検討する。まず一例目として、沼持権の売買に関する沼持の上申書を分析する。

【史料3[33]】＊〈〉内は割注、以下同

以書付ヲ奉上申候

邑楽郡日向村
旧沼持四拾三名惣代平民
瀧ノ瀬安蔵
堀越五郎平代太田町平民
田口郡三

一今般同村地内多々羅(ママ)沼地ニ生立ル葭・真菰ノ弐種ヲ売買シタル理由御尋ニ付、左ニ奉申上候

此段該沼地ニ生立葭・真菰ノ義、素ヨリ旧本沼持ノ名数ニ附属シタルガ故ニ葭・真菰而已ヲ他人江売買質入等ヲナセシハ、其実尋常貸借情ニテ債主・負債主ノ示談上ニ依テ負債ノ金利ニ充テ、前種ヲ債主ニ為苅取ル而已ニテ、負債主ハ沼役永其他之諸費上納仕候得共、前種ハ収入セザルガ従前之仕癖、因テ戸長役場ニ備アル帳簿ニ本沼持ノ名義確然ト記載有之通リニ相違無御座候

右御尋ニ付、前書理由聊相違不(ママ)奉申上候、以上

明治十五年四月十四日

右　瀧ノ瀬安蔵㊞

田口郡三㊞

楫取群馬県令殿

（下札）

「該沼地ニ生立葭・真菰ノ弐種而已収入スル中間ノ人名［（破損）］物四郎・内村安五郎・原重松・堀越瀧蔵、当今沼外人名川島許蔵等ノ葭・真菰而已ヲ苅取ハ本文ノ如ク、沼持ノ名義ニ附属シテ定年季中ハ壱人ノ内〈買主ハ葭・真菰而已苅取、売主ハ魚猟而已ヲナス〉、尤当今沼外吉田嶽蔵ナル者ハ本沼持ノ節、該沼地ヲ売渡ス節、葭・真菰ノ弐種ヲ希望有リテ是ヲ残シ、当今ニ至ルモ売主・買主ノ示談上ニテ前書ノ通リ壱名分ノ内〈買主者魚猟而已ヲナス、売主ハ葭・真菰而已苅取〉ト雖モ沼持之表面ハ買主ノ名義ニ、吉田嶽蔵ハ附属ス故ニ沼役永其他ノ諸費ハ何レモ表面ノ名義沼持ニ限リ上納仕候ニ相違無御座候」

史料3によると、沼持がその権利を担保に借金をする場合、利息として自身のヨシ・マコモ採取権を一定期間譲渡し、その期間内、沼持は沼役永などを負担しつつ漁業のみ行ったのである。先述の通り、近世以来漁業は日向村の重要な生業であったが、当該期にはヨシやマコモの採取権も借金の利息としても通用していたことが窺える。

さらに下札部分にある通り、旧沼持の吉田嶽蔵は漁業権を売却し、自らはあえてヨシ・マコモ採取権を維持している。表面上、買主が沼持として沼役永などを負担するため吉田は沼外となっており、この事実から、沼持権は漁業権と重なるものであることも判明する。

次に二例目である。先述した通り沼持は沼全体で、沼持・沼外は肥揚場においてヨシや藻草、泥を採取した。ただし、次に掲げる沼持・沼外それぞれの主張から、沼外も一定の負担により肥揚場以外の場所を利用できたのである。まずは沼持が沼内の沼持のみが使用してきた区域の貸与を出願したことに対して、沼外が作成した上申書を見ていこう。

【史料4】[34]（傍線筆者、以下同）

上申書

村内官有地第三種多々羅沼拝借ノ義ニ付、今般御呼出ノ上御訊問ニ応シ、縁故理由等上陳仕候処、書面ニ顕シ可差出旨御達ニ依リ左ニ条項ヲ追々上申仕候

第壱項

一多々羅沼ノ義ハ天正度ヨリ村方ニテ納税シ、貞享三丙寅年隣ル（ママ）鶉新田村ト争論ヲ生シ旧幕府ノ御裁許ヲ仰キ、判然日向村ノ所有ニ帰シ候以来ハ、沼役永弐貫五百文〈其原由分ラス、村内六十九名目下四拾五名ニテ〉上納、其後年号確ト分ラス〈口碑ニ伝ル所ニ依リシハ安永ト云〉①蓮根ノ収益多分ナルヲ以蓮根冥加永壱貫弐百五拾文上納被仰付、此割当ハ今般実地御掛リ官帳簿等御検閲被為在候通リ、②自分共ノ組合ハ上男壱人ニ付金弐銭、安蔵等組ハ上男壱人ニ付金壱銭〈以前ハ彼等ハ五十文、自分共ハ百文ナリ〉ツ、取立上納仕リ、一村評議ノ上日ヲ期シ今般戸長原喜十郎御掛リ官ノ面前ニ於テ証言セシ如ク、沼ノ全面何レノ場所ニ於ケルモ自由ニ堀取リ〈安蔵等

ニ於テ蓮根冥加永モ六十九名ニテ納税シ、村内ノ愛情ヲ以テ是迄共同ニシタル旨、目今故ニ申唱レトモ毎年三月四日村内観音堂ニ於テ該金取立シ、帳簿ニ於テ其言ノ偽リナルコト明瞭ナリ、又弐貫五百文ハ六十九名ノ割当帳アルモ、該金ニ付テハ如此書数ハ勿論現在御掛リ官ノ御検被為在候通リ一モ証左ナシ〉、又[3]近年迄蓮根蔓生ヲ助クル為メ、長柄ノ鎌ヲ以テ葭・真菰ヲ切リ流シ候、然ルニ多々羅沼ニ限ラス何レノ沼モ同様泥濘流込ミ、追年沼ノ埋ルニ随ヒ葭・真菰繁茂シ蓮根ノ減少スルハ自然ノ勢ニシテ、現ニ葭・真菰ノ繁茂地ニ小穴ノ星羅スルハ蓮根堀取リシ跡ナリ、故ニ昔日ハ一村一同ニテ蓮根堀取ルニ十五日間モ要セシニ、目今ハ三日間位ニテ堀尽スル有様ニ相成候、且又安蔵等カ上呈シタル絵図面ノ黄色ノ部ハ、同人等并ニ戸長原喜十郎ノ御掛リ官ノ面前ニ於テ証言セシ如ク、従前ヨリ一村一同葭・真菰等苅取リシ場所ニ有之候〈此場所モ自分共ノ頼ニ依リ村ノ愛情ヲ以テ分与シタル旨目今故ニ申唱レトモ、自分共ノ内誰一人トシテ頼ミシ者ナク、又事実ニ於テ然ル事ナシ故ニ、双方ノ言ヲ対照アラハ真偽直ニ判然ナラン〉、然シテ多々羅沼ノ内字外谷（ソトヤ）ト唱ル場所ハ、今ヨリ十八年前例ニ依リ一村評議ノ上壱戸ニ付杭三本ツヽヲ出シ〈例ト申スハ沼ノ境界其他隣村等江係ル事ハ、一村評議ノ上決スル慣例ナリ、又杭モ三本ニ極リタルニハ非ラス、減スルコトアリ、大凡五・六年目ニ打換ルナリ〉、沼ノ境界ヲ定ムル節同様一同ノ評議ヲ以村内原菊次郎・堀越秀蔵・堀越為蔵・小林信之丞等ニ年期ヲ限リ、一ケ年弐両弐分ニテ貸与ヘ、此金ヲ以村内鎮守社　神酒代トナシ、或ハ蓮根不作ノ節ハ此金ヲ以蓮根冥加永ニ宛候事ニ有之候、且ツ沼ノ内字カナクソト唱ル所ニ於テ十年程前道祖神祭典費補助ノ為メ、村内字上口耕地之者相談ノ上、田地トナシ其他等屡々ノ仕来数多有之候

（中略）

第三項

前項ニ掲出スル如ク多々羅沼ニ於ケルヤ所有ノ権利一村ニ帰セシ、爾来蓮根冥加永壱貫弐百五拾文ハ自分共ニ於テ彼等ノ一倍ヲ負担上納致シ、且ツ蓮根冥加永上納ノ縁故ヲ以、該沼ヨリ採ル肥料ニ於ケル、実ニ数百年来農業ノ一助トモ倚頼セシ程ノ所以アルヲモ顧慮セス、私檀ニ拝借請願スヘキ謂レ無之キハ、人情ニ匡スモ法理ニ討スモ、誰カ之ヲ失当ト云フ可ケンヤ、又本庁ニ於テモ斯ノ如キ理由ノ続々有之ヲ親シク審究被賜候ハヽ、彼等六十九名ノミノ請願書、何ソ御採用アル可キノ理アランヤ、然ルニ如此正当ノ理由全ク彼等六十九名ノ妄説ニ沮塞セラレ、未タ自分共ノ真情上達セサルハ実ニ痛嘆ノ至ニ御座候

（中略）

第五項

該沼ニ関渉スル縁故ニ於ケルヤ、彼我共ニ何レヲ専用者ト断定ヲ仰クニ由ナシ、如何トナレハ、明治八年第廿三号公布ニ依リ其旧慣ノ専用権〈蓮根冥加永・沼役トモ雑税ニシテ沼役ニ限リ国役税ヲ課セラレタルコト古来ヨリ無之、拾弐石五斗ノ石高ハ村高ト別異ニシテ、魚漁等而已ノ高ヲ云フハ何レノ沼モ同様〉ヲ失スレハナリ、然リ而シテ本願ヲナスニ至当ハ彼我共ニ明治九年内務省乙第百拾六号布達ニ拠リ、彼我便益ヲ謀リ共同拝借ヲ乞フニ在ルナリ、之ニ反シ彼等六十九名ノ如キ他ノ損害ヲ顧ミス、私欲請願ノ其理アルヘキ訳無之候、今実際縁故ノ損益ニ就テ考ルモ、第壱項ニ顕ス如ク沼ノ全面蓮根ハ一村平等ノモノナリ、然シテ蓮根ハ追年沼ノ埋マルニ随ヒ減少シ、葭・真菰ハ却テ繁殖スルハ目下葭・真菰生地ニ蓮根掘取リシ小穴ノ星羅スルニ依リ現然ナリ、果シテ然ラハ此葭・真菰ハ一村ニ取リテハ、蓮根ニ換フル所ノ収入物ナリ、然ルヲ之レヲモ彼等六十九名ニテ専用セントスル失当モ、亦甚シキモノト存候

（中略）

明治十五年三月廿四日　　御管内邑楽郡日向村農

亀井森吉外五拾名代兼

堀越権平㊞

楫取群馬県令殿

傍線①・②によれば、安永年間より蓮根掘冥加金を上納しており、上男一人二銭（以前は百文）を上納して沼全体でレンコン・肥料を採取したと主張している。これに対し、沼持は次のように反論している。

【史料5】[35]

今般私共御召喚被為在、御尋ノ廉々左ニ奉申上候

第壱条　沼絵図旧記ニモ奇ラス私製シタルトノ云々

答該沼絵図ハ貞享三丙寅年中同郡鶉村ト争論ノ際御下附相成候絵図ヲ基トシテ、明治九年地租御改正ノ絵図面製造シタルヨリ縮写及ヒ色分セシハ、魚漁・葭・真菰・蓮根等ノ場所分リ安キヲ専要トシテ如斯色分ケセシ、之ヲ何ンゾヤ他人ヨリ妨グルコト決シテナシト存候

第二条　該沼七拾余町歩区域シタル云々

答該沼貞享三丙寅年第一（ママ）条ノ通可為沼日向村云々裏書ヲ以テ御下附相成、其頃ヨリ進退致モ（ママ）〈原由不詳〉ト雖モ、元禄年間ニ至リ該沼質地証ニ因リテ之ヲ観レバ六拾九名ノ所有権確然タリ、因リテ沼役永上納進退仕来候ニ付、該沼全面私共一手ニ御拝借仕度奉存候得共、村内ノ愛情ニ因リ沼外ト称スルモノヘ蓮根或ハ真菰等収入為致シ、第一条ニ記載シタル縮図ノ内黄色ノ場五拾六町九反四畝三分ヲ除クノ外七拾三町四反一畝五分区域相立、今般私共御拝借奉願候ハ一村穏カナラシメンコトヲ専要トシ、後日示談行届キ候ハヽ、前書之

通リ黄色ノ場所一村共借仕度奉存候

第三条　蓮根冥加永取立方云々

答蓮根冥加永上納〈原由不詳〉ト雖モ安永年間ヨリ沼持六拾九名ニ限リ悉皆上納仕来、尤沼外ヨリ村方冥加ト称シ取立シハ私共従前進退ノ全沼ニ生立蓮根ナレバ、則チ右男子上中下ニ区分相立人別毎ニ取立候ハ、蓮根収入不為致モノヨリハ更ニ取立不申、同収入希望ノ者ヨリ取立候金円之儀ハ、素ヨリ小作金トシテ毎年沼持年番ニテ堀浚其他ノ諸費ニ遣払、若シ不足相立候節者、沼持ヨリ出金シ、又過金相成節ハ翌年ニ廻シ仕払候得者、聊モ租税ニ関係ナキコト明カナリト存候

（下札）

「蓮根冥加永ノ義ハ、毎年旧十二月皆済ノ節、沼持年番ニテ六拾九名ヨリ取立、戸長役場へ相納来リ候ニ相違無御座候、以上」

第四条　戸長役場ニ備置ク帳簿抜取タルトノ云々

答テ該帳簿ノ如キハ戸長役場ニ備ヒ置タルトノ義ナレハ私共関係ナキモノニシテ何ノ誰等ガ抜取リシカ更ニ相分リ不申候

右御尋ノ箇条御答申上候通リ、聊相違不奉申上候、以上

明治十五年三月廿四日

右（旧沼持惣代）

瀧ノ瀬安蔵㊞

福田粂一郎㊞

亀井連蔵㊞

田口郡三㊞

楫取群馬県令殿

すなわち、蓮根掘冥加永は沼持が上納してきたと主張している（傍線②）。さらに、沼外が「村方冥加」と主張するのは「小作金」であると説明する。この小作金は、沼持が権利を有する場所でレンコンを採取する者が負担（上・中・下の区分あり）するものであり、徴収した金銭は堀浚などの諸費用に使用し、不足した場合は沼持が出金すると述べている（傍線①）。本史料より、沼外は沼持の倍額を出金することで、肥揚場以外からもレンコン・肥料の採取が可能であった。無料で採取できる場所がありながら、別途金銭を負担するということは、当該期に沼で採取する肥料の需要が高かったこともわかる。

さらに史料4において、ヨシ・マコモは肥料として価値が出たので、繁殖させレンコンに代わる収入となったと述べられていることから（傍線⑤）[36]、城沼と同じく採取したものを肥料として販売していたと思われる。なお、史料4の傍線④において、沼外は数百年来、蓮根掘冥加を負担し、採取した肥料を農業に利用してきたと主張している。また、近世の貨幣でも小作金を示していることから、どこまで遡れるかは不明であるが、近世段階でも沼から肥料を採取していたのであろう。

本項の検討から、多々良沼の肥料採取権は借用金の金利となるほどの価値があった。また、沼のヨシ・マコモは収入源とも説明されているので、すべてが自家消費されたわけではなく、売却もされていたようである。

このような沼からの肥料採取は、明治三十年代においても確認できる[37]。先に述べた通り、邑楽郡内では大正期にも藻草は肥料とされており、前節で紹介した城沼では昭和三十年代まで確認できる[38]。このような状況を踏まえれば、多々良沼でも戦後まで継続したのではないであろうか[39]。

(三) 肥料採取の活発化と「環境」への影響

前節で見た通り、近代の城沼では肥料採取が盛んになったため、ジュンサイが絶滅している。多々良沼でも、類似した現象を確認できる。前掲した史料4の傍線③によると、近年まではレンコン栽培のためにヨシ・マコモは伐り流していたが、現在は泥が流入した影響で繁茂してしまったため、レンコンが衰退したと述べている。なお、藻草の伐り流しとレンコン栽培は関係があり、史料4において沼外は蓮根掘冥加と藻草採取をワンセットと誤解していた程であった。

館林市域の事例によると、販売用にレンコンを栽培するためには、稲の三〜四倍の肥料が必要であった[40]。多々良沼のレンコンは、天明期には藩の老中宛贈答品などとしても使用されたが[41]、史料4にある通り、明治期には徐々に衰退した。さらに、昭和期までハスは生息しているものの、大正期には次の史料にある通り、レンコン栽培を確認できなくなる[42]。

【史料6[43]】

昔時は蓮根の産頗る多く、花満開の頃美観云ふべからざりき。惜むらくは今や将に其の跡を絶たんとす。産するところ鯉・鮒・鯰・鰻・鰕等にして一ヶ年の産額総計金二千四百五十円に達す。

史料6によると、産物にレンコンが存在しないことから、すでに栽培をやめているのである。繰り返しになるが、史料4によれば泥の流入で沼が埋まるに従ってヨシ・マコモが増えたこと、肥料として価値のある植物を繁茂させたことによりレンコンが衰退したとされている。植物・藻の繁茂は水中への日照不足も招くことから、レンコン栽培に悪影響を与えたのであろう[44]。なお、史料6からこの当時も漁業が盛んであったことが判明するが、採泥は水質改善に繋がり、漁業との相性が良かったようである。[45]

本項での検討の結果、日向村では日照確保や施肥などの世話が必要なレンコンより、自然に繁茂・堆積するヨシ・藻草・泥採取を選択したため、レンコン栽培は終焉に向かった。つまり、明治期においても肥料としての価値は高く、採取が活発であったことが判明するのである。

おわりに

近世初期は開発の時代と呼ばれ、当該地域でも耕地が拡大した。その結果、採草地が減少したと推測される。近世中・後期に開発は下火になるが、一九世紀後半から二〇世紀初頭にかけて再び進んだ。つまり、近代に入ると採草地がさらに減少したのである。この状況下、〝川合〟地域では輸入されるようになった有機肥料や化学肥料などに加え、ヨシ・藻草・泥などを肥料として利用していたのである。

多々良沼では幕末維新期には肥料としての藻草などの採取権が、借用金の利息とされる事例が確認できた。また、近世以来栽培していたレンコンに代わる収入源とされた。後者のような状況は城沼でも確認できる。近代の城沼では藻草・泥の採取が水産業の一つに数えられていることから、これらが売買目的で採取されていた。すなわち、藻草や泥が金肥となっていたのである。このように幕末期から明治期にかけて、当該地域では沼のヨシ・藻草・泥は商品となるだけの価値を有したのである。

さらに、近世と近代を比較すると、時代が下るとともにヨシ・藻草・泥の採取・利用も活発になったようである。すなわち、肥料の採取が活発化した結果、幕末期以降近代にかけて沼内の他の植物に影響を及ぼした。城沼ではジュンサイが絶滅し、多々良沼ではレンコンが栽培されなくなった。つまり、「里沼」は里山同様、常に人間の活動の影響を受けながら「環境」が作り出されていたのである。

註

（1）『館林市史通史編2　近世館林の歴史』（二〇一六年）。

（2）館林藩における御林・野銭林については、前掲註（1）『近世館林の歴史』、拙稿「江戸時代の成島村御林・野銭林について」（『館林市史研究　おはらき』第3号、二〇〇九年）・「館林藩林政の基礎的考察」（『栃木史学』24号、二〇一〇年）。草肥農業に要する採草地の面積については、所三男『近世林業史の研究』（吉川弘文館、一九八〇年）、水本邦彦『草山の語る近世』（山川出版社、二〇〇三年）を参照のこと。

（3）平野哲也「関東主穀生産地帯における米の生産・流通と消費の諸相」・「関東内陸農山村における魚肥の消費・流通と海村との交易」（渡辺尚志編『生産・流通・消費の近世史』勉誠出版、二〇一六年）。

（4）前掲註（1）『近世館林の歴史』、古島敏雄『古島敏雄著作集6　日本農業技術史』（東京大学出版会、一九七五〈初出は上下二巻で上巻は一九四七年、下巻は一九四九年、時潮社〉）。

（5）岡光夫『日本農業技術史』（ミネルヴァ書房、一九八八年）。

（6）東京肥料史刊行会『東京肥料史』（一九四五年）、武井弘一編『イワシとニシンの江戸時代』（吉川弘文館、二〇二二年）など。近世後期の下野国でも干鰯の高騰から、蝦夷地産の鰊粕が導入された事例も確認できる（前掲註（3）平野「関東内陸農山村における魚肥の消費・流通と海村との交易」）。

（7）拙稿「上野国多々良沼における肥料採取―19世紀中葉を中心に―」（島村健・大久保邦彦・清水晶紀・筑紫圭一・原島良成編『環境法の開拓線』、第一法規、二〇二三年）。

（8）例えば明治初年における茂林寺沼の新田の事例では、「葭谷」は沼田より地価が低い（『館林市史別巻　館林の里沼』二〇二二年）。

(9) 前掲註(6)『東京肥料史』、市川大祐「明治期人造肥料特約販売網の成立と展開」(『土地制度史学』一七三、二〇〇一年)、小林新「肥料技術の現在・過去・未来(1)」(『日本土壌肥料学雑誌』89‐2、二〇一八年)など。
(10) 明和四年九月「羽附村等谷田川四ッ手漁猟運上につき取替証文」(『館林市史　資料編4近世Ⅱ』)。
(11) 平野哲也「沼の生業の多様性と持続性―江戸時代の下野国越名沼を対象に―」(山本隆志編『日本中世政治文化論の射程』(思文閣出版、二〇一二年)。越名沼は干拓事業により昭和四十年(一九六五)に消滅した。
(12) ヒシの実は食用とされた(前掲註(11)平野二〇一二年)。
(13) 平野氏は赤麻沼の例から沼銭に藻草に関する運上も含まれると推測している(前掲註(11)平野二〇一二年)。
(14) 『群馬県邑楽郡誌』(一九一七年)
(15) 「(邑楽郡)水産業」(前掲註(14)『群馬県邑楽郡誌』)。
(16) 城沼は近世から沼辺の開発を確認でき、明治期にも旧藩主秋元家による墾田開発を確認できる(前掲註(8)『館林の里沼』)。そのため、時期により沼の面積や葭などの採取可能地は異なる。
(17) 「館林町」(前掲註(14)『群馬県邑楽郡誌』)。
(18) 伯耆国の綿作地帯では干鰯の高騰に対して、価格の安い海藻類の肥料を導入したことにより躍進したと評価されている。さらに、明治期に至ってもその利用を確認できる(前掲註(5)岡著書)。このように藻類の金肥化は城沼のみの現象ではない。
(19) 「赤羽村」(前掲註(14)『群馬県邑楽郡誌』)。
(20) 前掲註(8)『館林の里沼』。
(21) 前掲註(8)『館林の里沼』。
(22) 化学肥料の利用は耕地の状態を悪化させるため、土壌改善に効果がある有機肥料の利用も進んだ可能性も指摘できる(森敏「地力の再生産とは」(天野慶之・高松修・多辺田政弘編『有機農業の事典』(三省堂、一九八五年))。
(23) 近年の研究成果としては、前掲註(11)平野二〇一二年論文のほか、平塚純一・山室真澄・石飛裕『里湖モク採り物語』(生物研究社、二〇〇六年)、佐野静代『中近世の村落と水辺の環境史』(吉川弘文館、二〇〇八年)・『中近世の生業と里湖の環境史』（吉川弘文館、二〇一七年）・『外来植物が変えた江戸時代』（吉川弘文館、二〇二一年）、斎藤一「藻草入会の近世的特質と共同体―浜名湖の諸事例から」（中村只吾・渡辺尚志編『生きるための地域史』勉誠出版、二〇二〇年）、東幸代「琵琶湖のヨシ（葭）地をめぐる近世人の自然観」（橋本道範編『自然・生業・自然観』小さ子社、二〇二二年）などが挙げられる。

(24) 家数・人口は「封内経界図誌」、農間渡世は安政二年三月「館林町寄場組合村々地頭姓名等書上帳」（ともに前掲註(10)『館林市史』資料編4）による。なお、後者によると安政二年の人口は、六一三人（男三〇三、女三一〇）である。

(25) 「多々良村」（前掲註(14)『群馬県邑楽郡誌』）。

(26) 「多々良村」（前掲註(14)『群馬県邑楽郡誌』）。

(27) 『群馬県邑楽郡多々良村誌』（一九二八年）。

(28) なお、多々良沼は昭和二十三年に開発され、沼の約半分が消失した（前掲註(8)『館林の里沼』）。

(29) 日向郷土史研究会『日向郷土史』第2巻（二〇〇〇年）。なお、同書によると、二人で沼持株一株を所持する例も確認できる。

(30) 前掲註(24)「封内経界図誌」・『日向郷土史』・『近世館林の歴史』・『館林の里沼』・拙稿二〇二三年、国文学研究資料館蔵群馬県庁文書「邑楽郡日向村多々良沼争論一件」。

(31) 当該史料は前掲註(30)「邑楽郡日向村多々良沼争論一件」。

(32) 前掲註(29)『日向郷土史』、前掲註(7)拙稿二〇二三。

(33) 前掲註(30)「邑楽郡日向村多々良沼争論一件」。

(34) 前掲註(30)「邑楽郡日向村多々良沼争論一件」。

(35) 前掲註(30)「邑楽郡日向村多々良沼争論一件」。前掲註(7)拙稿二〇二三年では、沼の字の境に何らかの目印が合ったことを指摘したが、史料4によると木の杭が打たれていた模様である。

(36) 明治十五年三月九日付で沼外が群馬県令楫取素彦に提出した「瀧瀬安蔵等ノ願書ノ事実相違并ニ真ノ慣行条理」（前掲

(37) 前掲註（8）『館林の里沼』。註（30）「邑楽郡日向村多々良沼争論一件」）にも「以前ハ葭・真菰等モ蓮根生立セノ為メ切流候得共、田畑ノ肥料ニ用ヒ追々価ガ出デタルヨリ繁殖セシメ、且ツ沼ノ埋マルニ従ヒ蔓生シタルモノニテ一村ニ取リテハ蓮根ニ換ル所ノ収入物ナリ」との記述が確認できる。

(38) 前掲註（8）『館林の里沼』。

(39) 前掲註（29）『日向郷土史』によれば、第二次大戦中に甘藷澱粉工場・メッキ工場の汚水が流れ込み、戦後には蓮・藻類が減少し、さらに農薬の使用で被害は増大したと説明されている。

(40) 前掲註（8）『館林の里沼』。

(41) 前掲註（8）『館林の里沼』。

(42) 前掲註（14）『群馬県邑楽郡誌』「多々良村」の水産業の部には蓮根を確認できない（主要農作物にもない）。

(43) 「多々良村」（前掲註（14）『群馬県邑楽郡誌』）。

(44) その他の要因として、養分不足も想定できる。史料4にレンコン採取地跡に小穴が空いていると記されているが、ヨシ・マコモの繁茂地に確認できるものであり、沼内に泥が流入しているとのことなので、穴は小さく深いものと推定できる。蓮田は土に養分がないとレンコンが潜ってしまい掘りとるのが大変になる（前掲註（8）『館林の里沼』）と言われており、幕末維新期の多々良沼ではレンコンが潜っている可能性を指摘できる。

(45) 「多々良沼の汚染について」（前掲註（29）『日向郷土史』）には「昭和六十年以前は、汚泥がたまり積もって、魚が酸欠によって浮いて居るのがよく見受けられた。六十年頃、沼の浚渫をやったため、酸欠の被害も少なくなり、魚類も相当増えたのではないか。沼の浚渫をやることについては、色々の意見があって、漁業組合としては、最終的に今のままでは魚が減り、釣人も来なくなり、組合の経費にも支障を来たすという意見が多くなり、昭和六十年頃、沼を五～六米位の深さに浚渫した結果、魚も増え、釣人も多くなり組合の収入も増大したと言われて居る。それ以前は、共同漁業や個人漁で収入を上げて居たのが、釣銭で収入を上げられるようになったので、組合員も労を少なくして収入を多くしたので、今では喜んで居られるようである」と記されている。

戦間期における小麦生産と製粉業の発展—利根川・渡良瀬川合流域を中心に—

高柳友彦

はじめに

本論文の課題は、利根川・渡良瀬川合流域を中心に、埼玉県、群馬県、栃木県、茨城県（以下、関東四県）における近代以降の小麦生産と館林を中心とした近代的製粉業発展の歴史的展開を明らかにしていくことにある。

利根川・渡良瀬川の両河川流域は、肥沃な土地と豊富な水資源を利用した農業が盛んな地域である。一方、大水の被害が多いため、近世期から不安定な稲作を補完するために大麦、小麦といった麦作や大豆の栽培が盛んに行われていた。大麦は、主食として米に混ぜ麦飯として食す一方、小麦は、自家消費としてうどんやほうとう、まんじゅうで食し一部を換金していた。

近代以降の当該地域における農業生産の展開については、各県史や市町村発行の自治体史において多く記述されている。関東四県における麦作の重要性の高さから麦作の動向に加え、大麦小麦を利用した食生活のありようなど、麦と人々の生活とのかかわりについて多くの成果が残されている。一方、小麦粉を機械で製粉する近代的製粉業の展開については、産業史研究として分析が行われるとともに、主要製粉企業の社史等で明らかにされている[1]。加えて、小麦粉がアジア向けの主要輸出品として重要であったことから、日本帝国内の食糧需給との関連についても研究されている。[2]このように、自治体史や社史において小麦生産や製粉業の研究がそれぞれ進められてきたため、当該地域の農業生産と製粉企業の動向との関連については、限られた範囲で明らかにされたに過ぎない。こうした研究史をふまえ、本稿では、地場の小麦生産を中心とする農業生産と近代的製粉企業の展開とのかかわりについて、「地域」に焦点をあてながら、関東四県を対象に分析していく。

一　二十世紀初頭における近代的製粉業の展開と小麦生産

(一) 近代的製粉業の勃興と小麦生産

近世期から小麦は、農家の自給生産に加えて、醤油や素麺の原料として商品生産に深くかかわり、播磨、小豆島、東北の白石などの素麺産地が展開していた。[3]加えて、「うどん」は「ハレの日」の食事とされるなど、小麦を自家消費する機会（多くが自家で製粉した）も多かった。明治初期には、大都市周辺に水車と石臼を用いた在来的な製粉業者らが登場した。一方、幕末の開港によって外国から機械で製粉された小麦粉が輸入され、小麦粉を使用した洋菓子やパンといった新たな食物が伝播した。日本に居留する外国人が食していた洋菓子やパンは、日本人の間にも広まり、日本各地に普及したのである。近代以降新たに流入した洋菓子やパンに用いられていた小麦粉は、主として輸入小麦粉を利用していた。国内で栽培されていた小麦と外国で栽培された小麦では、タンパク質の比率の違いがあり、用途が異なっていたためであった。国内産の小麦でつくられた小麦粉は、うどん、ビスケットなどに用いられる一方、外国産の小麦で作られた小麦粉は洋菓子やパンに利用され、在来的な小麦粉と輸入小麦粉はその用途が分化して

【表1】道府県別小麦収穫高ランキング（上位10位）

	1890年		1900年		1910年	
	道府県	収穫高	道府県	収穫高	道府県	収穫高
1	長野	186,817	埼玉	288,392	茨城	504,167
2	埼玉	177,771	群馬	249,646	福岡	268,641
3	群馬	177,562	茨城	242,770	埼玉	256,827
4	栃木	143,304	福岡	209,817	群馬	256,417
5	茨城	120,184	栃木	187,273	兵庫	239,371
6	神奈川	104,580	長野	186,810	栃木	224,411
7	福岡	97,430	熊本	183,325	岡山	206,471
8	大分	95,022	佐賀	176,390	愛知	197,864
9	長崎	84,428	愛知	154,377	熊本	190,896
10	佐賀	79,900	千葉	152,190	香川	189,647
	関東4県	618,821	関東4県	968,081	関東4県	1,241,822
	全国	2,455,008	全国	4,236,850	全国	4,783,476
	関東4県のシェア	25.2%	関東4県のシェア	22.8%	関東4県のシェア	26.0%

出典）『農商務統計表』第6次、第17次、第26次より作成　［単位　石］

いたのである。そして、輸入小麦粉は、近代的ロール製粉機を使用し、品質、価格面で在来小麦粉に比べ、有利で高評価を受けていた(4)。

小麦粉の輸入が急増した一八八〇年代以降、ロール式製粉機を輸入して小麦粉を製造する近代的製粉業の企業化が進展した。明治初期に北海道開拓の施策のもとで製粉工場が設立されていたが、企業勃興期の一八九六年にその後の日本の製粉業をけん引する企業となった日本製粉が設立された。日本製粉の設立には、元館林藩士で銀行の頭取など様々な企業経営に携わっていた南条新六郎がかかわっていた。同社は、大消費地であった東京の深川に工場を建設し、輸入したロール式機械で小麦粉を製造した。製造された小麦粉は、輸入小麦粉に対抗してパン、洋菓子の原料としての販路を広げただけでなく、小麦粉の消費用途の中心であった製麺用にも進出し、うどんやまんじゅうの原料として在来の小麦粉とも対抗した(5)。

輸入小麦粉に対抗する国産の機械製粉が誕生するな

【表2】20世紀初頭における関東4県の郡別小麦生産量

群馬県		埼玉県		茨城県		栃木県	
群馬郡	46,861	入間郡	73,505	新治郡	39,909	那須郡	57,293
碓氷郡	34,735	**大里郡**	**61,123**	那珂郡	37,488	**下都賀郡**	**52,340**
新田郡	**29,748**	北足立郡	45,318	真壁郡	33,158	河内郡	36,534
勢多郡	**26,537**	**北埼玉郡**	**22,723**	東茨城郡	32,903	**足利郡**	**26,084**
佐渡郡	**25,627**	比企郡	22,066	**猿島郡**	**30,283**	芳賀郡	25,353
北甘楽郡	21,556	秩父郡	21,539	筑波郡	22,426	塩谷郡	20,313
多野郡	16,947	児玉郡	17,778	久慈郡	21,386	上都賀郡	14,130
邑楽郡	**15,822**	北葛飾郡	8,140	稲敷郡	20,469	**安蘇郡**	**13,373**
山田郡	11,323	南埼玉郡	1,680	西茨城郡	13,734	宇都宮市	1,338
利根郡	10,134			北相馬郡	12,892		
吾妻郡	8,289			鹿島郡	9,837		
前橋市	1,813			多賀郡	4,311		
高崎市	255			行方郡	4,280		
				結城郡	1,427		
				水戸	230		

［単位　石］

出典）『群馬県統計書』『埼玉県統計書』『茨城県統計書』『栃木県統計書』より作成
注）茨城県は1901年のデータを使用、栃木県は1911年のデータを使用
群馬県と埼玉県は1900年のデータを使用

か、日本国内における小麦生産は、一八八〇年代に二五〇〇万石から一九〇〇年代に四〇〇〇万石、一〇年代半ばには六〇〇〇万石まで増加した。

表1は、一八九〇年・一九〇〇年・一九一〇年の各道府県生産量の上位一〇位までの小麦生産量を表したものである。関東四県はいずれも上位に位置し、全国に占める関東四県のシェアは二五%前後であった。この四県における郡ごとの小麦生産量を表したのが表2である。網掛けの部分である利根川・渡良瀬川流域やその近隣地域の生産量の合計は三〇万石程度で、全国でも有数な小麦生産の拠点であったことが確認できる。これら地域の中心に位置し、小麦生産の一大拠点であった館林に館林製粉をはじめとした近代的製粉業が勃興した。

(二) 館林における製粉業の展開

館林に設立されたのが、のちに日清製粉とな

る館林製粉であった[6]。家業の醤油醸造業において小麦を扱っていた正田貞一郎や館林実業談話会の関係者らが館林製粉の設立に関与していた。この館林実業談話会は、一八九七年に発足した組織で、約六〇名の会員の下、実業発達の討議を行うとともに、東京から知識人を招き、東京の最新の情報に接する場として機能していた。例えば、一八九七年に招いた東京高商教授の土子金四郎は、正田が構想していた機械製粉業の起業を後押ししたといわれている。館林製粉は、一九〇〇年に千金楽喜一郎、正田貞一郎、石島為三郎らを中心に設立され、その際に、正田の東京高商時代の人脈が生かされた。アメリカでの製粉機械買付では、三井物産に勤める同窓生が関与するとともに、初期の役員に多くの同窓生が関わっていた。館林製粉が設立された一九〇〇年代初頭は、館林だけでなく宇都宮、天童など各地で製粉企業が操業を開始するなど、全国的に近代的製粉業が勃興した時期であった。実際、一九〇一年に全国で一〇八〇バーレル（一バーレルは、一昼夜に二二kgの小麦粉を四袋製造する能力）であった機械製粉能力は、一九〇七年には四七五〇バーレルに増加した。その後、館林製粉は一九〇七年に横浜の日清製粉と合併し、翌年本社を東京に移転した。一九〇八年当時、大日本・東亜・帝国・日本・日清製粉の五社で小麦粉市場の六五％を占有し、一九一〇年には日清と大日本、日本と帝国製粉が合併し、日本製粉と日清製粉の二大体制が確立した。

一八八〇年代から一九〇〇年代の企業勃興期と呼ばれた時代には、各地で近代産業を主とする企業が数多く設立された。東京、大阪ではない地方に綿紡績業、石炭業、鉄道業の株式会社が数多く設立されるなど、地方での活発な企業活動の展開が、日本の工業化を支えたのである。ただ、第一次世界大戦を経験するなか多くの企業は、東京や大阪の大資本に吸収され、地方が経済活動の主導性を発揮した時代は終了した。日本経済の中心は東京や大阪、そして重工業部門にうつることとなった[7]。その点、館林で誕生した館林製粉は東京へ進出するとともに生産規模を拡大しながら他企業との合併を繰り返した結果、製粉業界の主要企業として発展するという特徴をもっていた。

では、館林製粉設立時前後の館林の経済・社会上の位置についてみていこう。一九〇五年における群馬県内の市町村の現住人口は、市制を施行していた前橋市が四万八三八人、高崎市が三万六〇〇七人。加えて桐生町が三万五六人と三つの市町が突出していた。館林の近隣では、伊勢崎町が八一九一人、太田町三九七五人の一方、館林町は九二九三人で、館林は県東部において大きな町場を形成していた[8]。隣接県の近隣町村の現住人口は、埼玉の羽生町が三九一三人、茨城の古河町が一万二二四二人（ともに一九〇五年時）、栃木県の足利市が三万三四一人、佐野町が一万三一八二人であった（ともに一九一一年）[9]。明治初期、地域の経済的拠点であった商業町には、国立銀行が設立されていた。その数は全国で一五三を数え、利根川・渡良瀬川合流域においては、館林と古河で銀行が設立された。館林には、旧館林藩士らが設立にかかわった第四十国立銀行が一八七八年に開業し、桐生市や長野県上田、栃木県足利、東京に支店を開設した（古河には第百十二銀行が設立された）。人口規模では足利や佐野に劣るものの、国立銀行が設立され、館林製粉設立にかかわった館林実業談話会を構成する商人らが拠点とする館林には、経済に関する様々な情報や資金が集積していたのである。

加えて、館林は当該地域の河川流通の拠点でもあった。明治初期、渡良瀬川・利根川の河岸から東京へ舟運が利用され、館林町の商人らは両河川の河岸から商品を出荷していた。ただ、河川流通の運送費の高騰に直面するなか当該地域では鉄道開通が期待された。実際、群馬県内では日本鉄道が一八八四年に上野―前橋間、両毛鉄道が一八八九年に前橋―小山間で鉄道を開通させ、養蚕、製糸、織物が盛んな地域と東京を結び、営業成績も好調だった。一方、館林を含めた邑楽郡、埼玉県北埼玉郡は、日本鉄道、両毛鉄道が敷設された地域とは離れており、東京との結びつきを強めるためには鉄道開通が不可欠であったのである。そして、一八九五年に発起人一二名によって資本金一八〇万円で東武鉄道が創立された。同社は、東京の本所から千住、春日部、羽生、館林、足利に至る東京と両毛の機業地帯を結ぶルートを予定していた。沿線町村（加須、羽生、館林町）による逓信大臣宛の陳情書や意見書が存在するなど、この地域の住民は鉄道開通を切望し、一九〇三年には川俣、一九〇七年に館林まで鉄道が開通した[10]。

このように、館林は小麦生産が盛んな関東四県の両河川流域において原材料調達がしやすい場所に位置していたことに加え、館林実業談話会にかかわる商人・資産家の存在、第四十国立銀行など商業町としての機能、東武鉄道の開通といった交通の利便性など、様々な点で優れていた。こうした経済的拠点としての条件を有していた館林において近代的製粉業の代表企業として成長した館林製粉が設立されたのである。

二　戦間期以降の小麦生産と製粉業の展開

（一）製粉業の展開と原材料調達

戦間期以降の小麦生産、製粉業の展開をみていこう。表3は、一九一六年・一九二〇年・一九二五年の小麦生産のランキングである。産地として茨城県が突出した存在に発展するとともに、関東四県の他、兵庫、岡山、福岡、熊本が上位にあったことが確認できる。一方、近代的製粉業において、一九一四年と一九二二年の製粉会社設備能力を比較すると、一九一四年に全国九〇六〇バーレルであった設備能力は、二二年には二万一六二〇バーレルに拡大した[11]。生産能力が二〇〇バーレル以下の小工場が多く設立された一方で大手の製粉会社の規模も拡大したのである。例えば、日本製粉は、小山（一九一七年に設立）、高崎（一九一九年に設立）に工場を有していた東洋製粉を一九二〇年に合併し、また東北製粉、札幌製粉、大里製粉といった各地で設立されていた製粉企業を次々に合併した。一方、日

【表3】道府県別小麦収穫高ランキング（上位10位）

	1916年		1920年		1925年	
	道府県	収穫高	道府県	収穫高	道府県	収穫高
1	茨城	555,823	茨城	512,074	茨城	535,929
2	福岡	359,587	福岡	365,462	埼玉	412,673
3	兵庫	320,933	岡山	333,854	福岡	404,592
4	岡山	318,644	兵庫	313,070	群馬	378,867
5	栃木	318,492	群馬	306,406	兵庫	343,220
6	群馬	317,453	熊本	294,536	栃木	343,177
7	埼玉	306,394	埼玉	290,458	岡山	303,452
8	千葉	285,699	栃木	280,966	熊本	276,314
9	香川	284,584	千葉	248,560	香川	241,981
10	熊本	246,700	愛知	243,780	愛知	237,672
	関東4県	1,498,162	関東4県	1,389,904	関東4県	1,670,646
	全国	5,869,611	全国	5,865,691	全国	6,125,613
	関東4県のシェア	25.5%	関東4県のシェア	23.7%	関東4県のシェア	27.3%

［単位　石］

出典）『農商務統計表』第32次、第36次、『農林省統計表』大正13年、1926年より作成

清製粉は、一九一七年に水戸工場を設立し、加えて、名古屋、岡山、高崎に工場を進出するなど自社工場の設立をすすめた。日本製粉は既存の製粉会社を合併、日清は新規工場の設立というような形で経営の拡大を展開させるとともに、両社はいずれも第一次世界大戦期に関東四県に多くの製粉工場を設立した。こうした関東内陸地域での工場設立の背景には、原料小麦の調達のありようが影響していた。当時、国内での機械製粉業が発展するなか、製粉に使う小麦をすべて国内産で賄うことはできず、海外から製粉用の小麦が輸入されていたのである（一九一一年四〇万石）。しかし、第一次世界大戦期に輸入小麦が入手困難となったことから、関東四県など内陸部の原料生産地での工場設立が盛んになった。ただ、こうした動きは、大戦後に変化し、輸入小麦が調達しやすい臨海部に大規模な製粉工場が設置されるようになった（小麦輸入は一九一九年以降急増し一九二一年には二〇〇万石に増加した）。臨海部の

製粉工場では、外国産小麦を製粉し、製造された小麦粉は国内で販売されただけでなくアジア地域にも輸出された。

関東四県における製粉企業の展開は、高崎、小山、水戸で製粉工場が設立されたように、第一次世界大戦期にいずれも規模を拡大した。日清製粉の館林工場の生産能力は、一九〇九年の五〇〇バーレルから一九二五年には一五〇〇バーレルと拡大するなか、他地域での工場新設を経るなかで徐々に会社内での地位を下げるものの、原料生産地に立地する「山の工場」として機能した。また、日本、日清などの大企業だけでなく、北埼玉では地場の製粉企業として一九一四年に松本米穀製粉株式会社が設立された[12]。同社は、一九二三年に千葉の千代田製粉、一九三〇年に新田郡の新田製粉、一九三八年に深谷の埼玉興業を合併するなど、関東四県の地場製粉の工場を合併することで拡大した。同社の製粉規模は二〇〇～三〇〇バーレルの規模と日清や日本製粉の工場に比べると規模は小さいものの、地域に根差す形で展開したのである。

近代的製粉業において、原材料の小麦をどのように円滑に調達するかが経営上重要な課題であり、それぞれの企業で小麦生産地との関係は異なっていた。消費地である東京に工場を設けていた日本製粉は、原材料の小麦を埼玉、栃木、茨城、千葉などから調達していた。実際、一九一五年、東京の小名木川、砂町工場には、茨城産一一万石、千葉六・五万石のほか一〇府県から購入するなど、広範囲な地域からの買付を実施していた[13]。

一方、日清製粉では、原材料は、社員が近郷のほか、佐野、石岡、土浦、水戸へ買い付けする場合や穀物商を通じて集めるなど、原料生産地に工場を設置したメリットを生かしていた。そして製造された小麦粉は、鉄道によって群馬、埼玉、長野、新潟などの地域に送られた。実際、一九一一年当時、館林駅の積み出し貨物の半分が小麦粉、残りは織物、醤油、米であった。一九一七年に水戸工場が設立された茨城でも、原料は県内で調達する一方、販路は東北や東京であった。

また、松本米穀製粉では、原材料は埼玉、千葉の穀物商が農家を回って買い付ける場合や大農家が運送屋を雇って送り付ける場合、製粉の担当員が現金を持って買い付けする場合など、地場との結びつきが深かった。このように戦間期には、国内の小麦生産地の多くで製粉工場が設立されるなど、小麦生産と製粉業とのかかわりは原材料調達の面で密接であった。

(二)　一九二〇年代後半における小麦生産・製粉業

一九二〇年代に臨海部で大規模な製粉工場が建設されたこともあり（例えば日本製粉は、一九二四年に横浜で四〇〇〇バーレル。日清製粉は、一九二六年に鶴見で七〇〇〇バーレルの能力の工場を建設している）、一九二〇年代後半には、日本国内の製粉業の設備能力は四万五〇〇〇バーレルを超える規模にまで拡大した。ただ、製粉能力が過剰であったため、主要な製粉企業は生産制限の協定を結んだほか、海外市場への展開が図られた。

では、一九二〇年代末における製粉業と小麦生産とのかかわりをみてみよう。当時、小麦粉を製造するために必要な小麦は、一日二万一二五〇石と推定され、かりに年間三〇〇日操業する場合、六三七万石の小麦が必要であった（ここでは、全国二万五〇〇〇バーレルの製造能力と仮定）[14]。海外への小麦粉輸出は減産の対象外であったため、輸出する小麦粉生産に必要な小麦一〇六万石を合わせると、日本国内の製粉業において必要な小麦原料は、年間約七四三万石であった。これ以外に日本国内における他の小麦需要は、飴原料二七万、醤油醸造一九〇万、飼料二七万、種子用三五万とされ、国内の小麦需要の合計は約一〇二〇万石であった。一九一〇年代初頭に五四八万石、一九二〇年代初頭に九三八万石と推定されていた日本国内の小麦需要は、一九二〇年代末期に一〇〇〇万石に達したのである。これら小麦需要のもとで使用された小麦原料の約五六％が国内生産、残り四四％が外国からの輸入で対応していた。また、国内で生産される小麦六〇〇万石のうち、醤油原料に三割、飴、種子、飼料に一割、残りの六割が製粉原料に使用されていた。醤油醸造には主に内地の小麦が使用されていたため、輸入小麦のほとんどは、製粉原料として利用されていたのである。[15]

では、それぞれの地域において、生産された小麦はどのように利用されていたのか、一九二〇年代末における農林省の小麦利用に関する調査からみてみよう。[16]調査によると、小麦の収穫量のうち農家では、自家用に四割、販売用に六割の割合で利用していた。自家用では醤油醸造、みそ、飼料、製麺に使用するほか、製粉製麺業者との間でも物々交換を行っていた。その割合から、一九三〇年全国六一二万石の小麦生産のうち、販売にまわる小麦は四一四万石（販売六七％自給三三％）と推定されている。[17]ただ、自家用の消費と販売の割合は、道府県によって異なっていた。一九三〇年の用途別販売数量では、茨城は五二万石のうち販売が四九万石、自家用消費が三万石。一方、群馬では三五万石のうち販売に一八万石、自家用消費に一七万石のように地域差が大きかったのである（販売の割合が高い府県として、岡山、愛知、兵庫があげられる）。特に、群馬県は小麦生産が多い県でありながら販売の割合が少なく、自家用の割合が高い県でもあった。

では、群馬県における小麦生産とその利用の実態を確認しよう。群馬県の自家消費には、うどんと小麦粉の交換も含まれたほか、当時、自家用醤油の普及奨励が行われていた関係から、醸造にも利用されていた。群馬県内の製粉工場で必要な小麦のうち、輸入小麦と国産小麦の割合は半々で、群馬県内だけでは賄えない国産小麦は、茨城、千葉、栃木、埼玉といった近隣からも調達した。そして、農家が小麦を販売する際、製粉工場の近隣では指定の穀物商、郡部では農会主導で共同販売を実施していた。群馬県内の郡別の販売割合をみると、邑楽郡八六％、新田郡八八％、山田郡・桐生市七五％、佐波郡七〇％と高い一方、勢多郡・前橋市六六％、群馬郡・高崎市は二九％、碓氷郡一三％、

【表4-1】1920年の米・大麦・小麦生産と人口

	人口	米	大麦	小麦	一人当たりの米	一人当たりの大麦	一人当たりの小麦	合計
勢多郡	118,504	124,056	25,742	39,026	1.05	0.22	0.33	1.59
群馬郡	154,529	131,985	97,088	50,059	0.85	0.63	0.32	1.81
多野郡	81,842	31,465	37,975	20,431	0.38	0.46	0.25	1.10
北甘楽郡	87,680	28,665	34,304	16,083	0.33	0.39	0.18	0.90
碓氷郡	70,382	45,296	25,488	29,538	0.64	0.36	0.42	1.43
吾妻郡	57,040	19,521	29,342	10,455	0.34	0.51	0.18	1.04
利根郡	73,380	39,188	29,007	12,624	0.53	0.40	0.17	1.10
佐波郡	94,098	96,120	39,043	38,698	1.02	0.41	0.41	1.85
新田郡	69,406	95,941	18,364	35,547	1.38	0.26	0.51	2.16
山田郡	97,510	49,110	13,651	23,379	0.50	0.14	0.24	0.88
邑楽郡	91,331	99,923	61,541	28,235	1.09	0.67	0.31	2.08
郡合計	995,702	761,270	411,545	304,075	0.76	0.41	0.31	1.48

［単位　石］

【表4-2】1930年の米・大麦・小麦生産と人口

	人口	米	大麦	小麦	一人当たりの米	一人当たりの大麦	一人当たりの小麦	合計
勢多郡	123,440	144,786	65,134	47,560	1.17	0.53	0.39	2.09
群馬郡	146,940	132,873	68,306	51,155	0.90	0.46	0.35	1.72
多野郡	81,661	33,266	31,100	21,765	0.41	0.38	0.27	1.05
北甘楽郡	86,279	37,269	27,663	14,684	0.43	0.32	0.17	0.92
碓氷郡	67,626	56,932	23,190	29,414	0.84	0.34	0.43	1.62
吾妻郡	64,272	23,980	24,910	9,265	0.37	0.39	0.14	0.90
利根郡	83,490	46,200	29,310	16,029	0.55	0.35	0.19	1.10
佐波郡	110,081	107,787	21,828	52,225	0.98	0.20	0.48	1.65
新田郡	73,265	106,417	17,269	40,589	1.45	0.24	0.55	2.24
山田郡	56,135	52,105	14,804	26,613	0.93	0.26	0.47	1.67
邑楽郡	95,132	141,652	82,354	37,463	1.49	0.87	0.39	2.75
郡合計	988,321	883,267	405,868	346,762	0.92	0.41	0.35	1.69

出典）各年度『群馬県統計書』。1921年に桐生市が誕生したため山田郡の人口は減少している。　［単位　石］

多野郡一七%であった。県中央部や西部の小麦生産地では、販売割合が低い一方、邑楽、新田などの県東部の小麦生産地では販売の比重が高かったのである。

では、群馬県東部において小麦販売の割合が高い要因について、群馬県における米、小麦、大麦の農業生産の動向からみていこう。表4−1・2は、一九二〇年と一九三〇年における群馬県の郡別の米、大麦、小麦生産動向とそれぞれの郡の人口で割った一人当たりの生産量を示している。一九二〇年の穀物の一人当たりの生産量は、県平均一・四八石（米〇・七六、大麦〇・四一、小麦〇・三一石）で、総計では、邑楽郡、新田郡、佐波郡など県東部で一人当たりの生産量が高かった。同様に一九三〇年には県内の一人当たりの穀物生産量は一・六九石に増加し、なかでも米の増加がもっとも大きかった。一九二〇年から一九三〇年にかけて群馬県全体の反収当たりの収量が全国平均を超える水準に上昇したことで、米の生産量が増加した。その背景には、耕地整理事業や犂や脱穀機といった農業用具の改良、水稲栽培技術の発展といったことが要因としてあげられる(18)。郡別では、邑楽郡、新田郡での米、大麦の一人当たりの生産量が県内で突出した存在であったことが確認できる。邑楽や新田郡の米麦の生産量が上昇し、県内でも米麦生産の有数な地域となったのである。ただ、邑楽では反収当たりの生産性はもともと低い状況であった。例えば、一九二〇年の邑楽郡では約一〇万石の米を収穫するための作付面積は、六五〇〇町歩であったのに対して、作付面積が五八〇〇町歩であった勢多郡では一二万四千石の米を生産していた(19)。邑楽では土地の性格上、畑で作る陸稲の割合が高く作付面積の三分の一を占めている事情が影響したからであった。一般に陸稲は水稲に比べると生産性は約半分（一反あたりで一石程度の収量）であった状況が邑楽郡の生産性の低さを規定していたのである。それでも、勢多と比べて低いものの、一九三〇年代の邑楽では陸稲の生産性が一九二〇年に比べ約一・五倍に上昇するとともに作付面積も七五〇〇町歩に増加し、生産量も増加した。併せて邑楽では、米と同様に大麦の生産量も急増した。邑楽を中心に一九二〇年代以降の農事改良の成果によって群馬県東部における農業生産は改善されたのである。

このように邑楽、新田郡などで小麦の販売割合が八〇％を超えていた背景には、小麦を消費に回さずに食生活が安定していた状況が存在していた。米や大麦生産の増加によって小麦をわざわざ自家消費せず、米・大麦によって食料を確保できる点、加えて、近隣の製粉工場への販売など小麦を換金できる機会に恵まれていたことがその背景にあったのである[20]。今日では、これら群馬県東部の地域では、小麦を使った郷土料理の存在が強調され（地域ブランドとしての麦）、小麦を中心とした食生活のイメージが残されている。ただ、県東部の人々の小麦生産・販売の実状からも、米への強い志向と大麦が米の代替品として利用されていたことがうかがえる。

三　一九三〇年代の小麦生産と製粉業の展開

一九二〇年代、麺類、パンの消費が拡大するなか、安価な小麦の輸入が増大し、小麦の価格水準は低下した。価格低下は、国内産小麦価格を圧迫し、農業経営に負の影響を与え農村問題を招いた。農村振興を実現するため関税の引き上げが企図されるとともに、一九三二年以降、国際収支の改善、食糧自給、恐慌対策として小麦増産計画が実施されるようになったのである。実際、金輸出が再禁止された一九三一年以降、国産小麦価格水準が上昇し安定したことで小麦生産も増加した。表5は、

【表5】道府県別小麦収穫高ランキング（上位10位）

	1931年		1935年		1940年	
	道府県	収穫高	道府県	収穫高	道府県	収穫高
1	茨城	517,688	茨城	758,469	茨城	1,057,310
2	福岡	513,261	福岡	682,351	福岡	894,782
3	岡山	429,111	埼玉	605,474	埼玉	876,076
4	兵庫	364,993	群馬	571,105	岡山	803,974
5	栃木	355,961	岡山	524,189	群馬	733,068
6	埼玉	354,671	栃木	496,853	愛知	616,499
7	群馬	334,433	兵庫	457,727	栃木	595,409
8	香川	322,788	熊本	427,275	兵庫	585,310
9	熊本	278,884	香川	385,278	千葉	548,574
10	愛知	269,173	千葉	376,197	熊本	531,302
	関東4県	1,562,753	関東4県	2,431,901	関東4県	3,261,863
	全国	6,405,748	全国	9,655,824	全国	13,093,758
	関東4県のシェア	24.4%	関東4県のシェア	25.2%	関東4県のシェア	24.9%

出典）『農林省統計表』より作成　［単位　石］

一九三一年・一九三五年・一九四〇年の小麦生産のランキングである。茨城・福岡が生産量一・二位のなか、群馬県、埼玉県の生産量増加が著しいことが確認でき、一九三一年比で一九四〇年の生産量は二倍以上になった。為替下落によって輸入小麦価格が上昇する中、国内の小麦生産増加は、輸入小麦を利用する製粉企業の小麦調達の安定化に寄与したとともに、アジア市場への小麦粉輸出において有利な条件ともなった。ただ、日中戦争が全面化した後、小麦輸入の制限、国内小麦の供給ひっ迫から、輸出市場であったアジア地域へ製粉企業の設備の移転・進出が拡大した[21]。

一九三〇年代における大麦・小麦生産の動向を確認すると、一九三一年に全国で大麦が七三八万石、小麦が六四〇万石であった生産量は、一九四〇年に大麦が七五二万石、小麦が一三〇九万石へと変化し、小麦生産が大麦生産を凌駕した。関東四県では、この間、群馬県は大麦四一万石から三〇万石、小麦三三万石から七三万石へ。埼玉県では、大麦七九万石から八六万石、小麦三五万石から八八万石へ。栃木県では、大麦五四万石から六七万石、小麦三六万石から六〇万石へ。茨城県では大麦七六万石から九八万石、小麦五二万石から一〇六万石へと変化した。全国の傾向と同様に関東四県においても大麦生産の増加が緩やかな一方、小麦生産が急増した。ただ唯一、群馬県では小麦生産が激増した一方で大麦生産が減少していた。実際、一九三一年の群馬県における大麦の作付面積は一万九六二八町から一九四〇年には一万二九五九町へ減少している[22]。この減少は、一九二〇年代後半から継続しており、一九二〇年に二万八五六〇町だった大麦の作付面積は二〇年間で半減した。一方、小麦の作付面積は、一九二〇年の二万七九九二町から一九三一年二万五八三五町と漸減した一方、一九四〇年には四万六二一町に急増した[23]。大麦、小麦の作付けの変化の一方で米の作付面積は、一九三〇年代を通して三万一〇〇〇町前後を推移していた。

こうした大麦作付けの減少と小麦の作付け増加の要因として、県内の製粉工場の存在が指摘できるとともに、麦作についても米と同様、一九三〇年代以降の生産力の向上が考えられる。水田の裏作としての小麦栽培の拡大や土地改良、化学肥料の増加、耐湿性の小麦の品種の導入といった技術的な改良が行われていたのである。[24]例えば、西日本で普及していた栽培法が裏作の後進地帯であった北関東にも展開し、水田裏作としての小麦栽培が展開するようになったことがその一つとしてあげられるだろう。[25]このように、群馬県では一九二〇年代以降の米作、麦作の技術改良や土地改良のもとで、生産量を増加させるとともに、製粉業の発展も支えたのである。

おわりに

関東四県の小麦生産は、当該地域の近代的製粉業の展開と密接な関係を有していた。特に群馬県東部に位置した邑楽地域は、元来の商業町、流通の拠点としての役割をもつことで、製粉業の拠点となった。そして当該地域の農家経営は、戦間期以降の農業技術の改良や土地改良といった技術的な側面に加え、製粉工場の存在から小麦を自家消費ではなく販売することで経営を展開させていた。麦作を前提とした当該地域の食生活（＝小麦を利用した様々な料理）は、大麦、小麦だけでなく米の生産量の増加に大きく影響を受けた。米への強い志向がこの地域での米生産の展開に影響を与えるとともに、大麦、小麦の利用のありように大きな影響を与えていたのである。

註

（1）代表的な製粉企業の社史として、日清製粉株式会社編集『日清製粉100年史』（二〇〇一年）。日本製粉『日本製粉社史：近代製粉120年の軌跡』（二〇〇一年）。Nitto Fuji Flour Milling,『日東富士製粉100年史』（二〇一四年）などがあげられる。

（2）小島庸平「1930年代における小麦増殖五カ年計画の遂行過程」（『日本農業経済学会論文集』二〇〇八年）。『現代日本産業発達史　食品』（交詢社、一九七二年）。中島常雄『小麦生産と製粉企業』（時潮社、一九七三年）。大豆生田稔『戦前日本の小麦輸入』（吉川弘文館、二〇二三年）。

（3）以下の近世期における小麦生産や明治初期の輸入小麦粉の動向についての記述は、前掲註（2）『現代日本産業発達史　食品』二－一四頁を参照。

（4）実際、水車製粉の割合は一九〇五年八四％から一九一一年五〇％、一九一八年一三％へと減少し、第一次世界大戦期には、日本で使用される小麦粉のほとんどが機械製粉によって製造されるようになった。川上鈴舟『小麦、麦粉、麬ニ関スル商業調査』（商業新聞社、一九二八年）七一頁。

（5）日本製粉社史委員会編纂『日本製粉株式会社七十年史』（一九六八年）七六－八三頁。

（6）館林製粉の創立と当時の製粉業界の動向については、館林市史編さん委員会編『館林市史　通史編3　館林の近代・現代』（二〇一七年）一七六－一七八頁。

（7）中村尚史『地方からの産業革命』（名古屋大学出版会、二〇一〇年）。

（8）各市町の人口については『群馬県統計書』（一九〇五年）。

（9）埼玉県については『埼玉県統計書』（一九〇五年）。茨城県については『茨城県統計書』（一九〇五年）、栃木県については『栃木県統計書』（一九一一年）。

（10）前掲註（6）『館林市史　通史編3　館林の近代・現代』一七二－一七五頁。

（11）以下の製粉業に関する記述については、前掲註（2）『現代日本産業発達史　食品』二九－三二頁を参照。

（12）日東製粉社史編纂委員会編纂『日東製粉六十五年史』（一九八〇年）。

（13）前掲註（5）『日本製粉株式会社七十年史』一八二頁。

（14）前掲註（4）『小麦、麦粉、麬ニ関スル商業調査』九－二二頁。

（15）前掲註（4）『小麦、麦粉、麬ニ関スル商業調査』二一頁。

（16）農林省農務局『小麦ノ販売ニ関スル調査』（一九三二年）。

（17）前掲註（16）農林省農務局『小麦ノ販売ニ関スル調査』

（18）群馬県史編さん委員会編『群馬県史　通史編八（近代現代二産業・経済）』（一九八八年）四四九－四五九頁。

（19）『群馬県統計書』一九二〇年。

（20）第二次世界大戦以前の当該地域の食生活において、米の代用品として大麦・小麦が利用されていたことが民俗学の成果で明らかにされている。粉食文化として小麦が利用されているという単純な理解ではなく、当該地域において大麦が多用されていた点、水稲作への強い志向性を有していた点が指摘されている。横田雅博「問題提起　群馬県東部、邑楽・館林地域における米と麦の食文化」（『地方史研究』四二四号、二〇二三年）。

（21）小島庸平「日本製粉業と東アジア小麦粉市場」（加瀬和俊編『戦前日本の食品産業：1920～30年代を中心に』東京大学社会科学研究所研究シリーズ＝ISS research series; no.32）、二〇〇九年。

（22）『群馬県統計書』各年度。

（23）前掲註（22）。

（24）前掲註（18）『群馬県史　通史編八（近代現代二産業・経済）』四五六－四五七頁。

（25）群馬県での田地の二毛作の展開については、県内の農業先進地域であった勢多郡などでは多くが二毛作を実施していた。ただ、邑楽郡では、第二次世界大戦以前の段階では一毛作の割合が高かった。例えば、一九三一年時、群馬県全体で三万三九四一町の田地面積のうち、一毛作一万二〇四町、二毛作以上が二万三七三六町であった。勢多郡ではそれぞれ六〇一町、四六三四町であったのに対して、邑楽郡では、三八六〇町、八六〇町と邑楽での一毛作の割合は極端に高かったのである。一九三九年においても勢多郡で四九一町、四六四七町、邑楽郡で三四六〇町、一四六九町であった。土地改良が行われているものの、邑楽郡では二毛作が浸透しはじめた状況で、本格的に普及する状況ではなかった。（『群馬県統計書』第三巻、一九四〇年）。邑楽郡において二毛作の本格的な普及は、第二次世界大戦以後であった。

水田の多様性と農業の変化—館林市域の事例から—

永島政彦

はじめに

邑楽・館林地域は、渡良瀬川と利根川に挟まれた川合に位置している。西部の邑楽台地は、東部の両河川の合流点に向かって次第に低地となり、里沼や低湿地が点在している。川合と里沼の地域における生業活動の特色は、低湿地や沼辺を利用した農業や漁撈に見出すことができる。低湿地での農業や漁撈については、これまでも多くの事例が蓄積されてきている。耕作の苦労や労働の過酷さの記憶と共に水と格闘する人々の姿が描かれ、記録されてきた。一方で、低湿地での農耕を、環境への適応という視点から捉え直したり、生計維持活動の展開の中で捉えたりした場合、一定の有利さを持つものとして再評価できるとする視点も示されている(1)。当該地域の生活や生業活動に即して捉える必要がある。

館林市域は、台地や自然堤防などの微高地と低地や旧河道の低湿地が入り組んでいる。また、沼の多くは台地辺縁部に位置している。典型的な輪中や水郷地帯というわけではない。何回かの大河川の堤防決壊による洪水には見舞われているが、通常は低地での冠水や内水氾濫による洪水被害を受けやすい地域であった。雨が降れば排水されずに水が溜まってしまうことを表した「フルダマリ（降る溜まり）」、少しの雨でも冠水してしまうことを示す「蛙が小便しても水が出る」といった言葉で言い習わされてきた。こうした冠水の被害を受けやすいのは、低湿地の水田であった。一方、台地や微高地には畑地が広がり、畑作はこの地域の生業を支える重要な要素であった。大小麦や大豆の一大産地であり、近代以降の製粉業や醤油醸造業の発展を支えた。赤羽地区のカボチャや羽附地区の白菜は、第二次世界大戦前から東京方面へ出荷され、戦後はナスやキュウリなど蔬菜栽培が行われ首都圏へ出荷された。低湿地での稲作と台地上の畑作を複合させた生業活動に当該地域の生業構造の特色がある。

一　水田をめぐる民俗語彙

館林市では、文化財総合調査の一環として各地区毎に八冊の調査報告書が刊行されている。[2]これらに、市史編さん事業の過程で実施された民俗調査により得られた資料[3]を加え、館林市域で聞かれる水田を示す民俗語彙を抽出したものが表1である。これを見ると、水田を示す民俗語彙を多く見出すことができ、特に湿田に関する語彙が多く見られる。水田の状態を表す語彙からは、土質や泥濘の状態が水田により異なり、いくつかの段階が見られることがわかる。その状態に合わせた作業が行われ、作業方法や用具が選択されていた。また、水田の造成や形状・形態を表す語彙からは、水田の造成過程はもとより、耕作における利用形態や維持管理の特色を読み取ることができる。

このように、水田を巡る民俗語彙が豊富に存在することは、湿田における水田環境が多様であったことを示している。そしてそれは、それぞれの水田の状況に適応して耕作が行われてきたことを裏付けるものである。多様な水田環境を取り込むことで、農家の生業が成り立っている。それぞれの水田の環境に適応した耕作方法があり、技術や民具が用いられ、用水と排水の慣行などが形成されてきた。水辺を開拓することで、水田の開発が行われてきたということができる。明治時代後期に行われた、近藤沼の大規模な開拓による水田の造成は、地域における低湿地開発の到達点であるということができる(4)。昭和戦前期の段階で館林地域の未開発な低湿地はそれほど多くなく、むしろ低湿地に開かれた水田を改良することに力が注がれてきた。

二　低湿地の利用と水路の維持

館林地域の生業活動における低湿地利用の実相とその後の近代化における生業活動の変化を捉えたい。そのために、一軒の農家を例にとって、生

【表1】水田に関わる民俗語彙

<table>
<tr><th colspan="2"></th><th>水田の名称</th><th>水田の状況</th><th>耕作の特色</th><th>水利の特色</th></tr>
<tr><td rowspan="12">湿田</td><td rowspan="5">水田の状態を表す</td><td>ドブッタ
ドンベッタ</td><td>ぬかるんだ足が埋まるような水田。</td><td rowspan="5">・泥が深い水田では、牛馬の利用ができず、人力による耕起を行う。
・泥が深い水田では、泥の中に桟木を埋め、その上を歩くことで作業を行う。
・稲刈りの工夫。（田舟の利用、台刈り）
・稲の乾燥の工夫。（棚がけ、連干し）</td><td rowspan="11">・用水がないか用水と排水の区別がない。
・溜まっている水を用水として利用。（フミグルマ・ヒキドイ・振り桶の利用）
・収穫時にミズミチを掘り排水を促す。
・近藤沼では、洗堰による水位管理を行う。</td></tr>
<tr><td>ハンドブ</td><td>ドブッタほどではないが、ぬかるんだ水田。</td></tr>
<tr><td>フカンボ</td><td>ドブッタの中で特に深くぬかるんだ水田。</td></tr>
<tr><td>ブッケッタ
ボッケッタ</td><td>腐植土壌の堆積した水田。</td></tr>
<tr><td>ミズッタ</td><td>ぬかるんではいないが、水が引かない水田。</td></tr>
<tr><td rowspan="7">水田の造成や形状を表す</td><td>ヌマダ（沼田）</td><td>沼の中や沼に面した場所にある水田。</td><td rowspan="6">・水田への往復に船を利用。沼による船の違い。（ヒナタブネ、ジョウヌマブネ、ミバヤシブネ・コンドウブネ）
・護岸を維持するための工夫。（杭、シガラカキ、柳の植樹）
・ノロアゲを行って造成をしたり耕作面を維持する。（ノロアゲツボ）</td></tr>
<tr><td>ウキタ（浮田）</td><td>腐植土壌のために浮き上がる不安定な水田。</td></tr>
<tr><td>ホリアゲダ
カキアゲダ
ノロアゲダ</td><td>沼や水路の底土を掻き上げることで造成された水田。</td></tr>
<tr><td>クシダ（櫛田）</td><td>ホリアゲダが櫛の歯状に並んでいる水田。</td></tr>
<tr><td>ウネタ
ウネ</td><td>水田の一部に溝を掘り、その土で耕作面を造成した水田。</td></tr>
<tr><td>イケッポ
マルウネ</td><td>水田の一部を池状に掘り下げてその土で耕作面を造成した水田。</td></tr>
<tr><td>ハスダ</td><td>蓮根栽培を行うための水田。</td><td>・稲作を行うには条件の悪い水田が利用されることが多い。</td><td>・常時湛水。</td></tr>
<tr><td colspan="2" rowspan="3">乾田</td><td>カンデン</td><td>耕作面を乾燥状態にできる水田。</td><td>・用水を止め、排水することにより耕作面の水を切り裏作の栽培が可能な水田。</td><td>・用水路と排水路の整備による用排水。</td></tr>
<tr><td>ニモウデン</td><td>二毛作が可能な裏作栽培が可能な水田。</td><td></td><td></td></tr>
<tr><td>リクデン
オカダ</td><td>畑地を改良して造成した水田。</td><td>・アゼを波板やビニールで囲い漏水を防ぐ。</td><td>・揚水ポンプによる湛水。</td></tr>
</table>

【図１】現在の加法師町周辺地図

業活動の実態を定時的な視点で捉える方法として、農業日記の分析を行いたい。

館林市加法師町の佐山家には、佐山林二郎によって書かれた日記が残されている。[5]佐山林二郎は、大正二年（一九一三）に加法師町に生まれた。小学校卒業後は家業である農業に従事した。日記は、昭和十六年（一九四一）から始まり、昭和十九年（一九四四）から昭和二十七年（一九五二）の間中断するものの、平成二十六年（二〇一四）に亡くなるまで記されている。加法師町は、旧郷谷村の西部に位置し、旧館林町と接していた。昭和二十九年（一九五四）四月に館林町と郷谷村・大島村・渡良瀬村・多々良村・赤羽村・六郷村・三野谷村が合併し館林市が発足している。合併するまでは、外加法師と呼ばれていた。佐山家は、水田一町二～三反、畑約五反を耕作し、地域では中規模であるもののやや水田の比率が高い農家であった。昭和十六年の段階での佐山家の耕地を一覧にしたものが表2である。耕地の名称は、地名が冠してあるものもあ

【表 2】『佐山林二郎日記』（昭和 16 年）に記載された耕地

種別		名称	呼称	状況
水田	乾田	新田	シンタ	
	乾田	根岸田	ネギシダ	
	乾田	大新田ノ前	オオシンデンノマエ	
	乾田	十六坪	ジュウロクツボ	乾田であるが、細長い水田。
	乾田	両語田	リョウゴダ	
	乾田	餅屋田	モチヤッタ	
	乾田	新加法師裏	シンカボウシウラ	
	乾田	白山ノ新田	シラヤマノシンタ	
	湿田	オ堀	オホリ	ドブッタ。苗間として利用。館林城の堀であった場所。
	湿田	池ポ	イケッポ	ドブッタで、一部フカンボがある。掘上田で、土を掘り上げた池がある。
	湿田	地蔵裏	ジゾウウラ	ハンドブ。低地で町からの排水路が通るため、冠水しやすい場所である。苗間として利用した。
	湿田	四畝田	ヨセッタ	ドブッタ。水田に通じる道がない。
	湿田	内加法師	ウチカボウシ	ドブッタ。
畑		家ノ前・前ノ畑	イエノマエ・マエノハタケ	
		大畑・裏ノ大畑	オオバタケ・ウラノオオバタケ	
		裏ノ出口・裏ノ畑	ウラノデグチ・ウラノハタケ	シンノミバタケ（汁の実畑）。自家用野菜を栽培。
		オ寺畑	オテラバタケ	
		新加法師裏	シンカボウシウラ	
		高畑	タカッパタケ	
		若宮	ワカミヤ	
		弥助さん宅前	ヤスケサンチマエ	
		二ツ家	フタツヤ	
		煙草屋ノ前	タバコヤノマエ	

拙稿（2015）の表を加筆修正した。

るが、佐山家内部で言い習わされた呼称である。「オ堀」「池ポ」など、湿田としての成り立ちがそのまま反映された名称も見られる。

低湿地にある湿田は、度々洪水の被害にさらされてきた。最も古い昭和十六年の日記を見ると、次のような記載が見られる。

【昭和十六年七月二十二日】「今日ハ風雨強キ仕事ハ出来ス、今日ハ耕地内地蔵様ニ寄ッテ御天気祭ヲスル、今晩午後十時頃台風ガ久ル旨警戒ノ通知有リ」

【昭和十六年七月二十三日】「地蔵裏ノ竹切リヲスル（地蔵裏ノ田圃ハ白海トナル）、大新田前ノ川ノ切レタ所ニ土俵ヲ積ム、1クキヲカケヤニテ打チ込ム、2土俵ヲ作ル、３土俵ヲ□□ヘツミ込ム、戸部ヘ行ッテクキヲ七本持ッテクル、（中略）地蔵裏ノ石橋ガヒザノ上迄水ガアル」

【昭和十六年七月二十四日】「大新田前ノ川ノ切レタ所ヲナホス　１、土俵ヲ積ム」

この年、台風が関東地方を襲い、利根川下流域では大きな被害を出している。その台風による被害を記したものである。ここで記されている「耕地」とは、集落を指す言葉で、集落の人々が集まって御天気祭りが行われたことがわかる。御天気祭りの内容について詳細は不明であるが、台風による被害が出ないよう祈願が行われていたものと考えられる。かつて耕地で祀る地蔵堂があったことが確認されている。集落は台地の辺縁にあり、地蔵堂の北の低地が「地蔵裏」と呼ばれる湿田がある場所であった。「大新田」は、加法師町の北に位置する集落でその近くで河川が決壊し、「白海」とあることから低湿地である「地蔵裏」は一面に冠水していたことがわかる。その後、二日間にわたって決壊した土手の補修に出ている。

低湿地において、日頃から排水が滞らないように行われる川や堀などの水路の管理は重要な作業であった。「大新田前」の堀については次のような記載が見られる。

【昭和十六年四月七日】「人足デ大新田前ノ大堀ノ床下ゲヲスル、１丸屋敷、外加法師、外伴木、内加法師、広済町、裏宿等ニテ共同シテ掘リ下ゲスル　２盲橋ヨリ一番ボク迄、外加法師ガ十二三人にて一日スル」

【昭和十六年四月八日】「午前中ハ人足ニテ耕地内ノ男ハ出動ス　１八形ヨリ広斎路迄午前中ニス（但シ耕地内ノ青年デナイ限リハ一日人足也者トス」

【昭和十六年四月九日】「人足第三日目　１田圃道ニ田ノ土ヲ羽上ゲス　２亀分水ノ堀ヲサラフ　３地蔵裏ノ三ツ又ノ橋ヲ修繕ス　４岡田堀ヲ掘リ下ゲスル」

四月七日から九日までの三日間にわたって作業に出ている。「人足」とは、各戸が義務として負う労役である。「床下げ」「掘り下げ」とあり、堀の流れを良くするために川床に溜まった土砂を取り除き、川床を掘り下げる作業が行われている。複数の集落が共同で行った後は、各集落毎に分岐する水路の管理を行っている。このように、堀の管理は、地域や集落の共同と分担のもとに行われ、人足という形で各戸に責任が負わされていたということができる。これ以外にも堀をさらう記載が見られる。

【昭和十六年四月二十七日】「地蔵裏ノ堀ヲサラフ（外加法師、新加法師、裏宿、内加法師合同ニテ行動ス、町ノ方カラ流レテクル悪水流シモ共ニ施行ス」

【昭和十六年五月二日】「矢場川の堀リザライ、郷谷村、渡良瀬村、大島村　人名数全部五百名　外加法師ヨリ十五名出動ス、矢場川ヲサライキッタノガ十一時頃、外加法師全部ニテ五料ノセキヲ見テクル」

堀ごとに関係する集落が共同で管理をしていたことがわかる。さらに、複数の行政村にまたがるような、大きな規模で行われるものもあった。これまであげてきたものは村や集落の共同で行われるものであるが、堀や水路の管理は各家で行われるものもあった。

【昭和十六年五月五日】「オ堀ノ清水流シヲサラフ　Aバラノ木ヲ切ル　B清水流シ草ヲトル　C水ナガシヲサラフ」

【昭和十六年五月六日】「オ堀ノ清水流シヲサラフ」

これらは個人で行われたもので、水路の分岐に伴って、大きな範囲での共同から次第に小さな範囲の共同となり、最終的には個人での作業となっていく。湿田では、多くの場合用水と排水の区別が無く、様々なレベルでの堀を維持管理する作業が行われ、安定した水の流れを作り出すことが重要であった。堀浚いは、春先の重要な作業の一つであった。稲作の開始に先立って行われるものだけでなく、低湿地の水路は、年間を通して管理が必要であった。

【昭和十六年五月二十七日】「午後ヨリ地蔵裏ノ堀リヲカンマシヲスル（二回カンマス）」
【昭和十六年六月十四日】「地蔵裏ノ堀リヲカンマシスル（午前十一時迄二回カンマシス）」
【昭和十六年八月十九日】「オ堀の清水流シヲサライニ行ク」

「カンマシ」とは、水路の底に溜まった細かな泥を棒でかき回し流す作業である。低湿地の水路には、常に細かな泥が堆積をする。そのまま放置すると水路が浅くなり水の流れが悪くなってしまう。それを防ぐために、棒や竹竿で底の泥をかき回して水流に乗せて下流へと流してしまう作業である。これは主に個人で行われた。「カンマシ」以外にも「モク刈り」の作業を行うこともあった。

【昭和十六年八月三日】「田ノモク刈リ（大新田前、白山迄ノ間）、午前中、朝飯前ニ今日モクガリノ言ヒ次ギ出シ歩ク」

「モク」とは、水路に生える水草の総称である。水草が水路に繁茂すると水の流れが悪くなる。また、根が泥を固定してしまうために水路が浅くなってしまう。そこで行われるのが、「モク」を取り除く作業である。鎌で刈ったり、根元から抜き取ったりした。刈り取ったモクは、積み上げて堆肥としたり、そのまますき込んだりして肥料として使うこともあった。そのまま流してしまうこともあった。個人でも行われたが、ここでは、「言い継ぎ」をしていることから、共同作業として行われたことがわかる。このように、水路の維持管理に多くの労力が払われていた。

三　作物の変化と農業経営

佐山家の農業経営がどのように変化したのか、昭和十六年・昭和三十六年（一九六一）・昭和五十六年（一九八一）の二〇年の間隔で日記を追い確認をしたい。図2は、佐山家の各年代の主要な農作物から生業暦を作成したものであ

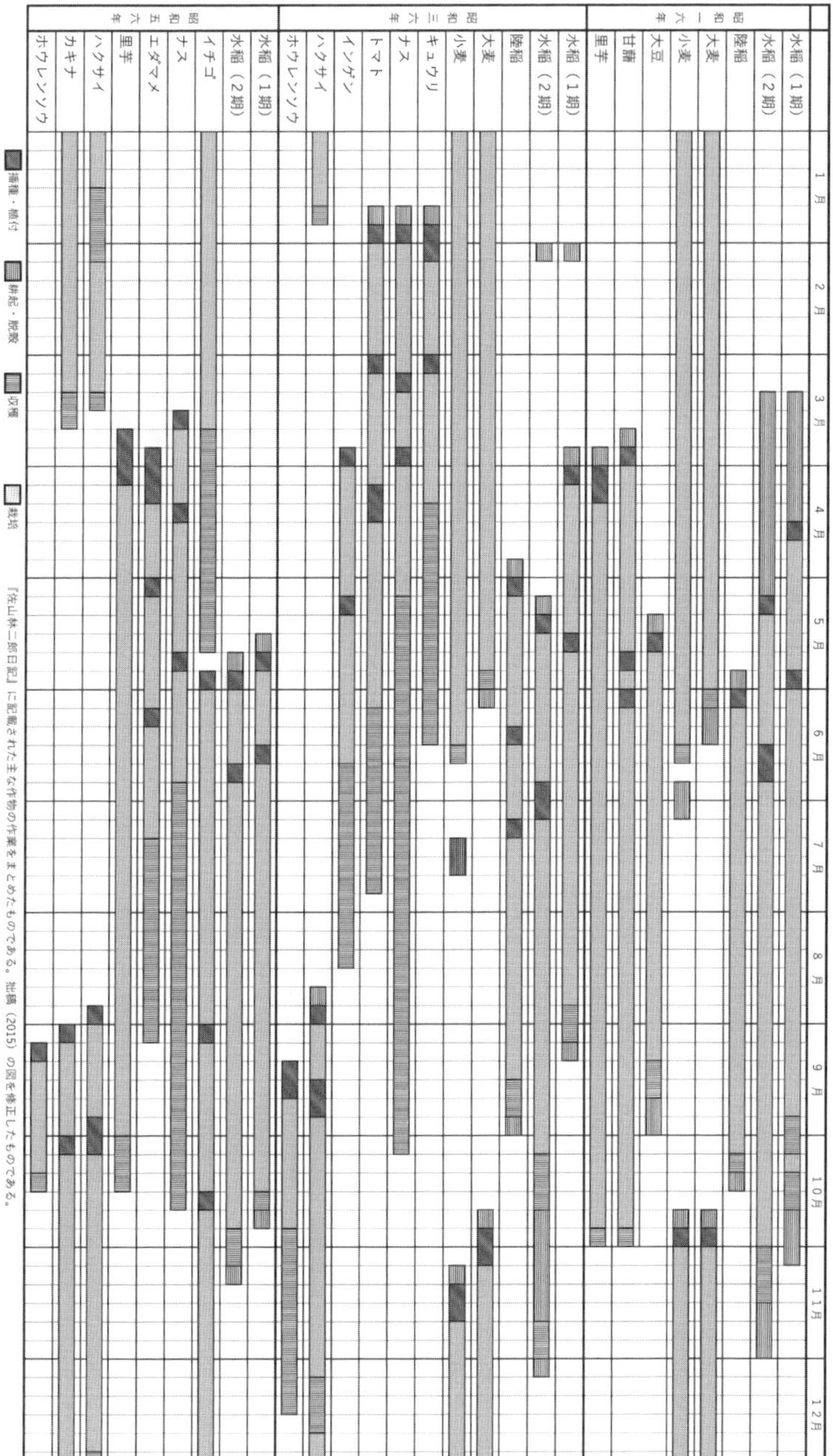

『佐山林二郎日記』に記載された主な作物の作業をまとめたものである。拙稿（2015）の図を修正したものである。

【図2】佐山家の生業暦

る。昭和十六年は、米・麦・大豆・甘藷・里芋が主要な作物となっていた。野菜の出荷などはほとんど行われておらず、穀物の生産を中心に生業活動が組み立てられていた。作付けの上の大きな特徴としては、稲作の時期が二つの時期に分けられていることがあげられる。稲作は佐山家では大きな比重を持っているので、時期を二分することで、田植えなどの農繁期を分散することができる。最も忙しいのは、五月下旬から六月下旬にかけての時期で、田植えを二期に分けることでその間に麦の収穫と大豆・甘藷の作付けを組み込んでいた。秋においても稲刈りの時期を二分することで、その間に麦類の播種と芋類の収穫をを組み込んでいた。水田は、水稲のみの栽培で二毛作は行われず、麦類は全て畑に栽培されていた。

昭和三十六年になると米・麦の栽培に加えて、出荷野菜の栽培が大幅に増えている。稲作においては、栽培期が二つの時期に分かれ、第一期と第二期の栽培時期が大きく離れている。これは、当時早場米の栽培が盛んになり、価格的に有利な早期出荷が求められたためであった。また、麦類は畑に加え水田の裏作でも栽培されるようになり、水田二毛作が行われるようになった。大麦は畑で栽培され、小麦は水田で栽培されるようになった。出荷夏野菜では、夏野菜としてはキュウリ・ナス・トマト・インゲン、冬野菜としては、ハクサイ・ホウレンソウ等が栽培されている。特に夏野菜は収穫期間が長く、佐山家の農業生産の中では大きな位置を占めるようになっていた。

昭和五十六年になると、米と出荷野菜の栽培が中心となる。麦の栽培は行われなくなり、水田は米の一作のみとなっている。春先のイチゴ、夏野菜としてナス・エダマメ、冬野菜として白菜・カキナ・ホウレンソウが栽培されていた。種類を変えながら年間を通じて野菜の出荷が行われるような組み合わせが取られていた。佐山家が力を注いだのがイチゴ栽培で、イチゴ生産の比重が高くなった。稲作は、減反政策もあり縮小され、商品作物の出荷が農業の中心となっていた。

米麦など穀物の生産から、出荷野菜など商品作物の栽培へとシフトする戦後農業の全国的な傾向と同じ歩みをしている。ここで注目したいのは、佐山家の生業構造の中で湿田がどの様な意味を持っていたのかということである。湿田の位置づけを考える上では、昭和十六年には行われていなかった水田二毛作の導入が佐山家の生業構造の中でどの様な組み込まれ方をしたのかということが重要である。そのためには、昭和十六年から三十六年までの間の生業の変化をもう少し詳しくたどる必要がある。

四　耕地利用の変化と農業経営

湿田の耕作や水田二毛作を考える上で、多様な水田をどのように生業活動の中に組み込んだのかを見ていきたい。農家が所有する耕地をどのように利用して農業経営を成り立たせていたのか考える必要がある。表3は佐山家の耕地毎の作付けの状況を昭和十六年・昭和二十八年・昭和三十六年の三か年についてまとめたものである。

昭和十六年は、水田では稲作の単作である。一方、畑地では、大麦・小麦を中心とした冬作、陸稲・大豆・甘藷を中心とした夏作の二回の作付けが行われている。冬作から夏作への転換の時期を見ると、冬作の収穫前に夏作の作付けがされている。これは、麦類の作間に陸稲・大豆・甘藷の作付けを行う「作入れ」が行われているためである。麦刈りが終わるまでは、複数の作物が併存することになる。「作入れ」をすることで、栽培期間を維持し、限られた耕地を高度に利用することができる。反面、作間を広く取る必要があるなど、個々の作物における生産性の低下は否めない。また、労働面においては、夏作の作付けと冬作の収穫が連続することになる。この時期は、水田の田植えの時期とも重なっていて、最も忙しく、作業の組み立てが重要であった。佐山家では、湿田を苗間として利用していた。

【表 3】佐山家の耕地別作付け

		昭和 16 年			昭和 28 年			昭和 36 年		
		冬作	夏作	冬作	冬作	夏作	冬作	冬作	夏作	冬作
乾田	新田		6/15 水稲			6/27 水稲 10/22		小麦 6/17	6/24 水稲 10/12	(11/16) 小麦
乾田	根岸田		6/15 水稲 10/17		菜種 6/13	6/23 水稲 10/22	11/24 菜種	小麦 6/15	(6/23) 水稲 10/5	11/14 小麦
乾田	大新田ノ前		6/20 水稲 11/1			6/24 水稲 11/1		小麦 6/15	6/22 水稲 10/14	11/17 小麦
乾田	十六坪		(6/15) 水稲 10/21		菜種 6/13	6/27 水稲 10/28	(11/27 菜種)			
乾田	両語田		(6/15) 水稲 11/8		菜種 6/14	6/26 水稲 11/5	(11/27 菜種)			
乾田	餅屋田		(6/15) 水稲 11/7			6/22 水稲 10/20				
乾田	新加法師裏		6/15 水稲 11/10			6/22 水稲 10/23				
乾田	白山ノ新田		6/22 水稲							
湿田	オ堀		5/26 水稲 10/2							
湿田	苗間					6/27 水稲			6/25 水稲 10/8	
湿田	池ポ		6/23 水稲 11/11			6/30 水稲 10/19			5/15 水稲 8/29 11/30	
湿田	地蔵裏		6/1 水稲 11/6			(6/27) 水稲 11/7			5/15 水稲 8/30 11/28	
湿田	四畝田		6/15 水稲 11/8			6/23 水稲 10/23				
湿田	六畝田								5/15 水稲 9/1 11/30	
湿田	内加法師		6/13 水稲 11/10							
畑	家ノ前	(小麦 6/19)	5/30 陸稲 10/1	10/28 大麦	小麦 6/20	5/26 陸稲 10/7 5/27 甘藷 10/29	(10/30) 小麦		5/2 陸稲 9/18	
畑	大畑	小麦 6/19	5/30 陸稲 10/8	10/27 大麦 10/27 小麦	大麦 6/3 小麦 6/20	5/17 陸稲 10/4	10/28 大麦		4/30 陸稲 9/15 ナス	9/20 白菜
畑	裏ノ出口	大麦 6/4	(5/14) 大豆 9/16	10/28 大麦			11/7 菜種	キュウリ・ナス・トマト・インゲン・ホウレンソウ		
畑	オ寺畑	大麦 6/3	5/15 大豆							
畑	新加法師裏	大麦 6/4 小麦 6/17	6/4 甘藷 10/31	10/31 小麦	大麦 6/3	5/18 陸稲 10/6	10/31 大麦	(キュウリ・ナス・トマト・インゲン・ホウレンソウ)		
畑	高畑	大麦 6/4 小麦 6/17	6/2 陸稲 10/8 5/15 大豆 9/13	10/30 大麦	大麦 6/4	5/9 ナス 6/13 大豆 9/21	10/31 大麦	(キュウリ・ナス・トマト・インゲン・ホウレンソウ)		
畑	若宮	大麦 6/4	(5/14) 大豆 9/13	10/27 小麦	大麦 6/5 裸麦 6/5	(6/13) 大豆 9/26 (5/17) 甘藷	10/30 大麦 9/27 白菜	大麦 5/29	6/13 陸稲 9/22	10/31 大麦
畑	弥助さん宅前	大麦 6/4	(5/14) 大豆		裸麦 6/5	5/22 大豆 9/26	10/28 大麦	大麦 5/30	6/14 陸稲 9/18	10/31 大麦
畑	二ツ家		(5/14) 大豆 9/16	10/27 大麦						
畑	煙草屋ノ前	小麦 6/19	陸稲	大麦						

註　複数の日に渡る場合は、最初の日付を記した。( ) は直接記載がないが推定される内容や日付を示す。

また、一部の湿田は、乾田に先行して田植えが行われていた。これらは、用水に頼らなくとも水があるために早期に田植えができるという湿田の特性を活用した利用であった。畑地の高度利用を支える背景として、湿田の特長を活かして稲作にかかる作業をずらすことで、全体の作業を組み立て、労働生産性を高めていたということができる。

昭和二十八年になると、乾田の一部で菜種の栽培が始まり水田二毛作が行われるようになった。菜種は、油脂作物として第二次世界大戦後栽培が奨励された。また、水田二毛作の作物とすると、麦は乾いた土壌でないと栽培が難しいのに対し、菜種は比較的水分の多い土壌でも栽培が可能であった。湿田は、従来と同じ水稲単作であった。稲作の時期は、昭和十六年よりも一～二週間遅くなっている。畑作では、大豆や甘藷の栽培が減少し、夏作のナス、冬作の白菜といった出荷野菜の栽培が始められている。冬作から夏作への転換時期の作業の組み立てを見ると、水田裏作の菜種の収穫・調製作業や畑地での収穫・作付けを行った後、田植えを行っている。水田二毛作を開始したことにより、田植えの時期が後にずれたと考えることができる。秋の菜種の作付けに関しては、畑で栽培した苗を稲刈り後の水田に植え付けることで、生育期間を確保している。同時に、稲刈り後の脱穀・調製作業や作付けのための水田の耕起などの作業期間を確保していた。菜種による水田二毛作が導入されているが、これは米麦二毛作につながる過渡的な段階であったと捉えることができる。

昭和三十六年になると大きな変化が見られる。水田では、乾田では冬作に小麦を栽培する水田二毛作が導入されている。湿田では、田植え時期が大幅に早められている。その結果、稲刈りも早められた。これは、早場米として出荷することで価格的に有利に販売することができたからであった。また、二番穂を刈り取る二回目の稲刈りが行われるようになった。冬作のある乾田では、小麦の収穫が完了し、耕起やクロツケなど水田としての準備を行わなければ田植えができない。また、用水を利用する乾田では、通水の時期が定められ早期に田植えを行うことはできなかった。

それに対して冬作がなく水があるという湿田の特長を活かした作付けが、早場米の栽培であった。畑地では、大豆や甘藷の栽培は行われなくなっている。麦類でも、小麦は水田裏作での栽培に変わり、大麦の栽培も少なくなっている。また、出荷野菜の栽培が本格的に行われるようになっていることが最も大きな変化である。常に水があるという湿田の特性は、栽培を行う上では欠点でもあった。しかし、水があることを積極的に利用し生業活動の中に組み込んでいったと捉えることができる。

五　水田二毛作化の進展

佐山家では、昭和十六年から昭和三十六年の間に二毛作が開始されている。この間、畑地も含めた耕地利用がどの様に変化しているのかを確認していきたい。その前提として、この間の二毛作化の進展が、佐山家独自の事情によるものなのか、当該地域全体の傾向としてとらえることができるのかを確認しておきたい。表4は、群馬県及び館林市の田地の比率と一毛作田・二毛作田の比率である。館林市は、群馬県全体と比較すると耕地における水田の率は高く、しかも年を追うごとに上昇している。一方、田地における二毛作田の比率は、群馬県全体では、昭和三十年の段階で六割を超えていて、その後それほど大きな変化は見られないのに対し、館林市は昭和三十年の段階では三割程度であるが、昭和四十年にかけての時期に急激に上昇している。戦後急速

【表4】館林市・群馬県の田地及び一毛作田・二毛作田の比率

	館林市			群馬県		
	田地率	一毛田率	二毛田率	田地率	一毛田率	二毛田率
昭和 30 年（1955）	41.8	69.6	30.4	31.6	33.5	66.5
昭和 35 年（1960）	43.6	47.0	52.7	32.5	29.8	69.9
昭和 40 年（1965）	52.3	37.4	62.6	34.6	33.1	66.9
昭和 45 年（1970）	73.4	63.2	36.2	37.5	55.2	43.3
昭和 50 年（1975）	75.0	87.4	10.0	37.4	73.2	25.2

（『群馬県統計年鑑』より作成）

に二毛作化が進むのは、佐山家だけではなく地域全体の傾向であったことがわかる。

当該地域では、戦後急速に水田二毛作化が進展した。水田二毛作化を進める上では、どのようなことが課題となったのか。また、その中で湿田がどう位置づけられ利用されたのかを考えてみたい。まず、水田二毛作を進める上では、耕地の乾田化が必要な条件である。佐山家の耕地の内、水田二毛作が始められた「大新田前」周辺の耕地の土地改良と耕地整理が行われたのは昭和二十九年である。暗渠排水や排水路の整備と区画整理を行い耕地の分合整理を行った。表3で昭和三十六年に耕作する耕地の箇所が減っているのは、この耕地整理によって分散していた耕地がまとめられたからである。

水田二毛作は、一つの耕地を、ある時期は水田として利用し、ある時期は畑として利用する。その転換を短い期間に行わなければならない。そのためには労働力の確保や機械化が欠かせなかった。戦後、佐山林二郎氏が結婚した後は、田植えでは妻の実家との労力交換が行われるようになった。さらに昭和三十五年十一月にテーラー（耕運機）を購入している。水田二毛作では、麦の収穫をするとすぐに、耕起・水張り・代掻きを行い田植えをしなければならない。耕運機導入前は、牛を使っての耕作が行われていて、かなりの日数を要していた。耕運機を利用することで、これらの作業時間が大幅に短縮されている。稲刈り後も同じで、耕起・畝立てを行い播種をする必要があった。ここでも同様に機械化により省力化と期間の短縮が図られている。機械化は畑地での耕作にも影響を及ぼしている。かつては、麦の作間に陸稲が「作入れ」されていた。「作入れ」では麦刈り後、人力で麦の株を掘り起こして畝立てをしなければならない。テーラーを使うようになってからは、「作入れ」ではなく、全面を耕起した後、陸稲の苗を植え付ける栽培方法に変化している。こうすることで、作間を狭くし面積あたりの収量を増やすことができた。

二毛作が行われる乾田では、用水設備が不可欠である。用水路では通水の時期が決められ、同時期に多くの耕地で水が必要とされる田植え期には水不足となることが多かった。日記の中にも次のような記載が見られる。

【昭和十六年五月十八日】「クロッケとアゼッケに行く（両語田、十六坪）水ガナヒノデ水ヲニナオケニテ運ンデッケル。午後ヨリ餅屋田、根岸田等クロッケニ行ク餅屋田モ水ヲ運ンデッケル　根岸田へ水ヲカケクロヲツケル」

【昭和三十六年六月十七日】「大新田前のクロツケに行く（リヤカーで水を運んでクロを二本つく）」

昭和十六年には、水を運んで田の畔を築いていたことがわかる。そのような状態は耕地整理が行われたあとの昭和三十六年になっても変わらなかったようである。田植え直前になって、用水路に通水された後も水が来ず、水の確保に苦労していることがわかる記載が見られる。

【昭和三十六年六月二十日】「大新田前の方へ水が来たと□□四郎さんが来たので大新田前の田うなひ（一日で終り）今晩大新田前水かけ　恩栄さん□□さんと二人でやる」

【昭和三十六年六月二十一日】「大新田前の方へ水が来なくなるから早く代かきをした方が良いと云ふので田かきをする」

【昭和三十六年六月二十二日】「根岸田に水をかひ込み代かきをする」

水が来るのを待って田うないをしたり、夜になってから水田に水を入れる作業をしている。しかし、翌日には、再び水が来なくなる心配をしている。水が大量に必要となる田植え時期は、用水の上流の水田で水を取水してしまうと下流には水が来ないということが度々あり、水の取り合いになることもあったという。「かひ込み」というのは、水口をあけるだけでは水が入らないためにバケツなどを使って水を入れる作業をしたものと思われる。一方で、水が多すぎる記載も見られる。

【昭和三十六年六月二十八日】「昨夜の雨が余り量が多いので昨日取った苗がういているので栗原さんが道のとこに

あげる　栗原さんの田の代かき　テイラーでやろうと思ったが水が多いので牛でやる（全部）」

これは、苗間がある湿田についての記載で、共同で作業を行っていた他家の水田について書かれたものである。早い時期から水が必要な苗間は、湿田に作られていた。湿田は苗間以外にも、早場米を作付けする水田として利用されていた。これは、水があることから、用水の通水に左右されず早い時期の作付けが可能であったからである。苗が流されそうになったり、機械が使えなかったり、一見、条件の悪い湿田を利用している。それでも高く売ることができる早場米を作付けする方法がとられている。合理的な活用であったということができる。また、田植えの時期を分散する事で労力の確保にもつながった。

稲刈りの時期に水田がどのような状況なのかを見てみたい。「根岸田」、「大新田前」など、佐山家では乾田として認識されていた水田でも、日記の中には稲刈りに関する次のような記載が見られる。

【昭和十六年十月二十一日】「根岸田ヨリ舟竹等ヲリヤカーニツケテ持ッテクル　十六坪ヲ刈ル（埼玉糯）午前九時三十分迄」

【昭和十六年十一月四日】「稲刈ヲスル（大新田前　不作不知）連竹ヲ大新田前ヘリヤカーニテ運ブ（オ堀リヨリ）今日ハイツモヨリ早ク出カケタノデ稲刈リガハカドッタ　1稲ヲ刈ル　2稲ヲ連ニカケル　3舟ニテ連ノソバへ持ッテ行ク」

【昭和十六年十一月五日】「稲刈ヲスル（大新田前　不作不知）　1稲ヲ刈ル　2稲ヲ舟ニテ連ノ端マデ運ブ　3稲ヲ連ニカケル」

水田には、水が溜まり田舟を利用する状況であったことがわかる。刈った稲を田舟で運搬し、乾燥も連にかけて行われていた。連は、木や竹を組んだ三脚に竹を渡したものである。湿田では、この連に稲束を掛けて乾燥する方法が取られていた。乾田といっても、その時々の状況によっては、水が排水されず溜まった状態となることもあったことがわかる。乾田として認識されていても、実際にはこのような状況であるから、戦後二毛作が開始されても、当初は過渡的な菜種の栽培が行われていたものと考えられる。昭和三十六年には、耕地整理や機械化により水田二毛作が行われるようになった。しかし、日記の中には、稲刈り後麦の作付時期の水田について、次のような記載が見られる。

【昭和三十六年十月二十七日】「新田より田ふねを持って来る」

【昭和三十六年十一月十九日】「今朝　大新田前　根岸田の水が落ちる様にして来る」

【昭和三十六年十一月二十二日】「今朝　根岸田より大新田前の方へ野回りして来る根岸田　大新田前の田小麦の水落としをして来る」

二毛作が行われる「新田」で田舟が使用されたこと、小麦を播種した後の「大新田前」、「根岸田」においても水が溜まった状態があったことがわかる。水田二毛作による小麦栽培が行われるようになった時点であっても、乾田とはいえ排水が十分ではない状態であったのである。小麦は乾燥を好む作物であり、土壌の水分が多いことは収量や品質の低下を招く原因となる。加法師町周辺の水田の土地改良は、この後も何回にもわたって行われたということである。安定した水田二毛作が行われるようになるまでには、さらに時間が必要であったということができる。

まとめと課題

低湿地や沼辺の開発によって生じた多様な水田環境を利用し、台地上の畑作も含めた全体の生産活動の中で生業構造が形成された。低湿地の湿田は、次第に土地改良を経て乾田化され、耕地整理や機械化の進展により水田二毛作化が進められた。同時に畑地では生鮮野菜の出荷など農業経営の近代化が図られていった。農業近代化の過渡期には、早場米の生産や労働の分散の上で湿田の持つ利点を積極的に活用していた。低湿地の水田や湿田は、耕地そのものとすると恵まれた条件とはいえない。しかし、水があることによって生ずるマイナス面を、その水を利用することでプラスに転換している。その特性を最大限に活かす形で生業活動を組み立てていたということができる。今回は、昭和三十六年までの変化を中心に追って分析した。この後、さらに土地改良が続けられ、本来の乾田化が進められた。また、ポンプを利用して水を確保する陸田の登場や施設園芸などが行われるようになっていった。一方で、条件の悪い低湿地は、住宅団地や工業用地として転用と大規模開発が行われていく。今後、それぞれの時代の生業活動に応じた選択がどのようになされたのかを明らかにする必要がある。農業日記の分析を通して、点で捉えた生業活動を、今後、線として読み取って行くことが課題である。

註

（1）菅豊「「水辺」の生活誌」（『日本民俗学』一八一、一九九〇年）、菅豊「「水辺」の開拓誌—低湿地農耕ははたして否定的な農耕技術か?—」（『国立歴史民俗博物館研究報告』第五七集、一九九四年）。

（2）『わたらせの民俗』（館林市教育委員会、一九七七年）、『あかばねの民俗』（同、一九八一年）、『みのやの民俗』（同、一九八五年）、『おおしまの民俗』（同、一九八七年）、『たたらの民俗』（同、一九八八年）、『ろくごうの民俗』（同、一九九〇年）、『さとやの民俗』（同、一九九二年）、『たてばやしの民俗』（同、一九九九年）。

（3）『館林市史調査報告書　民俗1　水と暮らし—館林市上三林・下三林地区を中心に—』（二〇〇五年）、『館林市史調査報告書　民俗2　城下町館林の暮らしと民俗』（二〇〇七年）、『館林市史調査報告書　民俗3　風土と暮らし—館林市上早川田の民俗—』（二〇〇五年）、『館林市史　特別編第五巻　館林の民俗世界』（館林市、二〇一二年）。

（4）近藤沼の稲作と漁撈については、内田幸彦「寄り添う田と沼、農と漁―堀上田の沼・近藤沼に稲作と漁撈に関する民俗誌的報告と若干の考察―」（『館林市研究　おはらき』創刊号、館林市、二〇〇四年）にまとめられている。

（5）佐山林二郎日記については、拙稿「日記からたどる農家の生業―館林市『佐山林二郎日記の世界―』（『群馬文化』三二二、二〇一五年）で分析を行った。

Ⅲ　環境変容と住民意識

消えた沼、残った沼―近世館林の沼事情―

佐藤孝之

はじめに

群馬県の邑楽・館林地域は、東毛池沼群といわれる池沼の多い地域として特徴付けられている。そして、この地域は渡良瀬川と利根川に挟まれ、また両河川が合流する地域でもある。この地域を対象に、地方史研究協議会第七三回（館林）大会が、共通論題のテーマを「〝川合〟と「里沼」―利根川・渡良瀬川合流域の歴史像―」として開催されることになった。

その「大会趣意書」（『地方史研究』422・424・425号所載「第七三回大会を迎えるにあたって」）には、沼について次のように言及した部分がある。

同時期（徳川綱吉藩主期―筆者註）、領内には一六の比較的大きな沼があったとされ、古来よりの漁撈や藻草などの採集に加え蓮根栽培も広まったが、沿岸の干上りや新田開発によって規模や数を縮小させていった。

これは、近世における沼の変容を述べたものであるが、もちろん近世に限らず、沼は歴史のなかでその姿を変えてきた。そうした変容の大きな要因は人びとの沼への働き掛けであり、それによって存続した沼もあれば、消滅した沼もあった。本稿では、現在の館林市域が中心になるが、近世における沼の存続・消滅の様相を概観することにしたい。

邑楽郡内の村々の位置関係については、図1を参照していただきたい。

なお、本稿では、多くを『館林市史 別巻　館林の里沼』（以下『里沼』という）に拠っており、同書の筆者執筆部分と重なるところもあることを、最初にお断りしておきたい。

一　沼の変遷

元禄上野国絵図（図2）をみると、邑楽郡域に大小の沼が描かれており、その数は一六に及ぶ。このように多くの沼が描かれているのは邑楽郡域のみで、沼が邑楽郡域を特徴付ける景観構成要素であったことを示していよう。一六の沼のうち、城沼・近藤沼・多々良沼・大輪沼・板倉沼の五つの沼については、大きな沼として描かれ、名称も記されている。このほかの一一の沼については、単に「沼」とあるのみである。

さて、このように邑楽郡域に点在した沼は、近世から明治時代にかけてどのように変遷したのであろうか。次に、この点を表1によって確認しておこう。

表1は、(a)天和二年、(b)安政二年、(c)明治二十二年の史料によって沼の所在状況を示したものである。それぞれの典拠は、(a)が徳川綱吉藩主時代の館

【図1】邑楽郡内の町と村（『近世館林の歴史』〔館林市史通史編2〕P3より）

林藩領分の諸情報を記録した「右馬頭様御領分中諸用集」（『群馬県史』資料編16 No.17）であり、(b)が秋元氏藩主時代の館林藩領分村々の村絵図を集成した「封内経界図誌」（『館林市史』特別編2所収）で、これには村ごとに明細書が付されている。(c)が明治政府による提出要請に応じて邑楽郡役所が編輯した「群馬県邑楽郡町村誌材料」（邑楽郡役所編『群馬県邑楽郡町村誌材料』）である。

(a)によれば、そこには城沼をはじめ一六の沼が記されている。綱吉の所領は館林領・新田領・桐生領・足利領・佐野領という五つの「領」に及ぶ広大な地域であったが、沼が書き上げられているのは邑楽郡のみである。また、一六という数は、前述した元禄上野国絵図に描かれた沼の数と同じである。

(b)は、村絵図のなかに描かれていて、名前の付いている沼を拾い上げたものである。茂林寺沼と蛇沼は、所在が青柳村から堀工村に変っているが、これは延宝五年（一六七七）に堀工村が青柳村から分村したためである。

また、(a)の大輪沼・不思議沼・妙善沼・僧加淵・雷電沼・

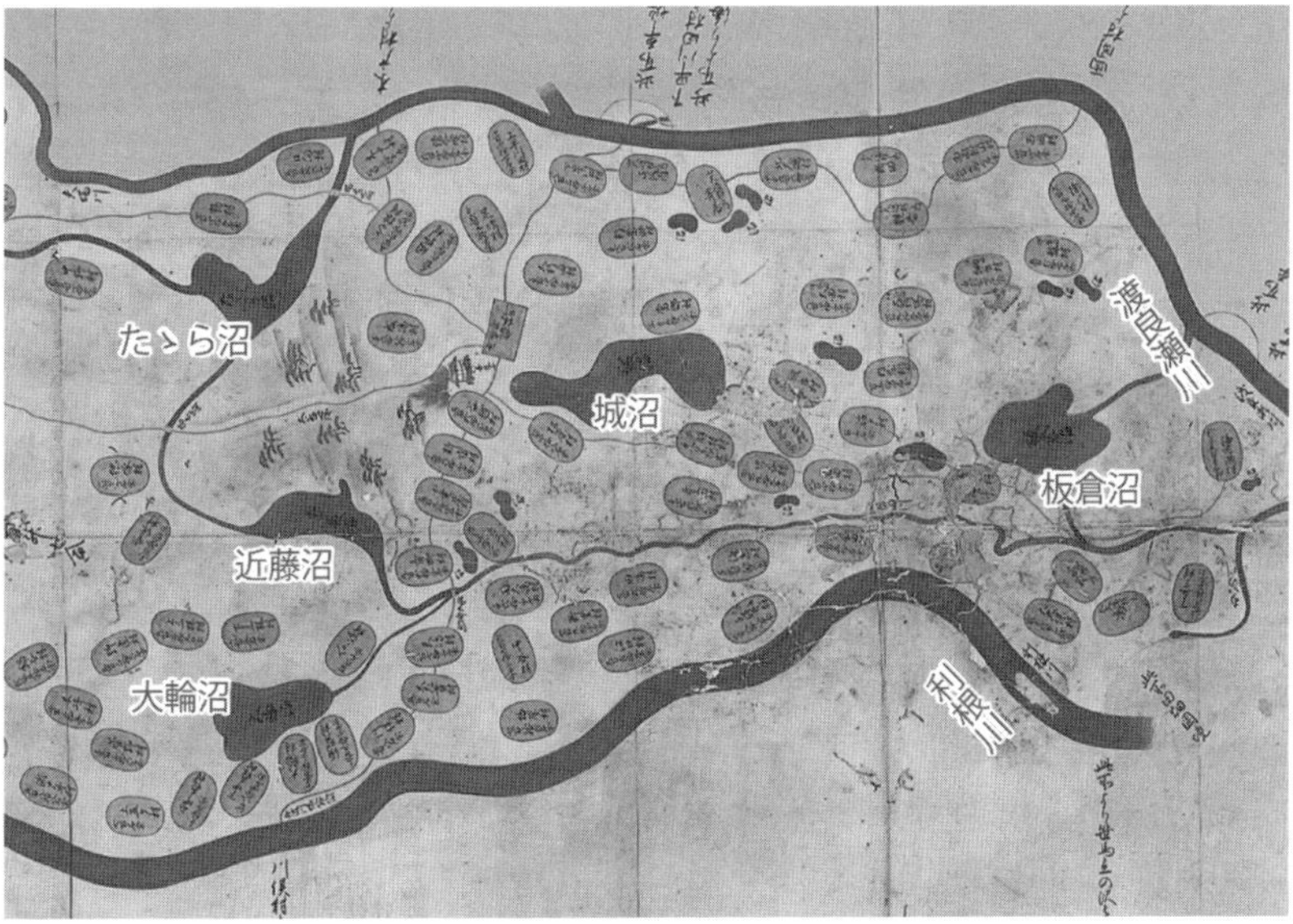

【図2】元禄上野国絵図（部分）　群馬県立文書館所蔵

【表1】近世～明治期の沼の変遷（『館林の里沼』〔館林市史別巻〕P57 より）

(a) 天和2年（1682）	(b) 安政2年（1855）	(c) 明治22年（1889）	(c) の関連記事
御城沼	御城沼	城沼（館林町）	館林町・谷越・松原・羽附・当郷村の入会
		城沼（松原村字三軒家）	
		城沼（羽附村字大袋・沼付）	
		城沼（当郷村字本郷）	
近藤沼（青柳村）	近藤沼（青柳村）	近藤沼（青柳村字近藤新田）	
東沼（青柳村）	藤沼（青柳村）		
	白桑沼（青柳村）＊		
蛇沼（青柳村）	蛇沼（堀工村）	蛇沼（堀工村字蛇沼）	
茂林寺沼（青柳村）	茂林寺沼（堀工村）	茂林寺沼（堀工村字寺前）	
	鎌すき沼（堀工村）＊		
羽付沼（羽付村）			
西正寺沼（羽付村）			
	旱沼（羽附村）		
	擂鉢沼（木戸村）		
	切戸沼（木戸村）		
多々良沼（日向村）	多々良沼（日向村）	多々良沼（日向村字多々良沼）	
	小沼（日向村）		
	溜池（上早川田村）		
		多々良沼（狸塚村字堤下）	俗称亀沼、明治3年（1870）多々良沼洪水の節切所
大輪沼	＼		
		切所（上五箇村字駒形）	弘化3年（1846）の利根川出水
		南沼（須賀村字大輪村境）	文政6・7年（1823・24）の利根川出水
		北沼（須賀村字天神前）	文政6・7年（1823・24）の利根川出水
不思儀沼（北大島村）	＼		
妙善沼（北大島村）	＼		
僧加淵（北大島村）	＼	僧ヶ淵（北大島村字寄居）	
	江尻沼（中野村）	中野沼（中野村字江尻）	
雑殿沼（籾谷村）	尉殿沼（籾谷村）		
	旱沼（籾谷村）		
雷電沼（板倉村）	＼		
板倉沼（板倉村）	＼	板倉沼（板倉村字大新田）	往古伊奈良沼と称す
		内沼（板倉村字亥ノ子）	往古伊奈良沼と称す
		城ノ森沼（板倉村字寄井）	
		拝沼（板倉村字稲荷木）	
		枝沼（大曲村字枝沼）	6ヶ村入会、板倉沼の内
		枝沼（大荷場村字枝沼）	
		枝沼（細谷村字枝沼）	
		枝沼（離村字枝沼）	
権現沼（海老瀬村）	＼	権現沼（海老瀬村字峯）	
		大沼（海老瀬村字沼郷）	
		小沼（海老瀬村字伊谷田）	
		琵琶沼（海老瀬村字山口）	
		ガラ池（海老瀬村字上新田悪戸）	他に「池」3ヶ所

註　(a) は「右馬頭様御領分中諸用集」、(b) は「封内経界図誌」、(c) は「群馬県邑楽郡町村誌材料」による。
＊の沼名は「秋元家領内村落図誌集」による。

板倉沼・権現沼については、それぞれが所在する村が安政二年当時館林藩領ではなかったので「封内経界図誌」に村絵図はなく、沼の有無は不明である。とはいえ、(c)にみられれば(b)でも存在したであろう。

(c)には、「群馬県邑楽郡町村誌材料」に「湖沼」「沼」として載っているものを示した。(a)から引き続き存在する沼、すなわち〝残った沼〟とともに、その名のみえなくなった〝消えた沼〟もある。一方で、近世後期から明治初めにかけて洪水（出水）により発生した沼も書き上げられている。なお、城沼は、江戸時代には特定の村には属していなかったが、明治時代になると、沿岸の館林町・谷越村・松原村・羽附村・当郷村の所属とされ、この一町四村による入会利用とされているが、四村による入会利用は江戸時代からの継続であろう。

二　貞享三年の多々良沼争論

多々良沼が所在する日向村は、貞享三年（一六八六）六月、幕府勘定奉行所に次のような訴状を提出した（『館林市史資料編4　館林の城下町と村』〈以下『資料編4』という〉№141）。

【史料1】

乍恐以書付御訴訟申上候御事

（中略）

たゝら沼之内水干あがり申候ニ付出入之事

一日向村たゝら沼之儀、先年（規）ゟ御年貢永弐貫五百文宛年々御上納仕、日向村ニ而支配仕来り候、四年以前戌ノ年（天和二年）ゟ拾弐石五斗之御高辻ニ罷成、右之御三人様江御知行ニ相渡り申候御事一此沼之儀者、水下四拾ヶ村余之用水溜沼ニ而御座候、毎年三月ゟ八月迄、水溜置用水引申候、八月以降、用水入不申候内者、関を切払溜水流し申候、然故、沼之廻り干あがり申候、此沼にて網を引猟仕候□ニハ、干あがりの所江網引あげ猟仕候、此干あがり之場ニ、近年鶉村より堀(掘)あげを仕、田地を作りとり、同新田村ニてハ、沼続ニ茅(芦)野御座候て、年々沼内江はへ出候を、かこい取申候御事

一日向村之儀者、前々ゟ御年貢を差上ヶ、何方ゟも構無御座持来り申候、証拠之儀者、館林御領時分も、廿六年以前、岡上伝兵衛様御代官所之時、ぬま絵図被仰付、日向村ゟ仕上ヶ申候、其以後、諸星伝左衛門様ゟ、御領分中御絵図被成候節も、日向村ゟ罷出、沼廻り御案内仕候て、絵図御

（中欠）

無御座候、毎年八月以後、用水入不申内者関切流し、水大分干あがり申候、其所を鶉村ゟ新田ニ仕、又者茅(芦)はへ出次第ニかこいこミ、水下四拾ヶ村余之用水場廻(追)り、其上私共御年貢差上ヶ候場ニ、新田かこいこみいたし候段、迷惑仕候御事

右之条々、少茂偽り不申上候、鶉村・同新田村之者、たゝら沼之内構不申候様ニ被　仰付被下候者、難有可奉存候、以上

貞享三丙寅年六月日

日向村名主
与惣右衛門
同
九郎右衛門

同　伝右衛門
　　惣 百 姓

御奉行所様

日向村の主張は、次のようになろう。

＊多々良沼は年貢永二貫五〇〇文を年々上納し、日向村が支配してきた。（一ヶ条目）

＊多々良沼は水下四〇ヶ村余の「用水溜沼」＝用水源であり、毎年三月より八月まで水を貯え用水として利用している。八月以降は、関（堰）を切り払い干上がった沼で網猟をしている。（二ヶ条目）

＊この干上がり場に最近鶉村が田地を作り、鶉新田は沼続きの芦野を囲い取っている。（二ヶ条目）

鶉村の新田開発により、日向村の漁業権が侵害されるとともに、水下四〇ヶ村余の用水に影響が出ており、これを「迷惑」として訴え出たのである。この訴訟は、同年八月に幕府評定所による裁許が下され、その裁許絵図裏書（『資料編4』No.142）によれば、「如先規永可為日向村之沼」と、日向村の多々良沼支配権を認め、一方で「数年開来田地者其侭可差置」と、鶉村が開発した田地はそのまま差し置く、というものであった。

裁許絵図（図3）をみれば、沼の沿岸に沿って日向村に属することを示す墨筋が引かれている。この裁許絵図をみると、沿岸には「日向新田村」「高根村新田」などがみえ、日向村も含め沿岸の村による新田開発が行われていたようである。とすれば、今回争論になったのは、鶉村の開発の影響が日向村の漁撈の場に及んだためであろう。

ここで、この争論から見える沼の利用について確認しておこう。

①多々良沼は、日向村の漁撈の場であること。

【図3】多々良沼利用争論裁許絵図　個人蔵

②多々良沼は、水下村々の用水源であること。

③多々良沼は、沿岸村々の新田開発の場であること。

①に関連してさらに加えれば、沼は葭や萱の採取の場（葭生地・萱場）でもあり、肥料（藻草）の供給源としても利用されており、近世後期には蓮根の栽培の場にもなっていた（以下、こうした沼の諸利用を「漁撈等」という）。このように、沼の多様な利用の在り方が指摘できるのであり、沼はまさに人々の生活・生産に密接にかかわる存在であった。

多々良沼で指摘した①～③の要素を一般化すれば、

ⓐ沼は漁撈等の場である。

ⓑ沼は用水源である。

ⓒ沼は新田開発の場である。

となろう。多々良沼は、現在まで〝残った沼〟であるが、それは多々良沼のような比較的大きな沼では、ⓐの漁撈等が維持されたためであろう。それとともに、ⓑの要素も〝残った沼〟の要件となろう。一方、ⓒの新田開発は沼の消滅をもたらす要因となるが、ⓐ・ⓑの要素を持った大きな沼は、開発による〝消えた沼〟にはならなかったといえる。以下では、さらに具体的な例を挙げて〝消えた沼〟〝残った沼〟のそれぞれの事情を検討してみたい。

三　城沼の利用の諸相

城沼は、その名のように館林城を守る堀の役割を持った沼であった。そのため民間の漁撈は禁じられていたが、蓮根栽培や藻刈りなどは行われていた。蓮根の栽培・販売が民間で行われるとともに、越智松平氏藩主時代には、藩でも担当役職を設けて蓮根の栽培・販売に当っていたことが知られ、蓮根は藩主の贈答品としても使われていた。真菰の採取・販売も、民間・藩の双方で行われていた。

この城沼も、新田開発の対象になった。越智松平氏時代の城沼の新田開発にかかわる事柄を列挙すれば、次のようになる（典拠はいずれも「甲府支族松平家記録」同日条〈『里沼』六一～六二頁〉）。

＊延享四年（一七四七）三月九日、大沼（城沼）端の干潟の新田開発を「村々」が訴え出た。

＊宝暦三年（一七五三）十二月十五日、小寺助右衛門が大沼の内の新田開発に尽力したとして金三〇〇疋を下賜され、検地を行った三名にも金子が下賜された。

＊同年十二月十八日、郡組福田摠右衛門が、大沼〆切縄張りの際に竿取をしたことで鳥目三〇疋を下賜された。

＊宝暦六年六月二十九日　松原・谷越・当郷の村々と御用地の百姓が、沼付田の定免切替に際し、さらに五ヶ年の

延長を願い出て認められた。

＊宝暦七年正月二十七日、谷越村の内沼付御用地の田畑境界が不分明であるとして、地押が命じられた。地押は、二月十六日に終了した。

＊明和三年（一七六六）七月八日、羽附村の者たちが城沼〆切新田付芝地の場所を年貢地とし、桑苗を植えたいと願い出て認められた。

＊明和七年三月三日、「大沼内石揚ノ掛リ」を服部伝左衛門・渡辺林大夫に命じた。

＊明和八年六月一日、羽附村の者が、大沼末の野木浦洗堰付近の干上った場所三反の地に稲を植え付け、来年の種籾にしたいと願い出て認められた。

＊明和八年六月八日、右の沼末野木浦稲植出のことを、谷越・松原・羽附・当郷の四ヶ村より願い出て、沼末地先より幅二〇間を限り植え出すことが許可された。

延享四年に新田開発を願い出た「村々」の村名は記されていないが、沿岸の羽附村・松原村・谷越村・当郷村の沼付四ヶ村であろう。その後、宝暦年間にかけてさらに開発が進められ、沼の一部を締め切って耕地を造成している様子も窺える。定免での年貢賦課もなされていた。明和年間にも、沼付四ヶ村によって干上り地などの利用計画が立てられている。

幕末の秋元氏藩主時代に至り、元治元年（一八六四）四月、羽附村では「御沼岸通り」を松原村の一人を含む二一人に割り当てているが、新田に開発するためであろう。同じ年に「御沼縁再開発」のための籾代金の取立があり、慶応二年（一八六六）には「御沼縁新開発」のための籾代金の取立があるなど、沿岸の新開発や再開発が試みられたようである。新田開発においても、民間とともに藩の主導による開発もみられたのである。

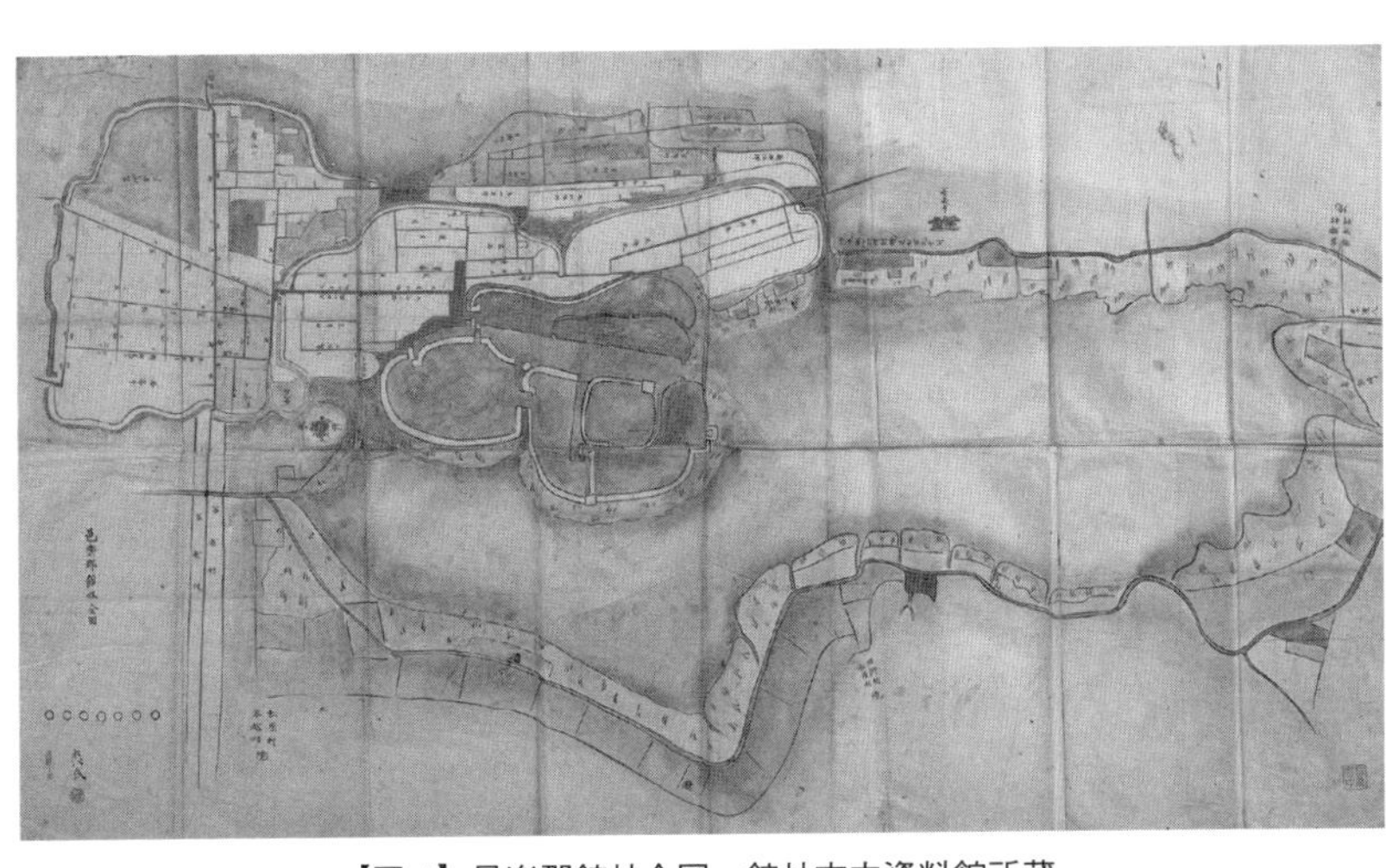

【図4】邑楽郡館林全図　館林市立資料館所蔵

なお、城沼沼末の野木には用水堰が設けられていて、城沼は用水源としても機能していた。

明治初期の「邑楽郡館林全図」（図4）をみると、城に面した部分を除き、城沼の周囲は萱場や葭生地で囲まれ、その陸側に田畑が開かれている様子が分かる。

このように、城沼においても、民間の漁撈こそ禁じられていたが、蓮根栽培や真菰の採取などが行われ、新田開発の対象ともなり、用水源でもあった。城沼が〝残った沼〟であった最大の要素は、館林城の守りの沼であったこととといえようが、沼付四ヶ村のみならず藩によっても、多様な利用がなされていたことが指摘できるのである。

四　〝消えた沼〟の動向

（一）羽附村の沼々

羽附村には、表1(a)では羽付沼と西正寺沼、(b)では旱沼があり、(c)では三つとも〝消えた沼〟となっている。同村の沼に関しては、宝永四年（一七〇七）の村明細帳（『資料編4』№14）には、「御沼」「干沼」

「渕上沼」「蒲沼」の四つの沼があると記されている。「御沼」は城沼のことであるが、「干沼」は(b)の旱沼を指すものであろう。「御沼」を除く三つの沼と、(a)の二つの沼との関連は不詳であり、(b)にも渕上沼・蒲沼の名はないが、「封内経界図誌」の羽附村絵図（図5）をみると、村の南東部に「字渕ノ上」、北東部に「字蒲沼」があり、それぞれ耕地が広がっている。一方、旱沼の周囲にも耕地が広がっていることが指摘できる。すなわち、宝永四年に四つ存在した沼のうち、耕地の開発が進められた結果、安政二年（一八五五）までに蒲沼と渕上沼が消え、旱沼も狭小になった様子が窺える。その後、(c)には旱沼の名もないことから、さらなる開発により、明治二十二年（一八八九）までに旱沼も消滅したものと思われる。

ところで、羽附村の宝永四年村明細帳には次のような記載もある。

【史料2】

畑八反八歩
此永三百七拾六文

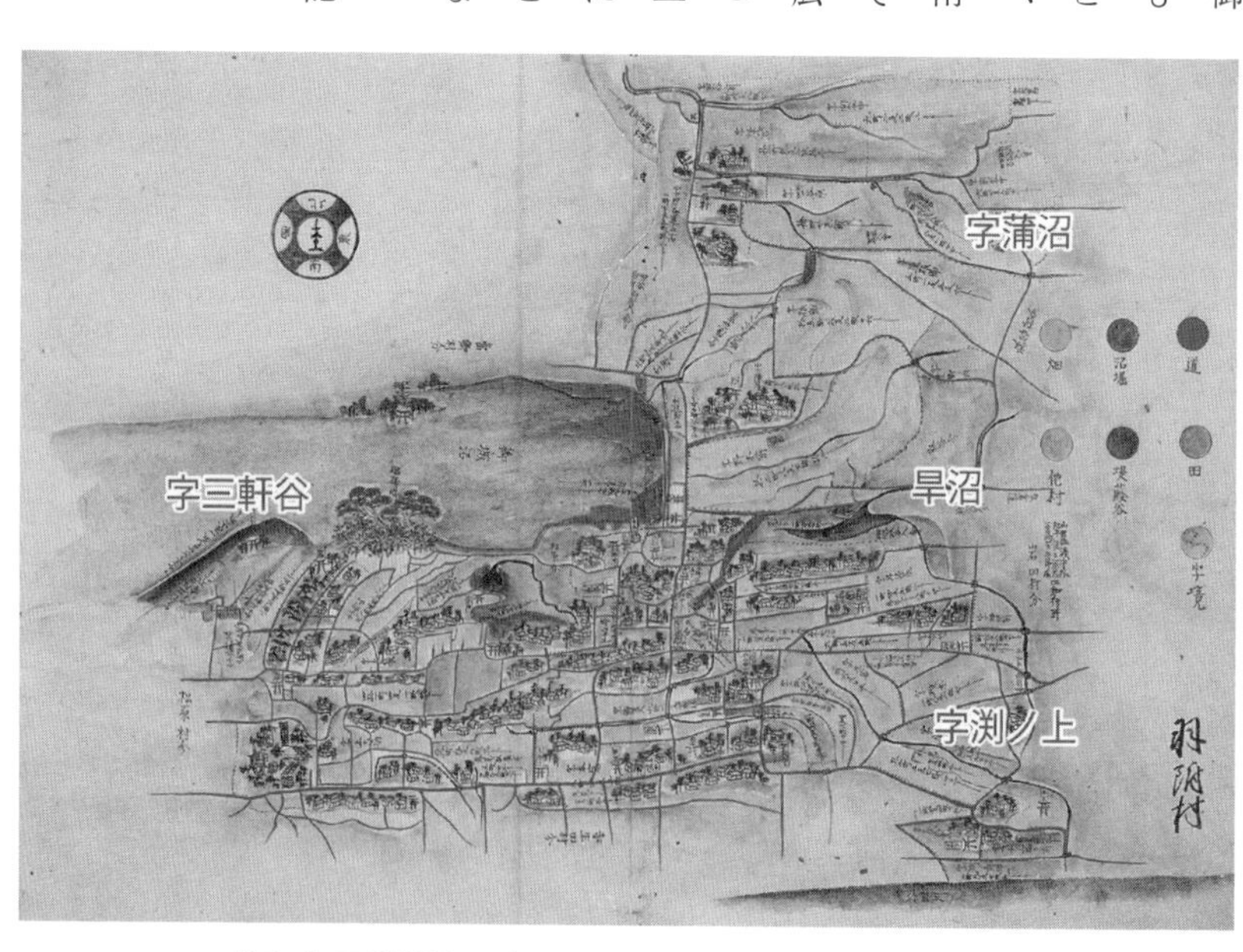

【図5】羽附村絵図（封内経界図誌）　館林市立資料館所蔵

此訳

壱反五畝歩　宝永元申年　□地新畑
　永百三拾五文

弐反三畝廿壱歩　宝永元年申　渕之上新畑
　永百廿九文六分

　宝永元年申　干沼干上り

壱反八畝廿壱歩　宝永二年酉　新□地
　永六拾六文　干沼干上り

壱反壱畝六歩　元録（禄）十五年午干沼干上り
　永廿弐文　新見取畑

壱反壱畝廿歩　元録（禄）十五年午御沼干上り
　永廿三文三分　見取畑

宝永元年に「渕之上新畑」が開かれ、同年と翌二年には干沼の干上り地が開発されたこと、元禄十五年（一七〇二）にも干沼の干上り地に「見取畑」が開かれたことが記されており、宝永四年以前から渕之上沼や干沼の開発が進んでいたことが窺える。

このように、比較的小さな沼では、新田開発によって〝消えた沼〟となった場合が多かったものと推測される。そこには、多々良沼や城沼でみたような多様で複雑な利用形態からくる開発への〝障害〟は比較的少なく、開発しやすかったためといえよう。

（二）　大輪沼の消滅

それでは、〝消えた沼〟は小さな沼だけであったのだろうか。次に、大輪沼に登場してもらおう（以下、大輪沼に関しては『館林市史通史編2　近世館林の歴史』三五六～三五九頁参照）。

大輪沼は、前述した元禄上野国絵図でも、名前の付いた大きな沼として描かれている。この沼は悪水の溜り場となっていて、沼周辺の村々は毎年水害に見舞われていた。特に、延宝八年（一六八〇）の大水害によって、沼周辺の七〇〇〇石の田畑がほぼ全滅した。この時、利根川への悪水堀の開削が出願され、その後も出願があったが実現しなかった。

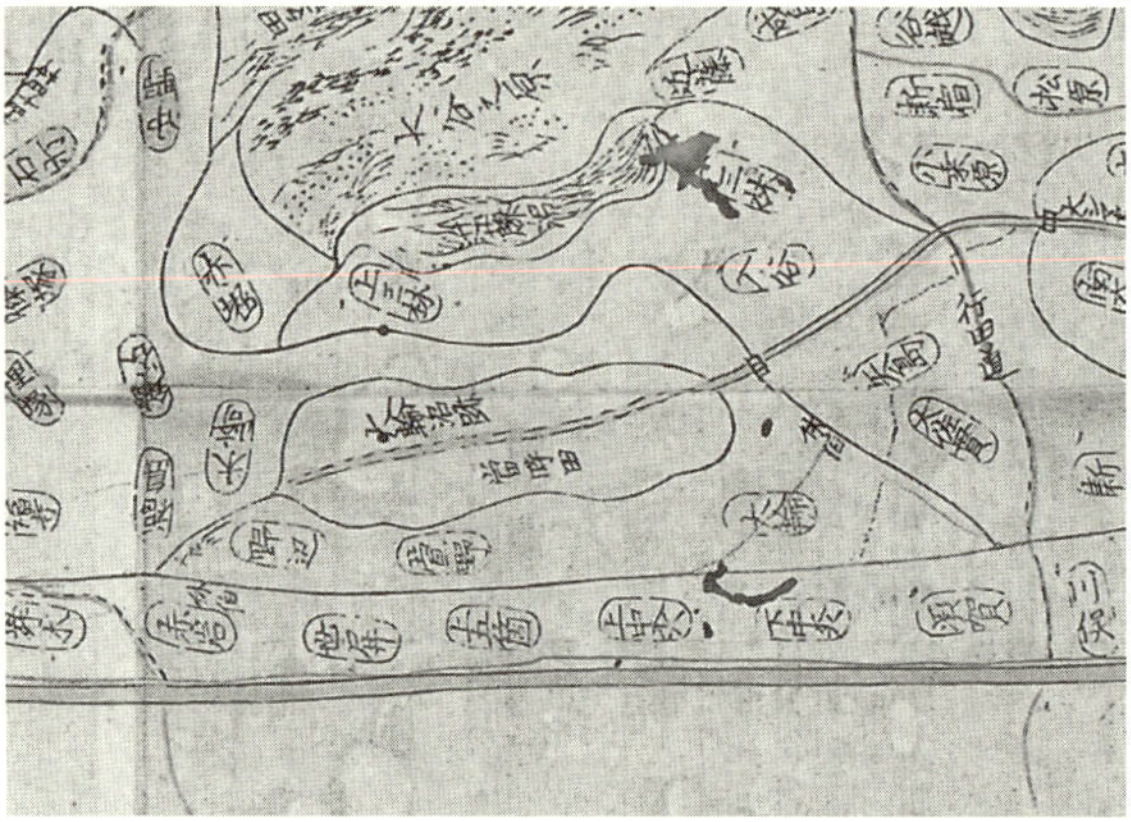

元禄十二年（一六九九）、利根川への悪水堀開削に代わり、大輪沼から流れ出ている谷田川の拡張工事が実施されたが、これによって大輪沼が干上ったため新田開発し、宝永五年（一七〇八）に高四七四石の新田になったという。これが大輪沼新田であるが、同新田には高四七四石の他に、川俣村分として一九一石余があった。この開発によって、大輪沼は沼としての機能を失ったといえよう。年代は不詳であるが、「五郡用水鑑」には「大輪沼跡」と記されている（図6）。この大輪沼跡地に関わり、元文二年（一七三七）五月、大輪沼廻りの野辺・上三林・下三林・入ヶ谷村等一二ヶ村が、南大島村の水門取払いを求めて出訴したが（『資料編4』No.

【図6】五郡用水鑑（部分）　館林市立資料館所蔵

144)、沼廻り村々には諸方から悪水が落ち込んでいること、新田も南大島村の水門で悪水を締め切っているので溜井同然になっていることなどを述べている。また、文政十三年（一八三〇）の大輪村悪水出入内済証文（『資料編4』No.147）に「大輪沼荒地」とあるように、荒地化している様子も知られる。このような状態のためであろうか、「天保郷帳」によれば大輪沼新田の村高は、川俣村分も含めて四〇七石余に減少している。

五　「溜沼」の〝発見〟

茂林寺沼に近いところに蛇沼がある。表1では(a)・(b)・(c)のいずれの年代にも登場し、現在まで〝残った沼〟である。この蛇沼に関わって、明治十一年（一八七八）に赤生田村の駒方神社に一枚の絵馬が奉納されている（図7）。農耕の様子を描いた絵馬であるが、蛇沼から流れる二筋の用水が強調された図柄になっており、次のような銘文が記されている（『館林市史 別巻　館林の絵馬』六八～六九頁参照）。

【史料3】

先般蛇沼地所出入、堀工村両村ニ而奉出訴候処、堀工村地所当村溜沼与被申附相来罷在候処、従来ゟ未夕田場植附用水ニ相用不申、然ル処、明治十年大干水ニ而、土用江押掛リ村中之

【図7】赤生田村駒方神社農耕絵馬　駒方神社所蔵

者可致候処、上耕地之者人馬不残出頭、昼夜七日之間右蛇沼水車人情ニ而路（踏カ）揚、田反別五町三反八畝拾八歩植附致シ候処、稀成ミノリ方ニて、籾合壱割ゟ弐割五分位迄之出来ニ御座候、尤同号八年亥ノ九月ゟ地租改正中、地価・収穫未相定候得共、無仕附・仕付荒共御定免税納被御申附、上納仕候ハ眼前ニ候、仍而為後年書記置候也

明治十一年

寅二月

群馬県

第廿三大区八小区

邑楽郡赤生田邨

上耕地　連　中

物代手伝　飯塚捨次郎

物代　斎藤周蔵

副戸長　飯塚多七

やや意味の取りにくい部分もあるが、かつて蛇沼をめぐって堀工村と出入があり、赤生田村の利用権が認められたこと、明治十年の大干害の際には蛇沼からの揚水によって田の植付けが出来、豊作になったことが述べられている。

そして、地租改正に当り、赤生田村の蛇沼利用権の確認のために、上述の経緯を書き留めた絵馬を奉納した、という

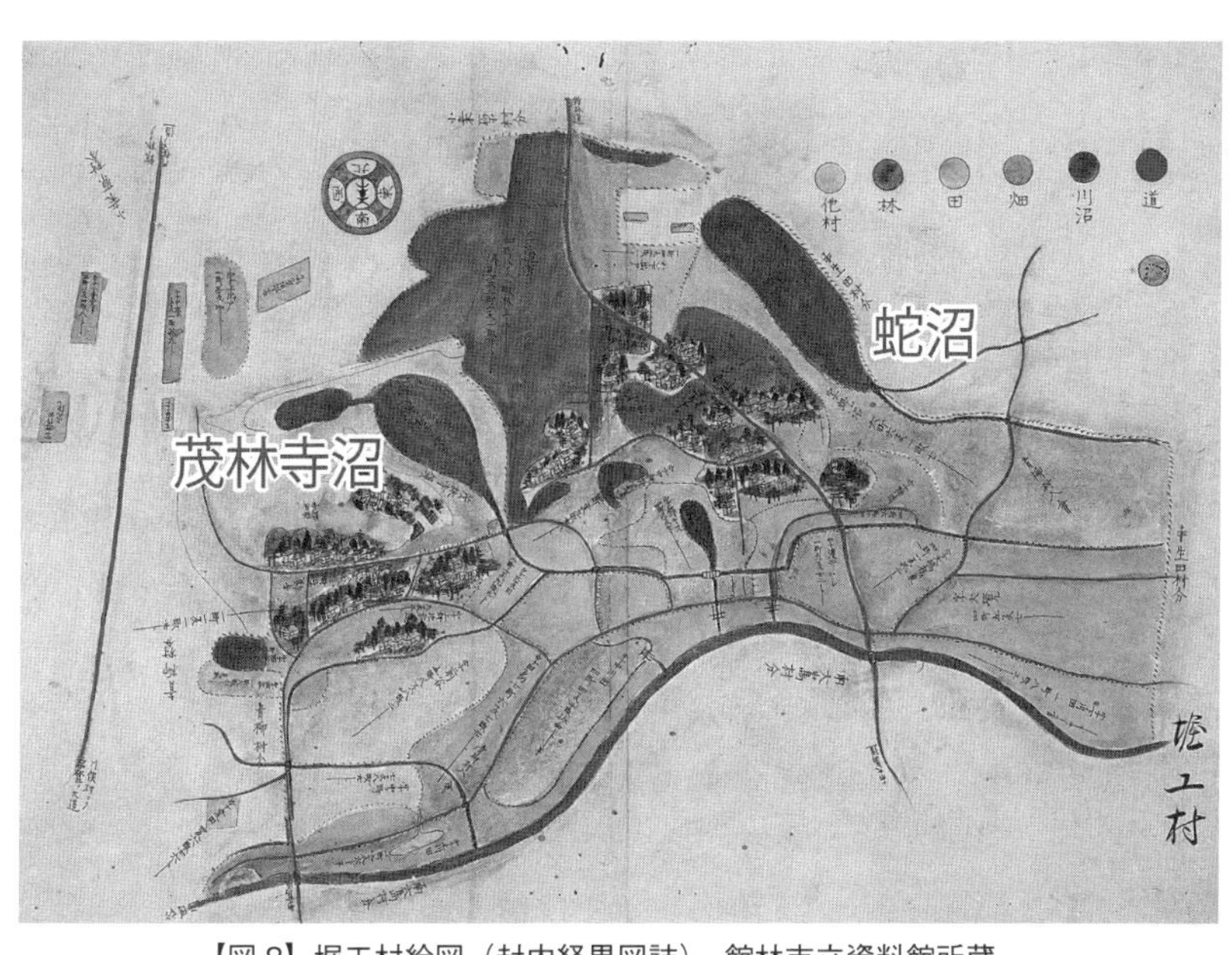

【図８】堀工村絵図（封内経界図誌）　館林市立資料館所蔵

ことであろうか。

ここでは、銘文のなかに「当村溜沼与被申附相来罷在候」とある点に注目したい。蛇沼は赤生田村の「溜沼」であるという。絵馬には二筋の用水が描かれていることは前述したが、「封内経界図誌」の堀工村絵図（図８）にも、蛇沼からの二筋の水路がみられ、蛇沼がこの二筋の用水の用水源になっていたのである。この用水源としての沼を、溜池ならぬ「溜沼」と称しているのである。

そこで、前掲史料１を振り返ると、「此沼之儀者、水下四拾ヶ村余之用水溜沼ニ而御座候」と、用水源としての多々良沼を「溜沼」と称していることが分かる。さらに、年代未詳であるが、寛文八年（一六六八）以前の成立と推測される「北大島村水害絵図」（図９）をみてみよう。この絵図には、一ヶ所に「僧ヶ渕溜沼」とあり、「溜沼」とのみ記された沼が二ヶ所みられる。表１(a)には北大島村の沼として、不思儀沼・妙善沼・僧加淵の三つが載せられているが、このうち僧加淵が絵図中の僧ヶ渕溜沼であり、不思儀沼・妙善沼が二つの「溜沼」に該当すると思われる。

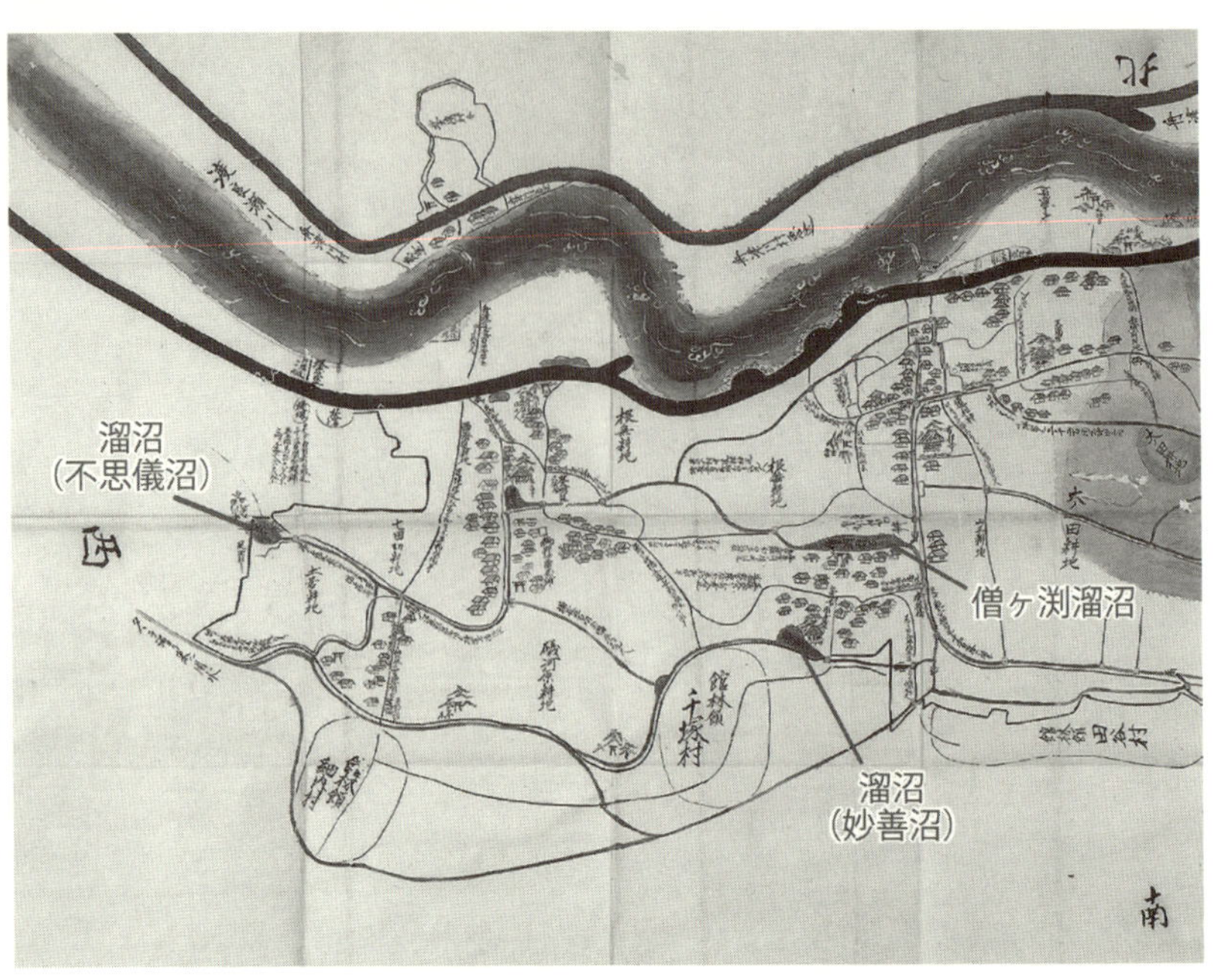

【図９】北大島村水害絵図（部分）　館林市立資料館所蔵

このように、用水源としての沼を「溜沼」といっていたことが知られる。これを「溜沼」の〝発見〟と称しておこう。多々良沼のような大きな沼では、多様な機能の一面が「溜沼」であり、北大島村の三つの沼のような小さな沼では、小規模な漁撈等は行われていたであろうが、沼を「溜沼」と称しているように、用水源としての機能が重視されていたといえよう。

因みに、表1によれば、僧加淵（僧ヶ渕溜沼）は明治二十二年段階では〝残った沼〟であるが、不思議沼・妙善沼は同年までに〝消えた沼〟となってしまった。

おわりに

以上、〝消えた沼〟〝残った沼〟という観点から、近世における沼の動向を概観してみた。表1に掲げた沼は名前の付いた沼であるが、他にも多くの無名（史料上で）の小さな沼が存在しており、「封内経界図誌」の各村絵図からもそれは窺える。そうした沼のうち、

〝消えた沼〟の消滅要因は主に新田開発であったが、特に小さな沼の多くは、近世を通じて開発によって消えてしまった場合が多かったものと思われる。また、沼の干上りが、開発を促進した面も窺えた。そして、小さな沼ばかりではなく、周辺村々の水害解消のために〝消えた沼〟となった大輪沼のような大きな沼もあった。一方、多々良沼や城沼のような大きな沼は、新田開発の対象にもなったが、漁撈等の場、「溜沼」（用水源）としての機能、といった多様な利用関係が併存したため、〝残った沼〟として存続したのであり、それぞれの沼の事情が指摘できる。

現在に残った沼のある景観＝環境は、歴史の流れの中で人々の働き掛けがなされた結果であり、この景観＝環境を残すのも消すのも、これからの人間活動によるものである。そうした意味では、沼のある景観を未来へ継承するという館林市による「里沼」への取り組みは、大変意義深いものといえる。

なお、本稿の執筆に当っては、館林市史編さんセンターの多大なご協力をいただいた。特に図2～9については、同センターから画像の提供をうけた。末尾ではあるが、深く感謝申し上げたい。

足尾鉱毒反対運動と〝川合〟・「里沼」地域—旧谷中村を中心に—

中嶋久人

はじめに

大規模な民衆運動は、それが起きた地域的特性—地域環境に強く規定されている。例えば、成田空港建設反対運動である三里塚闘争は、畑作中心の「開拓」と水田耕作が可能な「古村」との間で、農民たちの運動のあり方が異なっていたことが指摘されている[1]。

しかしながら、現象的には民衆運動の前提として、それぞれの地域的特性について言及されてはいるものの、それぞれの民衆運動自体を規定するものとして、地域的特性—地域環境を考えるということは今まであまり考えられてこなかった。環境を人間の生活の根本的条件として考えることは、地球温暖化その他、最近になって強く打ち出されたことであった。そして、それは、歴史学研究それ自体のとらえ返しとなると考えられる。

本報告は、足尾鉱毒事件を、その反対運動が起きた〝川合〟・「里沼」地域の地域的特性—地域環境に即して分析するということを課題にしている。もちろん、足尾鉱毒反対運動が起きた地域は、栃木県・群馬県の渡良瀬川中流域から茨城県古河町や埼玉県川島村・川辺村などの利根川との合流点近くの地域と広大である。足尾鉱毒反対運動に参加したとはいっても、それぞれの地域によって多様なあり方を呈していたといえる。ただ、報告者の能力では、すべて

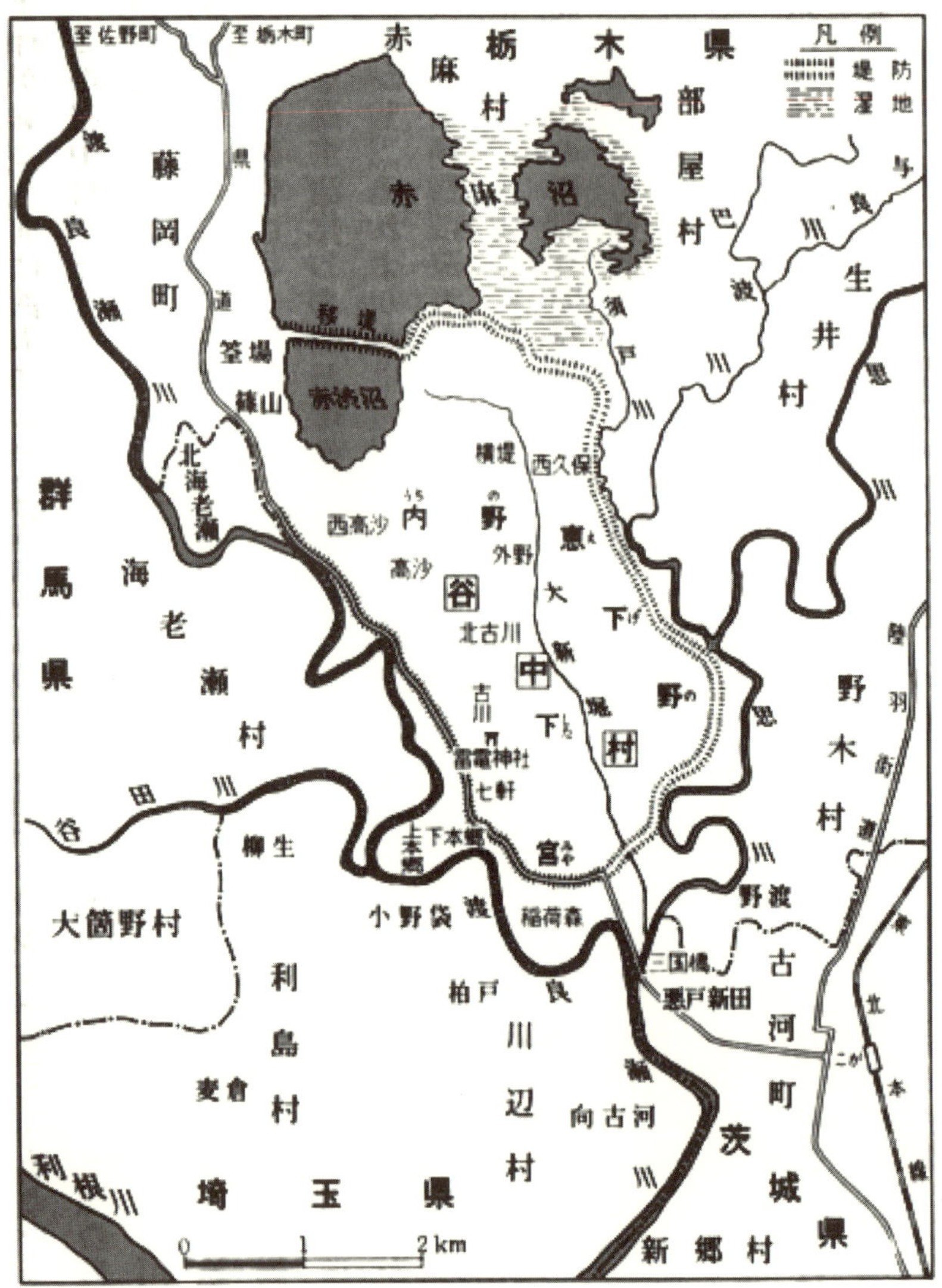

谷中村要図 1907 年前後（由井正臣 1984、179 頁より）

の地域的特性を論じることに限界があるので、ここでは、晩年の田中正造が運動の拠点とした、〝川合〟・「里沼」地域の下流域の水場に属している旧谷中村地域に焦点をあて、この地域の地域的特性―地域環境が、足尾鉱毒反対運動のあり方を規定していたことを分析することにしたい。[2]

具体的には、旧谷中村の残留民の一人であり田中正造の晩年の協力者でもあった島田宗三の手記である『田中正造翁余録』や島田の書簡などから、足尾鉱毒反対運動の中で、旧谷中村民はどのような生活を送っており、どのような生活上の問題を抱えていたのかということを、この地域の地域的特性―地域環境を軸に検討することにしたい。そして、このことを通じて、地域的特性―地域環境のあり方が、民衆運動やその思想をどのように規定していったかを考えていきたい。

一　〝川合〟・「里沼」地域の下流域としての谷中村

(一) 河川・堤防・水害の景況

谷中村についての地理的状況について、島田宗三は次のように語っている。

谷中村は三里半の堤防と、一里にわたる天然の高台に囲まれ、そのうち渡良瀬川に沿った約一里の西南部は土地が高いので、堤防が欠壊した度数も少なかった。谷中村は明治時代を通して平均三年に一度堤防の破壊を見たが、それは思川・巴波川の両川と赤麻沼沿いの湿地の部分のみに限られていた。従って、従来の谷中村の洪水被害は、思・巴波の河水と利根川の逆流水によるものが、渡良瀬川の鉱毒水によるものよりも、はるかに多かったので、たとえ水害は受けても、鉱毒の被害は他の渡良瀬川沿岸の町村に較べて少なかったのである。(3)

まとめていえば、谷中村は堤防に囲まれた村であり、渡良瀬川沿岸（南西側）は地盤が高いので堤防はあまり決壊しなかったが、赤麻沼・思川・巴波川沿岸（北から東側）が決壊することが多く、思川・巴波川と利根川の逆流水が水害の主因であると島田は捉えているのである。ただ、後述のように鉱毒被害が著しくなると、渡良瀬川が決壊して大水害になることも多くなった。

(二)　低湿地としての谷中村

さらに、島田宗三は、次のように語っている。

谷中村の地勢は平坦とはいっても、楕円形の直径一里余にわたる上手と下手とでは数尺の高低があるので、どうしても低地に余水（湛水）がたまる。この余水を排出するために、村の中央を貫流する大きな水路があり、その最下流の字真名・板倉というところの堤防に樋門があった。

この樋門を塞げば、上は藤岡方面の高台から流出する余水が停滞して低地の畑が水浸しになるのは自然の勢である。村では有給管理人を置いて樋門を管理していた。(4)

つまりは、基本的に谷中村は低湿地であり、排水設備が日常的に必要であったのである。渡良瀬川中流域では用水が問題となったが、下流域の谷中村は排水が大きな問題となったのである。

谷中村はどのように土地利用されていたのであろうか。一八九〇年代後半（明治三〇年代初頭）において、谷中村は三八五戸、二三四三人、田一六八町、畑三七三町、原野四八八町という規模であった。未利用地の原野や畑地の比重が大きかったのである。[5]

（三）土地利用の景況

ついで、土地利用と生産高の関連を見ておこう。一八九七年の谷中村の生産高は、田一五七町で米三一四九石が取れ、生産額三万一四八九円であった。続いて、畑三六〇町で、麦九〇一一石・豆三六〇四石が収穫され、生産額五万四〇六六円となった。その他、原野四五五町、平林八町、宅地三四町となり、池沼三八町で魚及茅葭の生産額は三三円となった。そして、総面積一〇五二町で生産総額八万五五六一円となった。[6]麦・豆を中心とする畑作が優越し、米作は中心ではないことがわかる。一見低湿地であれば米作が中心と思われがちであるが、関戸明子は「対象地域において水稲は水害を受けやすい作物であり、陸稲・麦類・蔬菜類などが収入源となっていたのである」と指摘している。[7]

一八九七年の池沼における生産額は三円でしかなかったが、一九〇二年の谷中村の漁業は、専業者三人・兼業者五人で、鰻七五円・鯉一三六円・鮒一二八円・雑魚三八八円が取れ、生産総額七二七円となった。また、谷中村の養蚕業は、一八九四年三二石、一八九五年五二石、一八九八年二三石、一八九九年三四石、一九〇〇年七九石、一九〇一年九四〇石、一九〇二年九五六石を収穫し、一九〇〇年代に入り急増している。[8]漁業や養蚕業の生産額が増えているのは、鉱毒被害で損害を被った農業収入を補填する意味合いがあったと推測される。

島田宗三は谷中村について、「たまたま洪水があれば山間の肥土が流れ込むので、無肥料で作物が倒れるばかりに繁茂し、その上漁獲の収入も多く、実に豊かな村であった」と回想している。(9) 鉱毒被害以前は、水害があっても逆にそのことにより肥料が流れ込み、さらに漁獲収入もある豊かな村というイメージを旧谷中村について島田は有していたのであった。

二　排水事業・鉱毒・谷中村廃村

(一)　谷中村の排水事業

低湿地であり、以前から排水路を設置していた谷中村にとって、排水施設整備事業は重要な課題であった。(10) 一八九〇年、谷中村会は「吐水器」設置、村債三万円の起債を議決した。五〇〇町歩（内原野四五五町歩）を対象とし、その特別税によって五か年で村債を償還する予定であった。しかし、翌年、不認可となってしまう。

そして、一八九一年、村長大野孫右衛門はドイツ製排水器の導入をはかり、農商務省に排水事業認定地に認めさせることに成功した。その設置費用二万三〇〇〇円で、それ以外に堤防改築費二万円を要すると算出された。そこで前下都賀郡長安生順四郎より二万三〇〇〇円の貸付を受けることになった。ただ一万五〇〇〇～六〇〇〇円の追加費用が必要となった。

一八九三年、国産連鎖式排水器に機種変更したが、排水器水没などで稼働せず、排水器を一八九四年に公売したが、そのことで一万三〇〇〇円の損失となった。

結局、一八九五年、当初の予定通り、蒸気機関を原動力とするドイツ製排水器を設置することになった。安生の地元代理人である加藤伊右衛門が基台の改設工事を実施し、一八九九年竣工したが、排水器購入代金や堤防修築費が谷中村の負担になった。なお、この排水器がいつまで稼働したかは不明であるが、鉱毒による水害で機能停止状態になっていたのだろうと推測される。

この排水施設整備事業については、荒畑寒村『谷中村滅亡史』（一九〇七年）以来、政府の意を受けて、安生順四郎が初期から谷中村の衰亡をめざして、故意に損失を与えてきたと評価されてきた。[11] しかし、少なくとも、その初めにおいては、谷中村側の発意により、開墾や農事改良を目的として排水事業を企画し、安生は資金貸付を行なっていたと考えられるのである。とはいえ、安生への借財が、谷中村廃村の一つの要因になった。

（二）鉱毒被害

足尾鉱毒被害が農業で顕在化したのは一八九〇年水害であるが、谷中村も被害を受け、三鴨村長と谷中村長と共同で古河市兵衛に製銅所位置移転・損害賠償を求めることになり、一八九二年に古河と鉱害対策と示談金支払いを中心とする示談契約を締結した。[12]

一八九六年水害は、渡良瀬川流域に多大な被害を与え、被害地域に古河との示談契約の無効性を知らしめ、足尾鉱毒運動の活性化に結果することになった。谷中村でも渡良瀬川堤防のチイチ淵が決壊した。[13]

島田宗三によると、渡良瀬川に近い高沙八幡前の堤防が切れ、自宅に水害避難地として築かれた水塚を三〇㎝以上超える出水となり、父・祖父以外は海老瀬村の高台に船で避難したが、水塚に留まった父・祖父は鉱毒水を飲用して体調不良となったと回想している。[14]

島田宗三によると、一八九八年にも渡良瀬川の堤防が決壊した水害が起きたとされている。水害後の景況について、島田は次のように回想している。

しかし、破堤所附近は田畑の耕土が押し流されてしまい、甚だしいところは二、三十尺も深い大きな池沼となったり、あるいはその反対に毒砂が堆積して鉱毒の河原になるなど、数十町歩の田畑は一朝にして不毛の荒野と化した…そのため、破堤所の筋向いに当った筆者の生家では、田畑の持高約三町歩のうち約半分以上が鉱毒の砂原にかわり、残りの半分もまた甚だしく害されてしまった。

（中略）

その後は、いくら肥料を施しても効めなく、麦の如きは葉が黄色となり二、三寸伸びたままで穂も出ない有様。何とかしなければならぬと考えたあげく、どこの家でも「天地返し」（畝状の溝を掘ってその中へ毒土を埋める作業）をしてきたが、埋め方が浅かったために効果は少なかった。そのために、とくに大がかりの毒土埋没作業を熊吉が先に立ってやったのである。(15)

このように、渡良瀬川流域の他地域と同様に、谷中村においても地形が変わるほどの水害を被り、農業被害も深刻となったのである。そして、一八九七年の第一次鉱毒調査委員会の決定に従い、一八九八年より、渡良瀬川流域の鉱毒被害地は免租されることになり、谷中村は地租が六年間免租となった。(16)

この時期は、渡良瀬川中流域の栃木県安蘇・足利郡や群馬県邑楽郡・山田郡などの町村を中心として足尾鉱毒反対運動が激化した時期であった。これらの地域も、谷中村同様に一八九〇年水害で鉱毒被害が表面化し、一八九〇年代前半に古河と示談契約を結んだ。しかし、下流域である谷中村の渡良瀬川堤防を決壊させた一八九六年水害は、中流域の町村にも及び、古河と示談契約の無効性を露呈することになった。同年に渡良瀬川中流域の中心である群馬県邑楽郡渡瀬村雲龍寺に足尾銅山鉱業停止請願事務所が設置され、衆議院議員田中正造の指導のもとに鉱業停止を求める請願活動を活発に行うようになった。この請願活動の一環で、鉱毒被害民が集団で東京へ行進して請願を行う東京押し出しが一八九七年より四回行われ、一九〇〇年の第四回東京押し出しは、通過点の群馬県川俣村で警官隊の大弾圧を受けた。明治政府も全く無策というわけではなく、一八九七年に設置された第一次鉱毒調査委員会は、足尾銅山に鉱毒予防工事を命令するとともに、鉱毒被害地の免租を提起した。谷中村の免訴処分もその一環である。しかし、根本的な解決とはならず、従前のように被害民の請願活動は止まず、田中正造は一九〇一年に抗議のため衆議院議員を辞職し、鉱毒被害救済を求めて明治天皇に直訴した[17]。

ただ、この時期に、谷中村住民は、積極的に中流域の住民が中心となった足尾鉱毒反対運動に関与していなかったとみられる。後述のように、一九〇九年、旧谷中村の遊水池化と関連する利根川・渡良瀬川水系改修事業をめぐって下流域の旧谷中村住民は、中流域の住民たちと利害が対立したが、その際、過去の鉱毒反対運動に積極的でなかったことを中流域の住民たちより指摘されているのである[18]。

(三) 谷中村廃村

明治政府は、一九〇二年に第二次鉱毒調査委員会を設置し、再度、鉱毒対策を検討することになり、一九〇三年には報告書が出された。そこでは、予防工事の不備を補修すること、足尾上流部の森林保護につとめること、渡良瀬川の改修を進め遊水池を設けること、用水口に鉱毒の沈殿装置を設けるなど除染を行うこと、被害地域の地価修正を進めることが打ち出された。一方、渡良瀬川中流域で行われていた鉱毒反対運動は、運動の先行きが見通せず停滞していた[19]。また、一九〇二年頃より、足尾鉱毒被害は、渡良瀬川中流域の被害は減じており、埼玉県川辺・利島村などの下流域に見られるようになったといわれている[20]。

他方で、下流域であった谷中村の状況はどうであったであろうか。一九〇二年には、また谷中村は水害を被った。この水害では、赤麻村に接する谷中村の北方の堤防が破堤した[21]。この水害による破堤箇所について後述のように栃木県庁は十分修築工事をせず、一九〇三年に、工事費の名目で県会に谷中村買収費予算が提案され、一九〇四年に県会が可決し、遊水池化に向けての谷中村の買収が開始された。この背景として、排水事業失敗における谷中村の負債が考えられる。この谷中村の買収計画が、前述の第二次鉱毒調査委員会が打ち出した遊水池建設計画とどの時点から連動しているかは不明である。ただ、最終的には、遊水池建設計画は、利根川・渡良瀬川水系全体の改修事業に組み込まれた。谷中村に直接関係した部分としては、藤岡町の台地に沿って南流していた渡良瀬川を、その台地を掘鑿して新川を開鑿し、谷中村北方の赤麻沼側に流し、谷中村の東側で、巴波川・思川に直接合流させることになった[22]。

この後、谷中村の買収は進展し、一九〇六年に谷中村は廃村され、藤岡町に合併された。さらに同年、谷中村の排水も停止され、排水用樋門も閉鎖された。この措置で、麦の播種に支障が出たという。そして、排水路にあった村民の漁具も持ち去られた[23]。

一九〇七年には、土地収用法が適用され、旧谷中村残留民一九戸の家屋が強制破壊されたが、その後も旧谷中村残留民は仮小屋を作って住み続けた。しかし、一九〇八年、河川法が適用され、家屋や耕作を法的に規制されるようになった。

この谷中村廃村について、田中正造は強く反対し、一九〇四年以降、谷中村に移住して、その地で反対運動を指導した。しかし、他方で、一九〇七年頃より、それまで鉱毒反対運動の中心であった渡良瀬川中流域の各町村は、立憲政友会所属の衆議院議員武藤金吉（群馬県選出）の働きかけにより、鉱毒反対運動から離脱して、谷中村遊水池化を伴う利根川・渡良瀬川改修事業を強く支持するようなり、田中正造や旧谷中村住民と対立するようになった。[24]一九〇九年に、政府より、群馬県・栃木県・茨城県・埼玉県の各県議会に政府より利根川・渡良瀬川水系の河川改修事業について提案され、田中正造や島田宗三らは各県議会に河川改修反対を訴えた。しかし、渡良瀬川中流域の栃木県安蘇・足利両郡の被害民は河川改修賛成を主張し、島田らに「二十年間、生命財産を賭けた運動がようやく実ろうとするのだ。下都賀南部の方々にはお気の毒であるが、それはかつて鉱毒事件当時からろくろく運動もせずに懐手していたから、今になって災禍がふりかかって来たのだ。要するに自業自得というものだ」という声を投げかけたという。[25]

三　生業維持としての急水留―畦畔修築工事の実施―

（一）堤防修築工事についての栃木県庁と谷中村民の対抗

既述のように、一九〇二年には、北側の赤麻沼沿岸の堤防が破堤した。この箇所の堤防修築を栃木県庁は放置したが、一九〇三年三月に谷中村民が自費で堤防修築を実施しようとし、最終的に栃木県庁が堤防修築に乗り出した。この工事は完成せず、九月二三日の水害で工事箇所は流亡した。ただ、水害以前に、米・麦・大豆・小豆などを収穫したとされている。

一九〇四年五月より栃木県庁は、堤防復旧工事という名目で、堤防の表土を剝ぎ取り、堤防に植えられていた柳を伐採し、護岸を取り崩すという工事をした。この時点で、谷中村の遊水池化は始まっていたといえよう(26)。

他方、一九〇三年より、麦蒔の時期に合わせて破堤所の急水留工事を谷中村民が自費で着手した。この工事は田中正造が一〇月一九日より、谷中村民が自主的に堤防修築工事を行おうという意欲を示していた。そこで、一九〇四年積極的に働きかけたとされている。この工事について、島田宗三は「谷中村の雪解水除けの春取畦畔は、俗に『掻上げ土手』とも称し、明治三十七年秋、春蒔の季節に迫っても県が急水留工事を施行しないので、村民の勤労奉仕を以て急水留に代わる雪解水除けの畦畔として築いたのが初めである」と説明している。一九〇五年二月、一時工事が中断したが、畑一反一円を集め、利島・川辺村などの有志の助力を得て、工費約二七五五円で工事を再開した。工事は五月に竣工し、八月一九日の水害で決壊するが、それまでに大麦・小麦・大豆・小豆・早稲などを収穫したとされている(27)。

一九〇六年三月にも谷中村民が自費にて急水留工事に着手した。この急水留工事は、買収反対者、買収に応じたがまだ立ち退かない者、買収に応じて近隣に移住したが元の所有地を耕作している者など、二〇〇戸の谷中村民が、寄付金に加えて、麦畑一反歩一円、そば畑一反歩五〇銭ずつ負担したとされ、築堤委員に落合熊吉などが就任し、村の富豪染宮太三郎に借金、弟の文五郎を工事請負人とし、工事担当者を染宮庄助とした。しかし、四月に工事箇所を栃木県庁が破壊したのであった(28)。

(二)　畦畔修築工事の実施

前述のように、一九〇六年四月の急水留工事箇所の栃木県庁による破壊後、小規模の急水留工事として「麦取畦畔」工事を谷中村民が実施した。麦植付けを目的とした畦畔修築工事とされているが、島田宗三は「村民自ラ位置ヲ転シテ為シタル麦取畦畔（破堤所急水留工事ナルモノ）」としている。工事箇所は七月一六日に決壊するが、決壊以前に大麦・小麦を収穫し、「約三万三千円の農産物を収穫、谷中村民と縁故民の生活の資源にあてた」とされている。

一九〇七年には残留民など二〇余戸延人員四〇〇余人の勤労奉仕と東京などの寄付金二三〇余円で修築工事を行い、一一四〇余円分が収穫された。この工事では、八〇町歩（内一〇町歩が残留村民分）の麦作確保を目的としており、二〇世帯の人員では出水期まで不可能なため、買収に応じて移転した村民や、有志などの援助を求めたとされている。[29]

その後、一九〇八年には四五〇余人と寄付金六〇円で修築、一万三〇余円の収穫を獲得し、一九〇九年には六四人で修築、七二五〇余円の収穫、一九一〇年には一五〇余人と寄付金二〇円で修築、一五〇〇余円の収穫、一九一一年には一五〇余人と藤岡町有志の寄付人夫五〇余人で修築、九一七〇余円の収穫を得たとされている。一九〇七～一九一〇年は雪解水により四～五月に工事箇所は決壊（一九一一年は不明）しており、完全に浸水を防止することはできなかったが、効果はあったといえる。

しかし、一九一二年、栃木県は畦畔修築工事自体の停止を命令、以降工事は実施されなかった。[30] 旧谷中村民は、権力とともに、自然との闘いを余儀なくされたのであった。

四　旧谷中村民の生業―島田宗三を中心に―

それでは、旧谷中村民たちは、どのような生業を送っていたのであろうか。一九一二年の農業経営について、島田宗三は、逸見斧吉・木下尚江宛島田宗三書簡（一九一二年七月一八日付）で語っている。まずは、その部分を紹介したい。

○谷中も先月二十日頃は大に増水して私の庭を五六寸浸せしが、唯今ではよく減きました。もう畑けは全部上がりました。しかしその増水が丁度麦作の収納中でありました故、何処のうちでもヒドイ目に逢ひました。小麦の様なものは水の中に頸が浸るまで入つて居て漸く苅り上げました。それは先月の十八日の事であります。それでも先づ大抵は取り上げました。私の家では僅か二畝歩計りは残つて腐らしました。それこれ金に見積ても僅か拾円内外の損でありませうから好結果の方であります。斯んな事でも本年はドコのうちでも半年食ふ分位のものは取りました。但し小作は別に取られますが、それは秋の魚代で返すことになつて居りますから、幾分か都合がよいのであります。私のうちでは大麦、裸麦、小麦等で四十俵の余獲りました。先づ一人前の百姓の分です。処がその内小作石を九俵と金で四円取られる訳です。すると残るものは三十余俵でありますが、此麦に対する肥料が参拾余円かゝつて居るのです。されば今年の相場にしても八俵売らねば肥料の埋め合せが尽きません。それに秋作の肥料（秋作畑は陸地で三反歩だけ）其他で約二十円かゝつて居ます。是れは先づ秋作で埋めるとしても、四十余俵の内拾八俵計り引きますから、残るものは僅かに二十余俵であります。之れが去年の十一月以前から心掛けた利うけであります。是れは壱町歩計り仕付ける内僅かに四反歩計りの小作を出したのに過ぎないのでありますから、全部小作としたら容易に暮らせるものではありません。然かし土地を買ふよりはまだ借りて小作した方が甚だ利益です(31)。

この書簡より、一九一二年の島田宗三の農業経営について概括してみよう。島田宗三の一九一二年の農業経営は約一町歩であった。その内、四反歩が小作となっていたと思われる。自作六反、小作四反となるが、どちらも土地収用されていたと推測される。しかし、これらの土地は、島田宗三のような残留民や縁故民によって利用することができた。「小作地」として購入することも可能であった。縁故権による土地利用の借用・売買がなされていたと見られる。そして、一九一二年の七月時点で、大麦・裸麦・小麦四〇余俵が収穫された。これは、一九一一年秋の時点で作付けされたものと推測される。この収穫を島田宗三は「一人前の百姓の分」として表現し、どこの家でも半年は食える収穫となったとしている。

前述の小作地の小作料が九俵と四円とされ、四円は魚代で支払うとなっていた。小作料を払った後、三〇余俵が残るが、肥料代三〇余円（八俵分）がかかるとされ、最終的な残余は二〇余俵となった。

一方、秋作の予定は三反歩だけとされている。秋作とされているが、麦類の収穫後に作付され、秋に収穫されるのであろう。肥料代として二〇円かかるが、これは秋作の収穫物から賄うことになっていた。

麦の収穫は増水中に行われ、部分的に面積としては二畝歩、収穫価額としては一〇円程度が損失となったが、これでも好結果の方だと島田は述べている。この一九一二年は畦畔修築工事ができなかった年でもあった。

この島田書簡で注目すべきことは、地租や地方税負担についての言及がなく、公租負担は未計上となっていることである。収用された土地を利用している島田に国家は地租を賦課することができなかった。それは、他の残留民や縁故民も同じであろう。公租負担がかからないとすれば、農業経営上有利であったといえる。残留民や縁故民が収用された土地に利害意識を持つ一因であったといえよう。

他方で、島田の書簡に見るように農業収入を補完するものとして漁業収入があった。生業を維持するためには必須であった。島田は、旧谷中村民の家屋の強制破壊があった一九〇七年頃の景況として、次のように回想している。

一方、低地の人たちは蒔いた麦も浸水のためろくろく穫れない。その生活の資を得る術を漁業に切換えたが、漁具の新調・修繕・餌取り・針さげ・針あげ・筌置き・筌あげ・網打ち等に忙殺されて、ものごとなどを考える余裕など全然あり得ない状態であった。(32)

島田としては漁業に違和感を持っていた。島田はこのように書簡に記している。

自然に年月は過ぎて四十一年となる。永年の洪水に加ふるに、家は破られて家なきため、手稼ぎも自由に出来ず、魚捕りをせんとしても、素より手慣れぬ仕事なれば、到底人の三分の一も五分の一も捕ることは出来ず、家計上の困難は日に月に増すばかり(33)…

…又魚なぞのみ追廻して生を求めよふとするは強慾大罪悪でありますから、困難の来るのは当然の御刑罰でせう。されど我等は此刑罰を受けねばならぬ、魚捕りといふ罪深かい仕事に従はねばならぬ境遇に居るのです。願くば一日も早く谷中を回復せしめて此魚捕りといふ境遇から免れ、そして正しき農業に付きたいものと日頃念じております。

谷中も農にさへ付く事が出来ますれば既に復活した様に思はれます。(34)

島田としては、漁業は不慣れな仕事であり、罪深い業とすら感じていた。そして、農業による谷中村の復興を祈念していたのである。

ただ、漁業を加えれば、旧谷中村の土地利用で生業を維持することは可能であった。むしろ、公租負担がない点で有利であったかもしれない。このような生業が残留民たちの旧谷中村での生活を可能にし、さらに後述する土地収用に応じた旧村民たちとの連帯の一つの要因となったといえる。

五　縁故民との連帯

旧谷中村民による土木事業は、一九〇七年の家屋の強制破壊後も残留した、いわゆる残留民だけの事業ではなく、これまで随時に述べてきたように、土地収用に応じた旧村民たちも加わった。旧谷中村では、土地収用後、土地収用法第六六条、明治三〇年勅令第一五号により、工事に支障のない土地に縁故権が設定され、元々の所有権者に土地使用が許可された。これは、買収価格が安価なため、土地買収に応じた村民への特例として認めたものとされている。[35]つまりは、旧谷中村を立ち退いた村民も、旧所有地での農業などが認められていた。彼らも縁故民として、旧谷中村の土地について利害関係を持っており、一九〇七年の畦畔修築工事については、縁故民の方がより恩恵を被る形となっていた。このように、旧谷中村民たちの堤防修築事業は、地域社会における連帯によって支えられていたのである。

縁故民との連帯は、その後どうなったのであろうか。田中正造は、一九一三年に亡くなった。旧谷中村残留民も一九一五年に河川法・土地収用法の適用を受け、一九一七年に移住を余儀なくされたが、旧谷中村の耕作地貸付、雑草刈取権、漁業権黙認などが認められた。しかし、それまで認められた縁故権については県令第三〇号「河川敷地及び流水附属物占用規則」で規定されることになった。一九一八年に栃木県庁は遊水池を地元町村に貸し付ける方針を定め、一九一九年に島田宗三に名目では藤岡町に貸し付けるが実質上元所有者に利用を認めるという意向を伝えた。しかし、藤岡町役場は一九二〇年に縁故民から利用申請が出ていないことを理由にして、縁故民の土地を一般利用者に区画して貸し付けを行おうとしたのである。同年、使用権が保障されていた島田宗三などの旧谷中村残留民も参加して縁故民大会を開催して、藤岡町役場の責任を追及して、栃木県庁に貸し付け中止を陳情した。その後、立憲政友会が藤岡町役場を支持、憲政会が縁故民を支持と、政治的対立に発展した。一九二一年には、新たに貸し付けられた一般利用者と、縁故民がそれぞれ遊水池内で萱刈を行い、一触即発の危機となった。その際も旧谷中村残留民である島田宗三は、縁故民に協力するスタンスをとった。この紛争は萱刈事件と呼ばれている。萱刈事件の決着のあり方について、島田宗三と『藤岡町史』通史編後編の見解は異なっている。島田は、一九二三年に残留民・縁故民により組織された占用組合に料金を払って占用が許可されたとしている。他方、『藤岡町史』通史編後編では、一九二三年に、占用組合に使用料を払うことになったとしている。[36]ただ、どちらにせよ、縁故民の権利が保障された結果となったといえる。そして、旧谷中村残留民と縁故民との連帯は、このようにかなり後まで存続したのである。

おわりにかえて

谷中村は、利根川・渡良瀬川・思川・巴波川などの合流点（〝川合〟）に位置し、里沼に囲まれた地域であった。鉱毒も日常的には思川・巴波川・赤麻沼などへの逆流水によってもたらされていた。

この地域も〝川合〟・里沼という自然環境に位置していたが、館林などの渡良瀬川中流域とは違った様相を呈していた。上流部からの用水・肥料分や漁業などの恩恵がある一方で、鉱毒以前から、水防・排水などの自然環境との闘いが必要であった。中流域との違いをいうならば、中流域では用水の問題が中心となっていたが、下流域の谷中村では排水が一番の課題となっていた。

その点で、排水事業の近代化は、谷中村が主体的に取り組んだといえる。しかし、その失敗が遊水池化による谷中村廃村の一つの要因となったのである。

谷中村廃村後の旧谷中村民の闘いは、単純に権力との対抗だけでなく、農業・漁業などの生業を維持するための自然環境との闘いが必要となっていた。端的にいえば、麦作実施のための急水留・畦畔修築工事と、それを妨害する国家権力への対抗がそれであった。

その闘いは、同じく渡良瀬川下流域の埼玉県利島・川辺村や地域外の支援者、さらに「縁故民」との連帯が支えていた。「縁故民」は旧谷中村から立ち退いたが、旧谷中村を土地利用していた人々で、谷中残留民と利害が一致していた。このような地域社会との連帯が、孤立しているとみられがちな旧谷中村残留民の闘いを支えていたのである。

他方で、〝川合〟・里沼地域であっても、渡良瀬川中流域の町村と、下流域である谷中村において、利害は異なっていた。渡良瀬川中流域の人々は、一九〇〇年前後に川俣事件に代表される激化した足尾鉱毒反対運動を担っていたが、谷中村が廃村される前後の時期は、谷中村廃村につながる河川改修事業を支持し、旧谷中村とは利害対立していたのである

この地域は低湿地であったが、そもそも麦作を中心とする農業が生業の中心であった。谷中村廃村後、遊水池化を推進する国や栃木県庁などと対抗しながら、自力で「畦畔修築」という名目の水防工事を実施し、農業を続けようとした。そして、水害にあっても収穫を確保したのである。他方で、土地収用後の所有権のない土地での農業経営であ

りながらも、それらの土地の小作・売買が実施されていた。この地の農業経営は公租公課が未計上であり、肥料代がコストの中心となっていた。さらに、違和感はありながらも生業を補完するものとして漁業があったのである。そして、縁故民も含めて、旧谷中村の土地利用によって生計を維持することは、この地の闘いを支えていたのである。その意味で、〝川合〟・里沼という自然環境は、この地の足尾鉱毒反対運動を規定していたのである。

なお、報告の都合によりほぼ省略したが、旧谷中村の「畦畔修築」事業は田中正造の指導によるところが大きい。また、田中正造らが作成した請願・陳情においても、「畦畔修築」事業や麦作付けについて触れたものは多い。田中正造が谷中村に入村した以降の晩年の思想において、これらのことがどのように影響したのだろうか。これらは今後の課題としたい。

註

（1）福田克彦『三里塚アンドソイル』（平原社、二〇〇一年）。
（2）なお、文中では、廃村される一九〇六年までを谷中村、それ以降を旧谷中村と表記する。
（3）島田宗三『田中正造翁余録』上（三一書房、一九七二年）、七〇頁。
（4）前掲註（3）、七二－七三頁。
（5）熊倉一見「近代以降、渡良瀬遊水地周辺地域における農業用排水ポンプの導入過程とその技術の系譜」（『水利科学』二八六号、二〇〇五年）、九一頁。
（6）『藤岡町史』通史編後編（二〇〇四年）、三〇七頁。
（7）関戸明子「利根川・渡良瀬川合流域における自然環境と土地利用」（『地方史研究』四二四号、二〇二三年）、六〇頁。
（8）『藤岡町史』資料編谷中村（二〇〇一年）、一一五－一一六頁。

（9）前掲註（3）、三四頁。
（10）以下、谷中村の排水機整備事業については、前掲註（5）熊倉論文、九〇－一〇〇頁を参照。
（11）荒畑寒村『谷中村滅亡史』（岩波書店、一九九九年〔原著、一九〇七年〕）、八八－九六頁。
（12）前掲註（6）『藤岡町史』通史編後編、二八二－二八四頁。
（13）前掲註（8）、一八五頁。
（14）前掲註（3）、二〇・三一－三三頁。
（15）前掲註（3）、七一－七二頁。なお、文中の熊吉は宗三の兄である。
（16）前掲註（6）『藤岡町史』通史編後編、二八三頁。
（17）『館林市史』通史編三（二〇一七年）、七五－九七頁。
（18）前掲註（3）、二一五－二一六頁。
（19）前掲註（17）、九六－一〇三頁。
（20）由井正臣『田中正造』（岩波新書、一九八四年）、一八三頁。
（21）谷中村廃村の過程については、特記しない限り、前掲註（20）、一八〇－一九一頁を参照した。
（22）前掲註（8）、一八八－一九〇頁。
（23）前掲註（3）、七三頁。
（24）前掲註（17）、一四三－一五七頁。
（25）前掲註（3）、二一五－二一六頁。
（26）前掲註（3）、三六六－三六七頁。
（27）前掲註（3）、三九－四一・三五〇・三六六－三六九頁。
（28）前掲註（3）、五四－五六・三五〇・三六七－三七一頁。
（29）前掲註（3）、八九－九〇・三五〇－三五一・三七〇－三七八頁
（30）前掲註（3）、三五〇－三六二・三七一－三八二頁。

（31）逸見斧吉・木下尚江宛島田宗三書簡　一九一二年七月一八日付（『田中正造全集』別巻〔岩波書店、一九八〇年〕三四八−三四九頁）。
（32）前掲註（3）、一〇五頁。
（33）田中正造宛島田宗三書簡　一九一〇年四月一〇日付（前掲註（31）『田中正造全集』別巻、三〇五頁）。
（34）逸見斧吉・木下尚江宛島田宗三書簡　一九一一年一一月二二日付（前掲註（31）『田中正造全集』別巻、三三四頁）。
（35）前掲註（8）、一八九頁。島田宗三『田中正造翁余録』下（三一書房、一九七二年）、二七五頁。
（36）前掲註（35）『田中正造翁余録』下、二六四−二八一頁。前掲註（6）『藤岡町史』通史編後編、三〇一−三〇四頁。

水場の文化的景観にみる住民の大水対応と意識
―国選定重要文化的景観地域の板倉町を中心として―

宮田裕紀枝

はじめに

〝川合〟地域、なかでも低地の人々は、「大水〔オオミズ〕」の恵みと害を受けることが多かった自然環境の中で、知恵や工夫を紡ぎ、生業・生活を営んできた。そして好むと好まざるとにかかわらず、囲堤や霞堤を受け入れてきた。多くの知恵や技を尽くしても、人の力では、どうすることもできないものがあり、「水」の害に対して、果たして住民たちはどのような想いで乗り越えてきたのか、その想い（意識）を、重要文化的景観地域の板倉町を中心に考えてみることとする。

文化的景観は、平成一六年（二〇〇四）文化財保護法改正により、文化財の一つに位置づけられた（文化財保護法第二条第1項第五号）。定義は「地域における人々の生活又は生業及び当該地域の風土により形成された景観地で我が国民の生活又は生業の理解のため欠くことのできないもの」と新しい文化財の概念を謳っている（図1）。人々が自然を享受しながら、生活・生業を営み、築き上げてきたくらしの景観を指している。これまでの文化財の保護と大きく異なるのは、文化財というモノだけを保護するのではなく、風土の中で作り上げてきた土地利用を再評価して、動態的に保存（維持）し、地域資産として位置づけ、地域づくりにも繋げるという考え方である。

一　重要文化的景観「利根川・渡良瀬川合流域の水場景観」平成二三年九月　国選定

現在の板倉町は群馬県の東南端にあって、北は渡良瀬川、南は利根川に挟まれた地域で、東は渡良瀬遊水地に面する。しかしかつては板倉町の南東縁を南西方向から北方へ流下していた古利根川（合の川）が利根川東遷事業によって、天保一二年（一八四一）に締め切られるまでは、利根川と渡良瀬川の合流部であった。さらにその後、大正七年（一九一八）渡良瀬遊水地計画により渡良瀬川が北側へ流路変更したものの、旧河道がそれぞれに埼玉県（武蔵国）、栃木県（下野国）との境を画している。

立地は、西方から延びる邑楽台地（標高約一七m）、北方から延びる藤岡台地（標高二〇～二四m）の洪積台地と沖積地（標高約一四m）から成る。集落は、縄文時代早期（約七六〇〇年前）

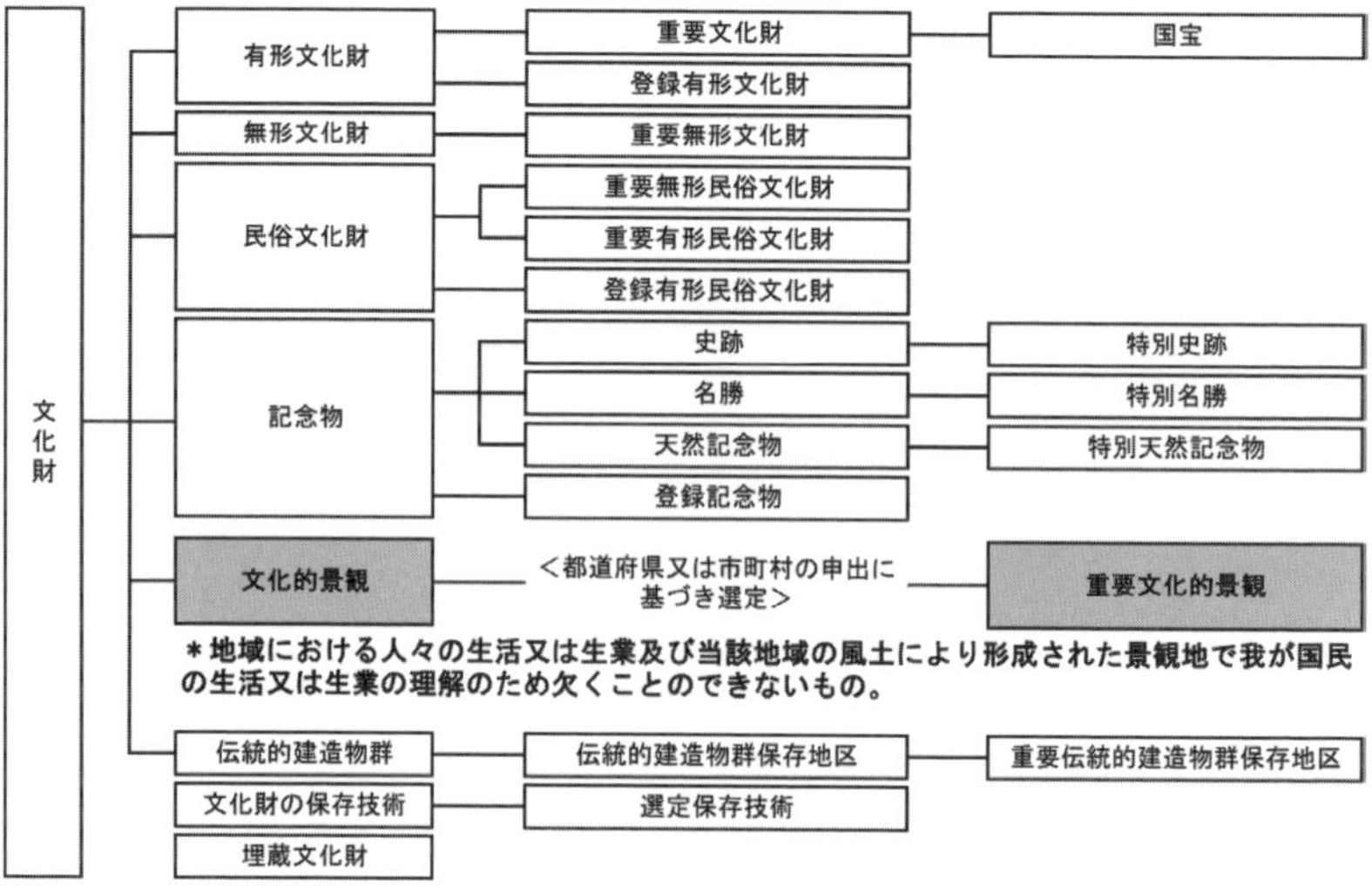

文化財
- 有形文化財 ― 重要文化財 ― 国宝
  - 登録有形文化財
- 無形文化財 ― 重要無形文化財
- 民俗文化財 ― 重要無形民俗文化財
  - 重要有形民俗文化財
  - 登録有形民俗文化財
- 記念物 ― 史跡 ― 特別史跡
  - 名勝 ― 特別名勝
  - 天然記念物 ― 特別天然記念物
  - 登録記念物
- 文化的景観 ― <都道府県又は市町村の申出に基づき選定> ― 重要文化的景観

  ＊地域における人々の生活又は生業及び当該地域の風土により形成された景観地で我が国民の生活又は生業の理解のため欠くことのできないもの。
- 伝統的建造物群 ― 伝統的建造物群保存地区 ― 重要伝統的建造物群保存地区
- 文化財の保存技術 ― 選定保存技術
- 埋蔵文化財

【図1】文化財保護の体系図
（参考：文化庁パンフレット『魅力ある風景を未来へ　文化的景観の保護制度』）

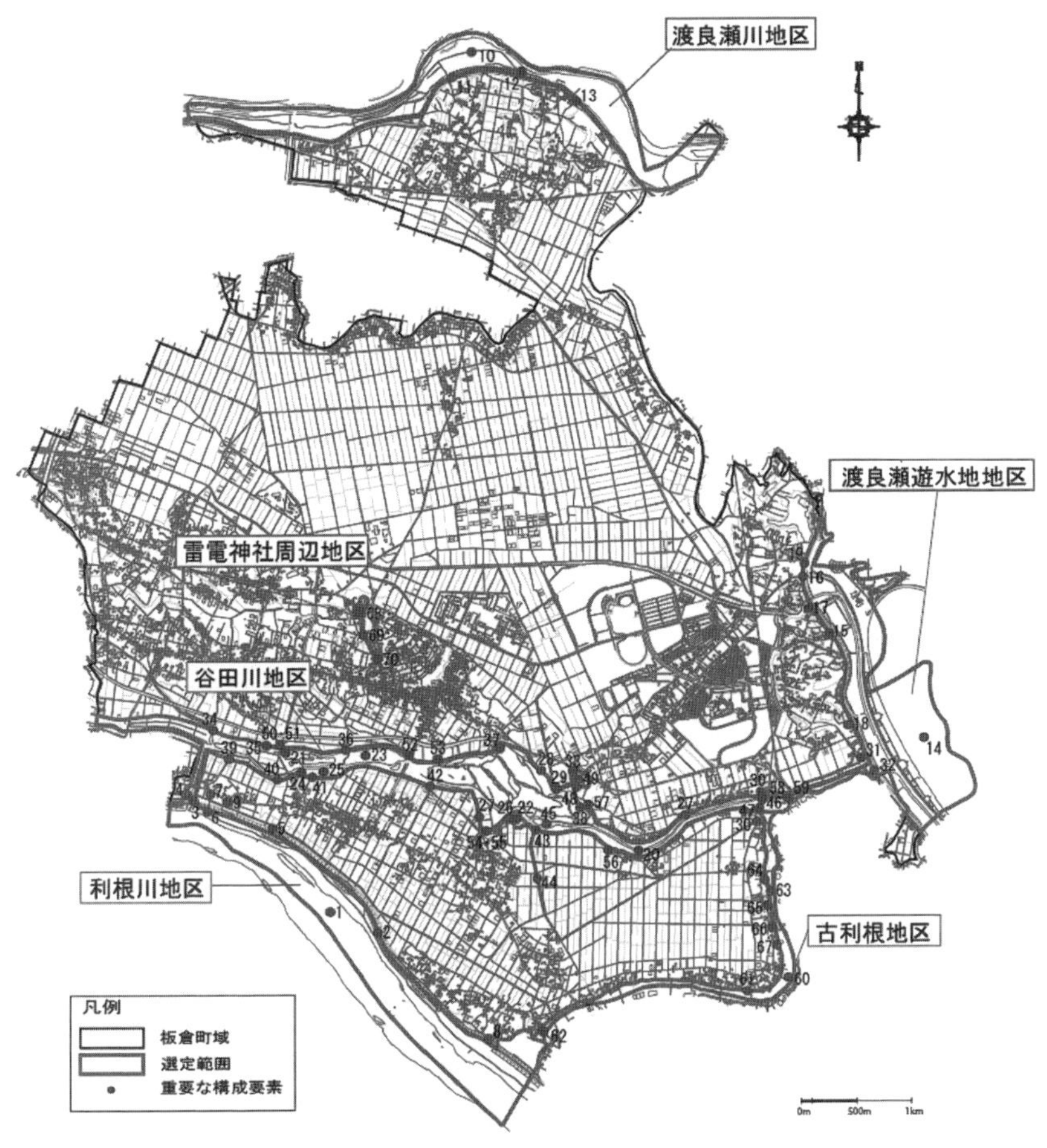

1	河川	利根川	17	治水施設	板倉川排水樋門	33	治水施設	(沼除堤)土手	52	信仰	(石祠)浅間神社
2	治水施設	(堤防)文禄堤	18	治水施設	邑楽東部第２排水機場	34	利水施設	鶴生田川第一樋門	53	信仰	(石造物)水天宮・風天宮
3	治水施設	谷田川第二排水機場			第二排水機場樋管	35	利水施設	天神下樋門	54	信仰	(石造物)水神宮
		谷田川第二排水樋管	19	石造物	石碑(決壊口跡)	36	利水施設	花和田樋門	55	信仰	(石造物)馬頭観音・地蔵尊
4	治水施設	国交省谷田川排水機場	20	河川	谷田川	37	利水施設	宮の前樋門	56	信仰	(石造物)勝軍地蔵
		谷田川排水樋管	21	池沼	蛭田沼(キリゴミ漁)	38	利水施設	上新田(八郎右エ門)樋	57	信仰	(石造物)青龍大神
5	利水施設	(石碑)坂東樋管跡	22	池沼	肘曲池	39	利水施設	飯野車口樋門	58	信仰	(石造物)地蔵尊
6	信仰	(石造物)水天宮・風天宮	23	生業	柳山	40	利水施設	松ノ木樋門	59	信仰	(石造物)阿弥陀如来坐像
7	信仰	(石造物)大杉大明神	24	生業	川田	41	利水施設	念行樋門	60	河川	古利根川(水路)
8	信仰	(石造物)水神宮・風神宮	25	植生	ヨシ原	42	利水施設	岡樋門	61	治水施設	堤防(道路)
9	信仰(生業)	(石造物)飯野河岸銘庚申塔	26	植生	ヨシ原	43	利水施設	北根樋門	62	治水施設	天保の締め切り跡
10	河川	渡良瀬川	27	治水施設	谷田川堤	44	利水施設	北根用水路	63	利水施設	小左エ門樋門
11	治水施設	(堤防)文禄堤	28	治水施設	旧古河往還	45	利水施設	八間樋頭首工	64	建造物	水塚
12	利水施設	頭沼揚水機場	29	治水施設	小保呂排水機場	46	橋梁(交通)	沈下橋(通り前橋)	65	建造物	水塚
13	信仰	(石造物)録事尊		治水施設	小保呂樋門	47	橋梁(交通)	沈下橋(北坪東橋)	66	建造物	水塚
14	河川	渡良瀬遊水地	30	治水施設	大箇野サイフォン	48	建造物	水塚	67	信仰	(石造物)水神宮
15	治水施設	堤防	31	治水施設	大箇野排水機場	49	建造物	水塚	68	信仰	雷電神社・境内地内
16	治水施設	海老瀬排水樋管	32	治水施設	谷田川第一排水機場	50	信仰	(石造物)水神塔・道標	69	交通	雷電神社参道
17	治水施設	邑楽東部第１排水機場			谷田川排水樋門	51	信仰	(石造物)地蔵尊	70	交通	(石造物)道標

【図２】重要な構成要素分布図

より平成一〇年（一九九八）まで、洪積台地上と自然堤防上に形成されてきた。このような地形にあるため、古代より「大水」の害と益を受容してきた地域でもある。

平成二三年（二〇一一）、「大河川の合流域における大水の知恵が生業・生活に息づいている」ことが評価され、板倉町は、関東初の重要文化的景観「利根川・渡良瀬川合流域の水場景観」が国選定となる。選定範囲（図2）は、ほぼ河川地区で、重要な構成要素は河川・治水・利水・排水施設など五種七〇件である。

二　水場の暮らしと意識

（一）水場における大水の歴史（図3・表2）

水場とは、利根川中流域の低湿地をあらわす言葉とした（板倉町教育委員会　二〇〇一）が、その背景には、生活や文化などがみてとれる。「ミズバ」と言った場合、板倉町内では洪積台地上の住民は自然堤防（低地）域を指し、町外の人々は板倉町全体を指す。水場の語源は明確ではないが、古文書に記された「水損場」から派生した語と考える。洪水は害だけでなく、益ももたらしてくれるので、古老たちは、「水害」と言わずに、「大水」という。江戸時代初めから昭和二二年（一九四七）までの大水の歴史は次のように分けられる。その後は、排水整備事業や土地改良事業などによって、大水には至っていない。

第一期（一六八〇～一七四〇年）　板倉沼周辺の村々（細谷村・板倉村）に大水が多発する。上流から低湿地に流入した水を排水できない湛水害（内水氾濫）によるものである。

第二期（一七九〇～一八三〇年）北側の渡良瀬川右岸の村々（除川村・離村）に大水が顕著となる。天明三年（一七八三）の浅間山噴火などのため利根川の河床が上昇し、渡良瀬川が流入困難となり、逆流が著しくなったことによるのではないかと考える。

第三期（一八四〇～一九一〇年）東側の渡良瀬川右岸の村々（海老瀬村）の大水が著しい。天保九年（一八三八）利根川右岸の浅間川の締め切り、天保一二年（一八四一）古利根川（合の川）の締め切り、さらに文政五年（一八二二）頃から始まった江戸川の棒だしなどによって、渡良瀬川は利根川への流入がますます困難となり、逆流が甚だしくなったことによると推察する。

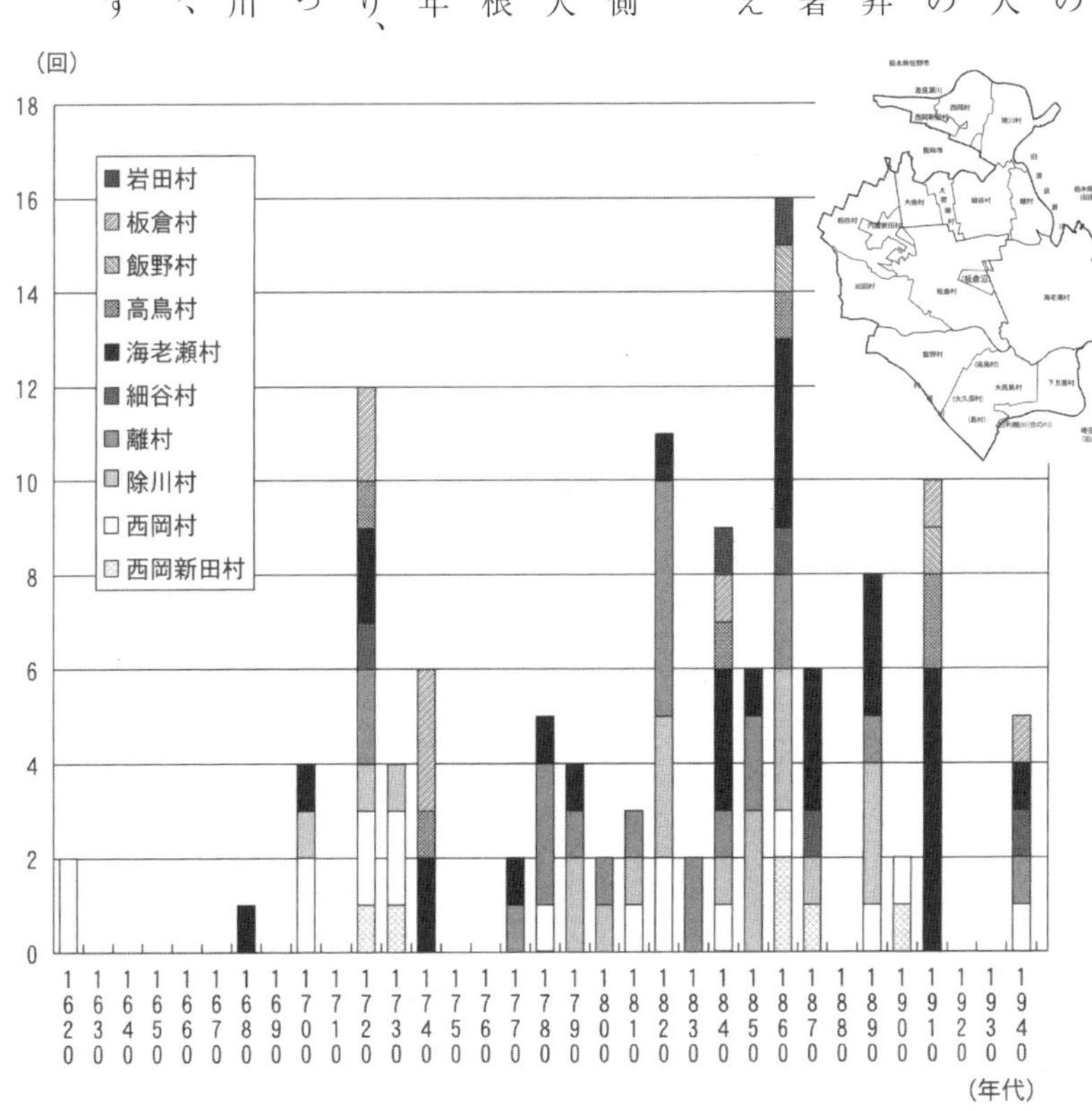

【図3】旧村位置図と年代別災害数（板倉町教育委員会 2004 に加筆）

【図 4】近代に確認できる堤（板倉町教育委員会 2008 に加筆）

（二）水場の治水と利水

利根川左岸と渡良瀬川右岸に築かれた囲堤（文禄堤）によって、板倉町は堤で囲まれることとなった（図4）。つまり中世末に低地の治水利水システムの基盤ができたといっても過言ではない。文禄堤は、利根川左岸が太田市古戸～板倉町下五箇までの長さ三三・〇km　高さ四・五～七・二m、渡良瀬川右岸が足利市田中町～板倉町海老瀬までの長さ二一・八km　高さ三・六～五・四mであるとされる。

さらに板倉町内は、堤が洪積台地に接続して、囲堤ともいえるかのように低湿地の耕作地と集落を守っている。図4に示したように、一つは渡良瀬川堤（文禄堤）から旧矢場川堤間（Ⅰ）、二つ目は旧矢場川堤から沼除堤間（Ⅱ）、三つ目は沼除堤から谷田川堤間（Ⅲ）、そして四つ目は谷田川堤から文禄堤の古利根川堤・利根川堤間（Ⅳ）である。

（三）水場の知恵と備え

板倉町には「水場の一寸高」（図5）という言葉がある。それは屋敷地・建物・耕作地など、僅か一寸（三・〇三cm）でも高い所を求める意識を表す言葉である。

旧矢場川周辺地域には、「北側の高まり（堤）はくずさない」という不文律があったが、近年、ニュータウン開発事

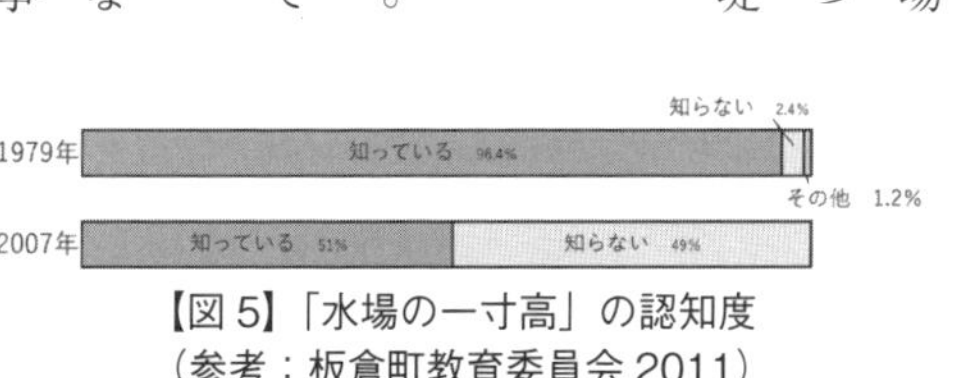

【図5】「水場の一寸高」の認知度
（参考：板倉町教育委員会 2011）

【写真1】大水時の川田（2007年9月8日 宮田撮影）

業など大きな土地利用の変化が見られた板倉沼東側の沼除堤地域（大字海老瀬字下新田～上新田地区）では聞かれない。しかしながら、沼除堤上に建物を建てたり、削平する場合でも、屋敷地形面まで低くせず、五〇～六〇cm残し、その上に構造物を建てている例が多い。それは、大水を意識していると言う。また新しい集落（板倉ニュータウン域）の主屋と比較すると、自然堤防上に住む旧住民は五〇～六〇cm以上高く盛土して建造する家が多い。「水場の一寸高」という言葉を知らない人が多くなっているのが現状であるが、少しでも高くするという潜在的な意識があるように思う。

さらに、耕作地についても、「水場の一寸高」の意識が見てとれる。低地の住民は、屋敷近辺で耕作するのではなく、大水に備えて、種籾確保のための籾種田や家族が一年分食べられるための飯米田として、少し（一寸）でも標高の高い農地を求めて耕作している。また堀を掘った土で少し（一寸）でも高く客土する低地農法の一つ「掘上田」を谷田川の河川敷に造っており、川田（写真1）と呼ぶ。

備えの最たるものとしては、水塚（みつか）と揚舟があげられる。

水塚（図6、写真2）は、盛土地形（水塚ボッチ）と水防建築（蔵屋）を含めた総称として呼ぶことが多い。水塚数は昭和五四年（一九七九）調査時は三四三棟、今回（令和五年）の調査では九九棟を数える。最古の現存水塚は天保元年（一八三〇）建造であり、水塚への避難の最古の記録は、文政六年（一八二三）の荻野家文書に認める。

水塚は大水時に家人や牛馬などが避難する場所であり、食糧（米や麦など）や衣類・什器等を保管する場所である。

【写真 2】坂田家の水塚（2024年 宮田撮影）

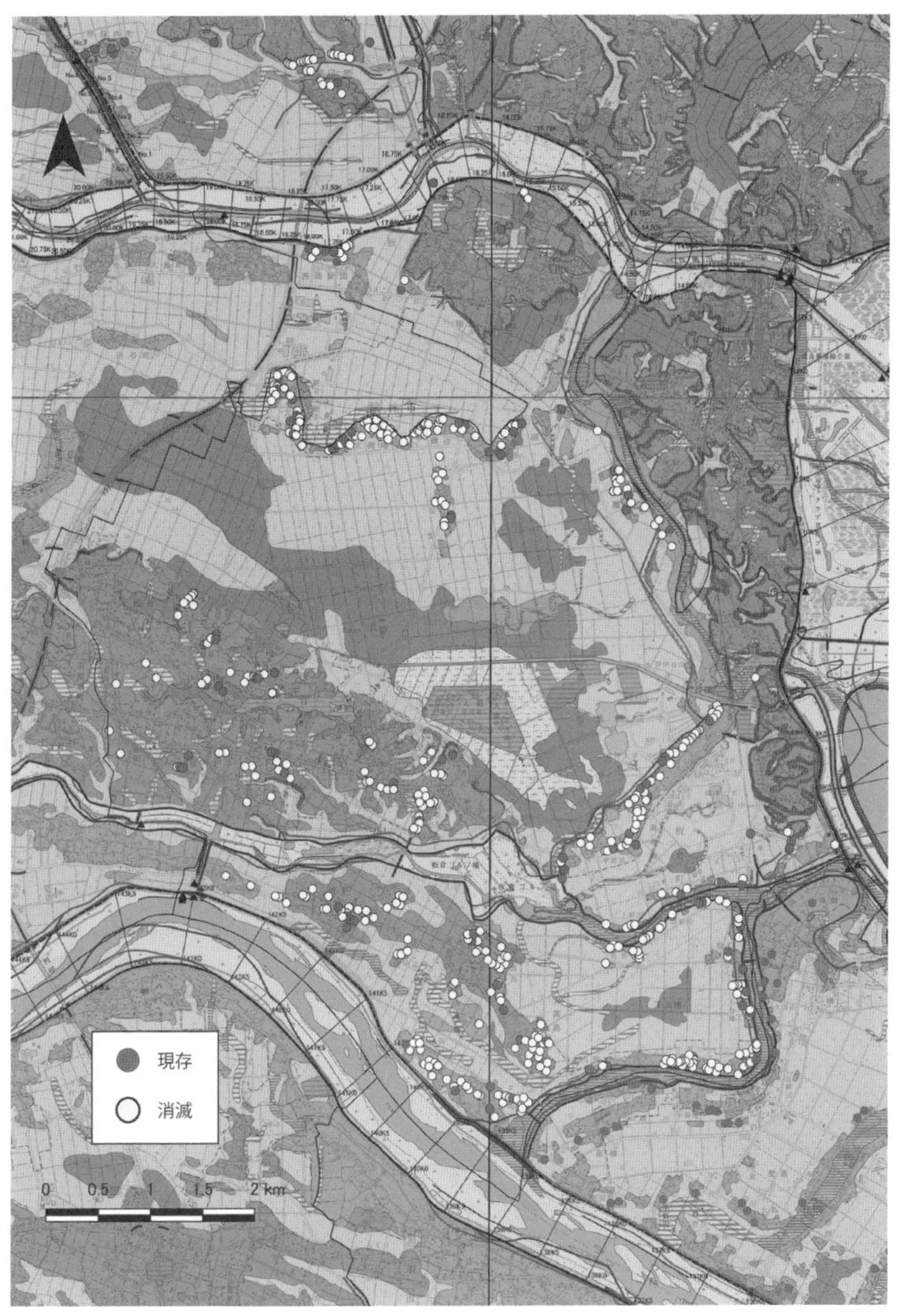

【図 6】板倉町の水塚分布図
（国土地理院「治水地形分類図」に加筆　参考：板倉町史編さん委員会 1980）

板倉町の水塚の特徴は、規模が二間×三間、二階建てが多く、味噌部屋が付いている場合もある。屋敷地内での位置は、盛土した独立型と谷田川・古利根川堤防に接続するもの、あるいは沼除堤上に建造する堤防型を認める。盛土の高さは、洪積台地上の水塚が約〇・三m、自然堤防上の水塚は二〜三mと、標高によって異なる。

水塚の使用法は一階が穀物貯蔵空間、二階が居住空間となっていることが一般的であり、天井を張らないなど生活空間が広く使用できる工夫を各所に認める。また穀物の貯蔵は、水に浸かっても食べられるものから順に、大麦・小麦・米・大豆と積む。また備蓄米としては、家族が食べる一年分と葬式米（じゃんぼんまい）そして種籾を備える。

揚舟は、納屋などの軒下に吊り下げている避難用の舟を言う。寛政三年（一七九一）荻野家文書には「用心船」と記されている。種類としては、人命救助・水見舞い等に使用する普通舟（長さ三間半　幅三尺）と、牛馬や米俵などを高台に避難させる場合に使用する馬舟（長さ三間半　幅四・五尺）がある。

また板倉町には、揚舟を女・子どもでも降ろせるように、降ろす際の縄のかけ方に工夫がみられたり、お湯を舳先に向かってかけて、早急に水漏れを防ぐ（木を膨張させる）方法や荷物は水に浮いてから載せるなど、いろいろな工夫や知恵がみられる。

（四）水場の住民意識

板倉町は近隣や親戚の助け合い、相互扶助が、他の地域と比べて強いと言われる。例えば水塚を持たない近所の家族を水塚に上げ、水が引くまで一緒に暮らす「水あがり」や高台の家では牛馬などを預かったりもしていた。現在でも大水になった場合には避難できる家を事前に決めていることもある。

ところで板倉沼を背景に建立されている雷電神社をはじめ、本地域では神社や石造物から水神信仰の厚さがみてと

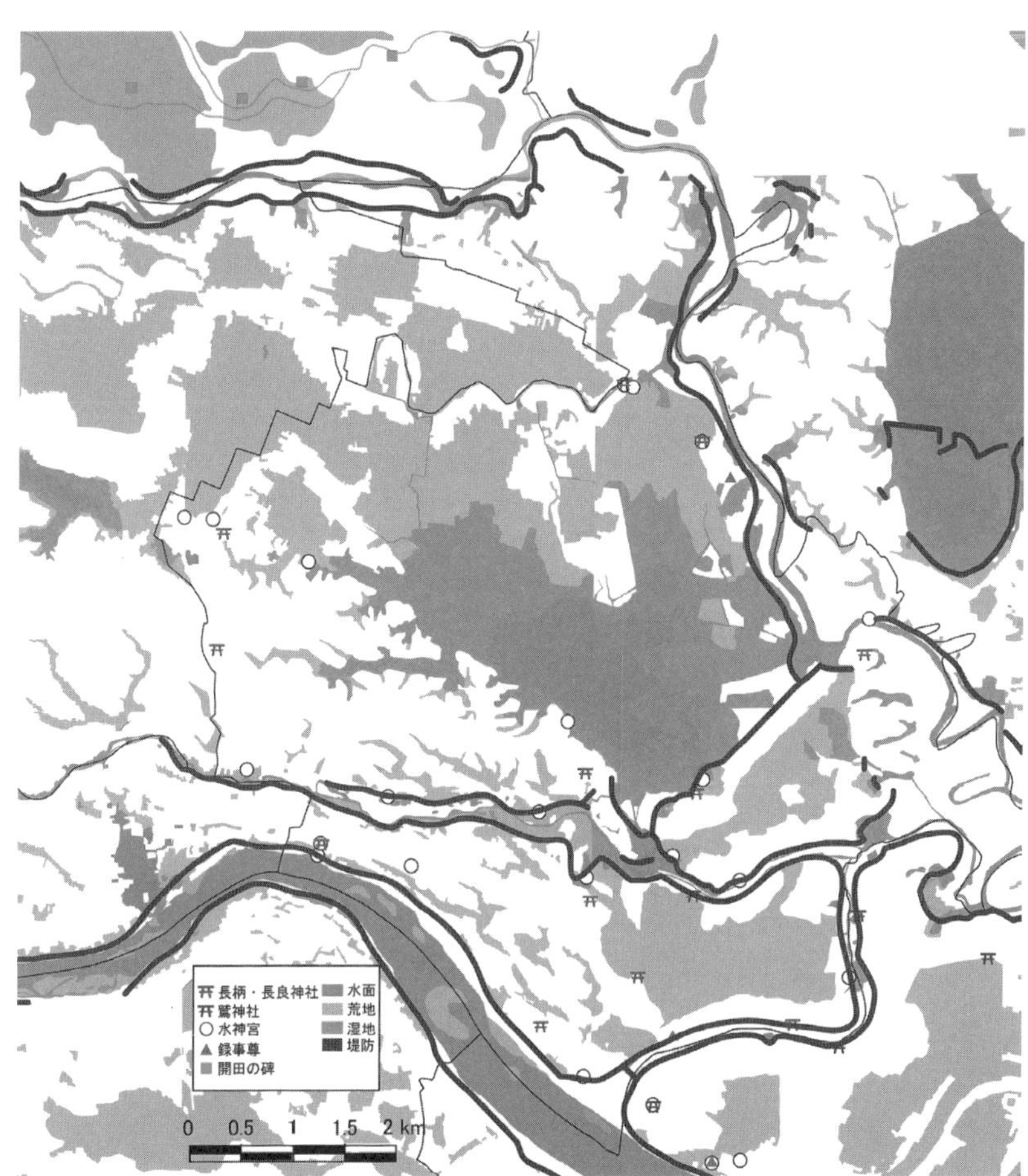

【図7】長柄・長良神社と水神に関する石造物分布図
（地理院タイル〔数値地図25000（土地条件）〕に加筆して作成）

れる（図7・8）。とくに長柄・長良神社は、邑楽郡と太田市の利根川・谷田川流域に顕著な分布を示す。これらの分布からナガラ信仰とは、大水の脅威から人々を護る水神、そして農業神として広まったと推察する。町内には、長柄神社三社、長良神社一〇社を数える。

「谷田川遊水地」周辺にナガラ神社が特異な分布をみせる。「谷田川遊水地」は、谷田川流域にあって、菱形状に川幅が大きく広がり、上流部より下流部の川幅が狭くなる。この遊水地は江戸時代から逆流な

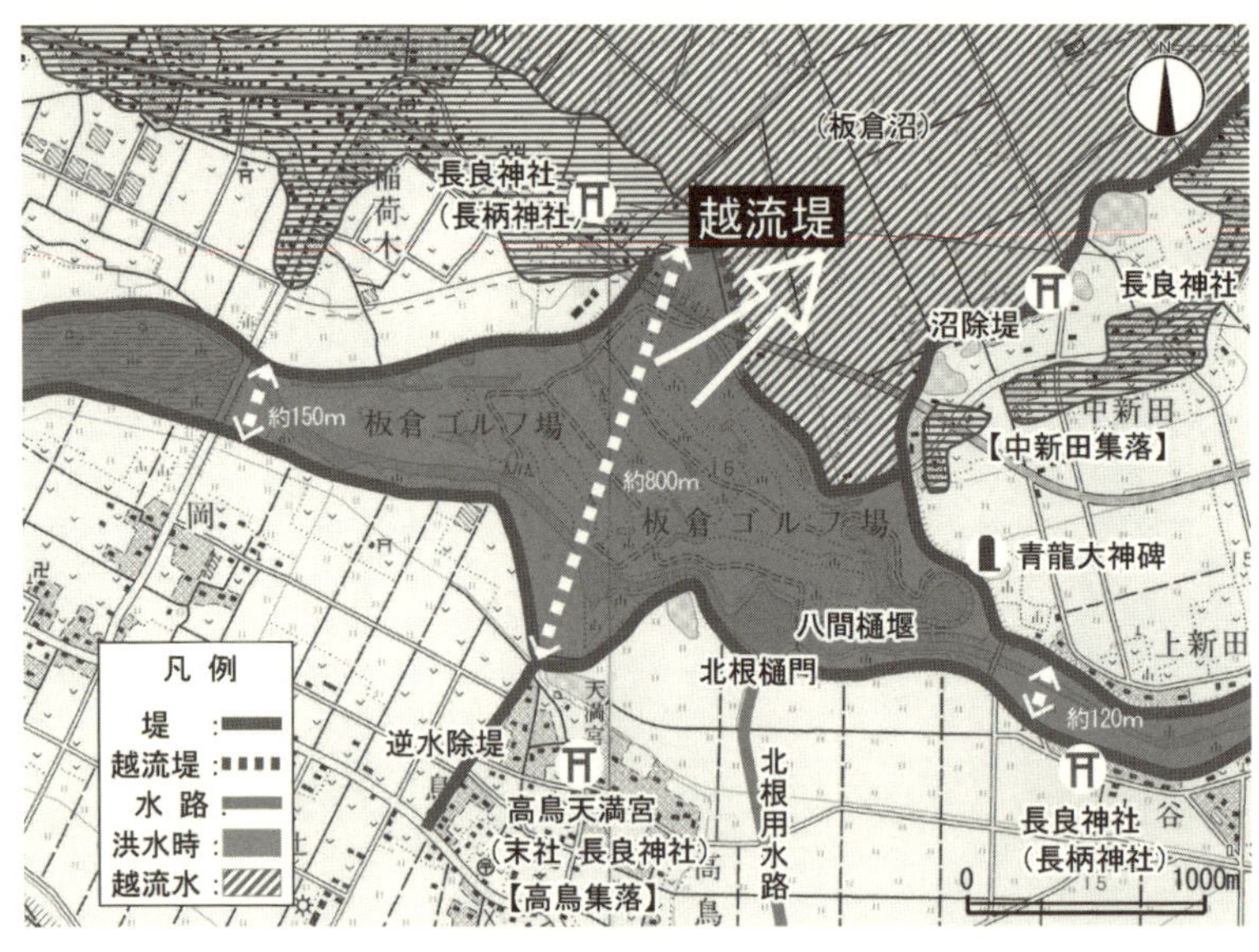

【図 8】谷田川遊水地周辺図（宮田 2019）

どを遊水させる場所で、満水になると、北側の板倉沼に越流する仕組みの開放型治水であることがみてとれる。そして重要な箇所、四地点（図８）に結界をはるかのように長良（長柄）神社が点在する。左岸側は越流する堤のある台地先端部と沼除堤上、右岸側は逆水除堤集落内と逆流水が入り込む谷田川遊水地の玄関口部分である。このように、人々の力ではどうすることもできない大水の害を鎮めてもらいたいと願う住民の意識（想い・祈り）から勧請したことが、長良（長柄）神社の分布にみてとれる。

さらに「谷田川遊水地」周辺には、延享二年（一七四五）の「板倉村絵図」（荻野家文書）に描かれた用水路・堰・樋門などを、現在でも確認することができる。まさしく土地に刻まれた歴史としても重要な箇所である。

また石造物は、水神（天）宮一一基、水神（天）宮・風神（天）宮四基、録事尊四基、その他、水に関する石祠五基を数える。これらは、破堤地や河道変流地に建てられていることが多い。

三　水場景観と土地改良

（一）近郷の水場景観

1　囲堤で囲まれた地域―旧北川辺町（加須市）―

旧北川辺町は、板倉町の東側にあって、古利根川（合の川）の右岸に位置する。また現在は、利根川と渡良瀬川の合流部にある。板倉町と同様に囲堤で囲まれているため、内水氾濫にみまわれることが多かった。水塚の分布（図9）は自然堤防上に顕著である。昭和五四年（一九七九）に五〇〇棟、今回の調査（令和五年）では、七六棟を数える。排水機場などの排水施設ができるまでは、大水を甘受し、営みを続けてきた地域である。沖積地に点在する農業神の鷲神社と破堤箇所にみる水神塔、河道変流箇所に建つ録事尊の信仰（図10）にみる文化的景観である。

2　無堤（霞堤）地域―秋山川流域（佐野市）―

秋山川流域は、佐野市の南側に位置し、渡良瀬川の左岸

【図9】旧北川辺町の水塚分布図（国土地理院「治水地形分類図」に加筆）

【図 10】旧北川辺町の鷲神社と水神に関する石造物分布図

側にあって、板倉町の北西側となる。大正時代末まで、秋山川と三杉川そして渡良瀬川の合流域にあって、無堤地域、遊水地となっていた。これらの川が増水すると、当然のごとく河川水は流入してくる。さらに足尾銅山の鉱毒水まで流入してくる状況に、極めて苦しめられてきた地域である。

水塚は自然堤防上と洪積台地南縁辺部に分布し、『板倉町史』編さん調査時（昭和五四年）には二七棟を数えたが、今回の調査（令和五年）では、八棟を確認する（図6北側部分）。

水神塔など、大水に対する石造物については未確認のため、信仰面での先人の想いを知ることはできなかったが、後述する開田に関する想いは計り知れないものがある。

（二）土地改良にみる文化的景観

1　板倉沼（板倉町）（図11、表1・2、写真3・4）

板倉町における池沼は、明治二二年（一八八九）当時は、三七箇所を数えたが、現存するのは、一二箇所である。その大半は決壊によって形成された沼、押堀（おっぽり）である。

これらの池沼の中でも板倉沼は、後背湿地に東毛地域の悪水が入り込み、内水が湛水する沼である。さらに周辺の田畑は、シゴミ（地水）によっても増水が頻発する地であった。板倉沼の大きさは、一八〇町歩（一七九ha）余、真菰や葦などが繁茂する湿地を含めると三六一・九町歩（三五九ha）であり、邑楽郡内最大であった沼は、昭和五五年（一九八〇）に渡良瀬遊水地造成時の廃土による埋立で姿を消している。

板倉沼開田の歴史は、表2に示している。大正時代、先人たちには、「大水の害を受けにくい菜の花を板倉沼に咲かせたい」という願いがあった。それから六〜七〇年間、土地改良、用排水事業、埋立等の干拓事業を推進した先人たちの努力によって、板倉沼（板倉低地）は関東地方でも有数の穀倉地帯となっている。住民が、破堤や湛水被害を受けながら、用排水事業によって干拓そして美田となった喜びが、「竣工記念」（昭和九年）の碑文（表1）にみてとれる。その後、胡瓜や茄子など園芸作物を栽培するハウス団地としたこと、再度の土地改良事業等の竣工記念碑は九基を数える。

美田化したのは板倉低地だけではなく、谷田川沿いの海老瀬低地や利根川沿いの大箇野低地、渡良瀬川沿いの西谷田低地（図11）でも同様に穀倉地帯になって

大箇野排水機場（1954年建造）
谷田川第一排水機場（2011年建造）
谷田川左岸堤

【写真3】重要な構成要素　排水機場
（後方は渡良瀬遊水地 2023年 宮田撮影）

【写真4】板倉町空中写真
（2010年 撮影　板倉町教育委員会 2011 に加筆）

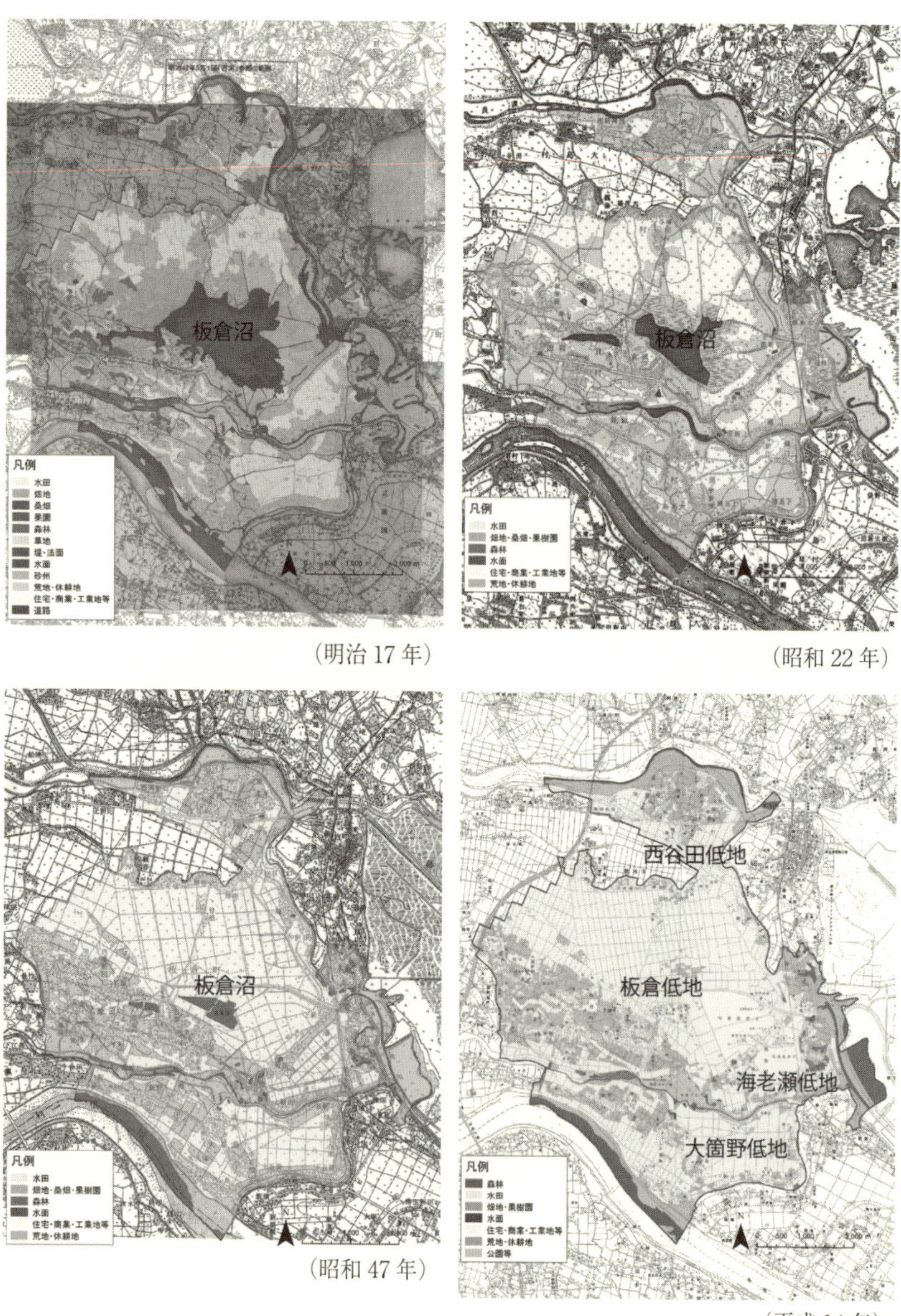

（明治 17 年）

（昭和 22 年）

（昭和 47 年）

（平成 14 年）

【図 11】板倉町の土地利用変遷図（板倉町教育委員会 2008 に加筆）

【表1】「竣工記念碑」碑文

建立年月	昭和九年（一九三四）
建立地	板倉町大字海老瀬字本郷（邑楽土地改良区事務所地内）
建立者	群馬県知事　金澤正雄・邑楽耕地整理組合長　松本英一
篆額	竣工記念
翻刻	元農林大臣元商工大臣正三位勲一等　町田忠治篆額 封建以来十四万八千石ノ名ヲ聞クヤ久シキ邑楽ノ東端ニ　中央周囲三里餘ニ亘ル板倉沼ヲ擁シ 南ニ利根北ニ渡良瀬ノ両巨川滔滔トシテ繞ル　卑濕ノ域ハ水殃ヲ被ルコト殊ニ甚シ　就中　明 治二十三年八月　渡良瀬川沿堤決潰ノ爲鉱毒ノ氾濫ニ虐ケラレ　嚢ニハ地味肥沃念穀豊饒ナリシ モ不毛ノ田疇ト化シ　悲惨ノ極積憯ノ泄ルル所謂鉱毒事件ヲ惹起セリ　既ニシテ　第二議会ノ提 案トシテ社会ノ耳目ヲ聳動セシメタリ　爾来　河床ノ増高ト共ニ此年破堤又ハ湛水ノ度数増シ鉱 毒ノ害モ亦激甚ヲ加ヘ住民ハ塗炭ノ苦ニ陥リ惕然墳墓ノ地ヲ離ルルノ悲運ヲ将来セルハ近世ノ事 象ニ属ス　殊ニ明治四十三念八月利根・渡良瀬ノ沿堤決潰数箇所ニ及ヒ　家屋ノ流失人畜ノ死傷 夥シク　地上ノ澱淤亦脛ヲ没スルノ惨状ヲ極メタリ　同年九月八日明治大帝ニ於カセラレテハ日 根野侍従ヲ御差遣遊サレ　具ニ其ノ惨状踏査セシメタリ　宮ニ於テモ其實情ヲ調査シ造次モ忽諸 ニ附スル能ハサルノ事態ヲ察シ　同年漸クニシテ利根・渡良瀬治水規穫定マリテ　着工ノ後十年 ニシテ漸クスルト共ニ破堤ノ勞銃患ヲ免ルルヲ得タレトモ卑濕ナル土地　四百五十餘町歩湛水ノ 患脱スル能ハズ爲ニ其ノ収穫ヲ見ルコト殆ト稀ナリ　時ニ河川改修附帯工事トシテ仲伊谷田排水 樋管普通水利組合ノ設立ヲ見　板倉沼ヨリ放水路ヲ開鑿セシモ疎水意ノ如クナラズ　依然トシテ 生活ノ窮迫ヲ告ゲタリ　偶々　大正十二年八月　一部ノ先覺者胥謀リ獻身的犠牲ヲ拂ヒ私財ヲ拠 チ畫期的大事業ヲ計画シ　邑楽耕地整理組合創立ノ基ヲナセリ　此ノ間不撓不屈　漸クニシテ 西谷田　伊奈良　大箇野ノ一圓　細谷　大嶋　赤羽ノ一部ヲ一團トシ大正十五年十二月　地域 千六百二十五町歩　地主二千九百餘人ヲ組合員トスル本組合ノ成立ヲ見ルニ至リ　始メテ組合員 均霑ノ慶ヲ共ニスルヲ得　其ノ工ヲ施スニ方り大部分ハ縣營事業トシテ其ノ工ヲ董ス工程ニ於テ 第一排水機場口径四十八吋　排水機四台　電動機四百馬力二台　排水量毎秒七十石　第二排水機 場口径二十八吋　排水機三台　電動機百三十馬力一台　排水量毎秒十七石及ビ之ニ附随スル排水 幹線延長八千二百二十餘間　用水ニ於テハ大嶋地先　渡良瀬川右岸ニ用水樋門一箇處　利根加用 水改良設備之ニ伴フ用水路ハ幹支線ヲ通シ三万六千二百六十餘間ニ亘リ　其ノ他鉄筋混凝土橋木 橋二百三十橋　其ノ他ノ工作物等ニ勞役シタル延人員ハ實ニ二十五万千餘人ナリ　而シテ其ノ糜 財　實ニ百二十八萬圓ノ巨額ニ達ス　是ヲ以テ免殃完穫ノ實ヲ完ウスルニ足ル工ヲ竣ヘタリ　就 中　板倉沼ヲ中心トスル三百餘町歩ノ藻草場ニ在リテハ其ノ効果ヲ疑ヒシモ　事業進捗ノ結果 干拓美田化セシメタル好成績ニ至リテハ　世人ノ稱讃措ク能ハザル所ナリ 　昭和九年十一月十三日　聖上陛下ニハ特別大演習御統裁ノ爲　群馬縣下ニ御駐輦中　特ニ本組合 ニ永積侍従ヲ御差遣アラセラレ巡覧ノ勞ヲ賜ハリシハ感激ニ堪ヘサル所ナリ回顧スレハ多年勞患荐 リニ臻リシモ地域内ノ民心撓マス屈セズ其ノ至誠天ヲ動シ遂ニ能ク鉅業ノ竣成ヲ見ルニ至ル　蓋シ 聖代ノ餘澤ナリ 茲ニ組合員胥謀リ碑ヲ建テ諸ヲ不朽ニ傳ヘント欲シ來リテ文ヲ餘ニ徴ス　乃チ其ノ知ル所ヲ叙シ 之カ記ト爲ス
裏面	工事主要人名

おり、板倉町全体が文化的景観と言っても過言ではない。

2　旧北川辺町（表3・4、写真5）

旧北川辺町の土地改良の歴史は、表3に概要を示す。内水氾濫を回避するため、大正九年（一九二〇）に字本郷に閘門、そして閘門に接するように字伊賀袋に排水機場を設置するも関東大震災で破損する。その後も破損と修復の繰り返しで現在の排水機場は四代目となる。また渡良瀬川の改修や排水路の整備事業などを経て、現在の穀倉地帯を形成する。さらに昭和三〇～四〇年代、稲の種類は、湛水しても穂先が水に浸らないような草丈の高い農林百号を栽培したが倒伏が多く、病気も発生しやすかった。そこで人々は調査・研究を重ね、昭和四五年（一九七〇）頃に湛水に強いコシヒカリの栽培に切り替えた。その結果、味・収穫

化史年表

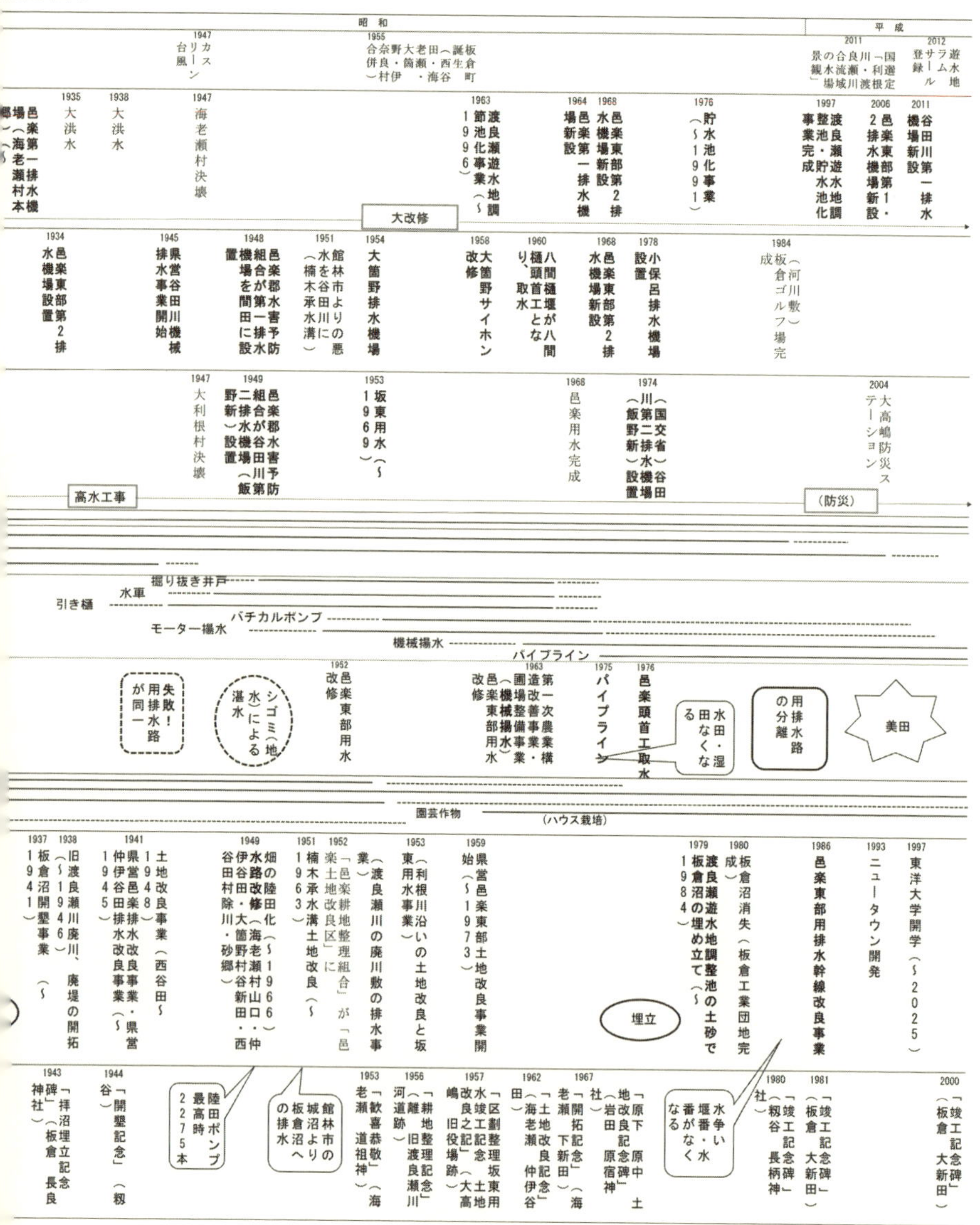

昭和
平成
1947 カスリーン台風
1955 板倉町誕生（西谷田・海老瀬・大箇野・伊奈良村合併）
2011 「国選定・利根川・渡良瀬川流域の水場景観」
2012 遊水地ラムサール登録
邑楽第一排水機場（海老瀬村本郷）
1935 大洪水
1938 大洪水
1947 海老瀬村決壊
1963 渡良瀬遊水地調節池化事業（〜1996）
大改修
1964 邑楽第一排水機場新設
1968 邑楽東部第2排水機場新設
1976 貯水池化事業（〜1991）
1997 渡良瀬遊水地調整池・貯水池化事業完成
2006 邑楽東部第1・2排水機場新設
2011 谷田川第一排水機場新設
1934 邑楽東部第2排水機場設置
1945 県営谷田川排水機械事業開始
1948 邑楽郡水害予防組合が第一排水機場を間田に設置
1951 館林市より谷田川の悪水（楠木承水溝）
1954 大箇野排水機場
1958 大箇野サイホン改修
1960 八間樋堰が八間樋首工となり、取水
1968 邑楽東部第2排水機場新設
1978 小保呂排水機場設置
1984 板倉ゴルフ場完成（河川敷）
1947 大利根村決壊
1949 邑楽郡水害予防組合が谷田川第二排水機場（飯野新）設置
1953 坂東用水（〜1969）
1968 邑楽用水完成
1974 （国交省）谷田川第二排水機場（飯野新）設置
2004 大高嶋防災ステーション
高水工事
（防災）
掘り抜き井戸
水車
引き樋
バチカルポンプ
モーター揚水
機械揚水
パイプライン
失敗！用排水路が同一
シゴミ（地水）による湛水
1952 邑楽東部用水改修
1963 第一次農業構造改善事業・圃場整備事業（機械揚水）邑楽東部用水改修
1975 パイプライン
1976 邑楽頭首工取水
水田・湿田がなくなる
用排水路の分離
美田
園芸作物
（ハウス栽培）
1937 板倉沼開墾事業（〜1941）
1938 旧渡良瀬川廃川、廃堤の開拓（〜1946）
1941 県営邑楽排水改良事業・県営仲伊谷田排水改良事業（〜1945）
土地改良事業（西谷田〜1948）
1949 畑の陸田化（〜1966）
水路の改修（海老瀬村山口・伊谷田村大箇野村谷田川除・砂郷・新田・西仲）
1951 楠木承水溝土地改良（〜1963）
1952 「邑楽耕地整理組合」が「邑楽土地改良区」に
渡良瀬川の廃川敷の排水事業
1953 利根川沿いの土地改良と坂東用水事業（〜）
1959 県営邑楽東部土地改良事業開始（〜1973）
埋立
1979 渡良瀬遊水地調整池の土砂で板倉沼の埋め立て（〜1984）
1980 板倉沼消失（板倉工業団地完成）
1986 邑楽東部用排水幹線改良事業
1993 ニュータウン開発
1997 東洋大学開学（〜2025）
1943 「拝沼埋立記念碑」（板倉長良神社）
1944 「開墾記念」（籾谷）
陸田ポンプ最高時2275本
館林市より城沼の排水が板倉沼へ
1953 「歓喜恭敬」（海老瀬道祖神）
1956 「離耕地整理記念」（旧渡良瀬川河道跡）
1957 「区劃整理竣工記念」（大高島東土地改良之記・旧役場跡）
1962 「土地改良記念」（海老瀬仲伊谷田）
1967 「開拓記念」（海老瀬下新田）
「地下原中土地改良記念碑」（原宿岩田神社）
水争いが堰番がなくなる
1980 「竣工記念碑」（籾谷長柄神社）
1981 「竣工記念碑」（板倉大新田）
2000 「竣工記念碑」（板倉大新田）

【表2】

時代	江戸／明治
主なできごと	1783 浅間山噴火／1838 浅間山噴火／1889 西谷田・海老瀬・大箇野・伊奈良村誕生
水系ごとの改修・大水：渡良瀬川	1595 **館林藩主榊原康政築堤**／1624 **除川村直線化**、西岡村決壊／**矢場川合流**／大改修／1688 海老瀬村決壊／1700 海老瀬村決壊／1704 西岡・除川村決壊／1723 西岡・離村決壊／1731 洪水／1734 西岡村決壊／1777 離村決壊／1780 離村決壊／1781 西岡・離村決壊／1786 離村決壊／1791 除川・離村決壊／1793 除川・海老瀬村決壊／1802 西岡・除川・離村決壊／1835 離村決壊／1846 海老瀬村決壊／1855 除川村決壊／1870 海老瀬・除川・西岡新田村決壊／1875 除川・海老瀬村決壊／1890 除川・海老瀬村決壊／1906 西谷田・海老瀬村決壊／1907 海老瀬村決壊／1910 **渡良瀬遊水地築造（〜1922）**、海老瀬村決壊／1914 海老瀬村決壊
水系ごとの改修・大水：谷田川	1682 洪水（〜9年間）／1690 **大輪沼大改修**／1725 **八間樋堰破損・伏替願**／1742 海老瀬村小保呂決壊／1788 決壊／1802 **高鳥堰揚水改修**／1844 決壊／1910 伊奈良村決壊／1914 伊奈良村決壊
水系ごとの改修・大水：利根川	1594 **会の川締め切り**／1595 **館林藩主榊原康政築堤**／1621 **新川通りの開削**／1641 **権現堂川・江戸川掘削**／大改修／1704 大洪水／1731 **江戸川棒出し**／1740 **全水系改修工事**／1783 河床上昇／1788 決壊・築堤願／1838 **浅間川締め切り**／1841 **合の川締め切り**／1846 大洪水／1896 大洪水／1900 **高水工事**／1910 飯野・大箇野村決壊
水塚	1823水塚避難記録初出（荻野家文書）　1830現存水塚（小野田儀一宅）
掘上げ田	1770初出（荻野家文書）
田舟	
藻とり（肥料）	
農業：用水：掘り抜き井戸／水車／引き樋／バチカルポンプ／モーター揚水／機械揚水／パイプライン	
農業：用水：事業・建造物	
農業：栽培作物	水稲／陸稲／麦／桑
板倉沼の新田開発と土地改良 ＊()は利根・渡良瀬川沿いの低地の土地改良	1573 内蔵新田／1617 細谷・大荷場／1624 西岡新田など／1723 板倉沼開発願／1750 開発願（大曲・大荷場・細谷・離・内蔵新田）／1759 板倉沼水質悪化／1790代 「施田大明神」新田開発（大曲・大荷場）／「板倉沼に菜の花を咲かせたい」
竣工記念碑	排水路開削

（ ）内の地名は旧北川辺町・○○村決壊は板倉町

大正	昭和	平成

1923 関東大震災
1930 伊賀袋が茨城県より埼玉県に編入
1947 カスリーン台風
1955 ＊板倉町誕生（西谷田・海老瀬・大箇野・伊奈良村合併）＊北川辺村誕生（利島・川辺村合併）
1971 北川辺町となる
2010 加須市へ合併
2011 国選定「利根川・渡良瀬川合流域の水場景観」
2012 渡良瀬遊水地ラムサール登録湿地

1902 決壊（伊賀袋）
1907 決壊（駒場・向古河）
1910 決壊（駒場・小野袋・柳生）
渡良瀬遊水地築造（～1922）
1914 海老瀬村決壊
1918 流路変更（板倉町除川と藤岡町底谷を開削）
1922 遊水地化完成
1928 邑楽第一排水機場（海老瀬村本郷）＊カスリーン台風で壊滅
1935 大洪水
1938 大洪水
1947 決壊（下柏戸）
大改修
1963 渡良瀬遊水地調節池化事業（～1997）
1964 邑楽第一排水機場新設
1976 貯水池化事業（～1990）
1997 渡良瀬遊水地調整池・貯水池化事業完成
2011 谷田川第一排水機場新設

1900 高水工事
1902 決壊（飯積・麦倉・本郷）
1907 決壊（飯積・麦倉・本郷）
1910 決壊（飯積・麦倉・栄・本郷）
1947 大利根村決壊
1949 邑楽郡水害予防組合が谷田川第二排水機場（飯野新）設置
1953 坂東用水（～1958）
高水工事
1974 （国交省）谷田川第二排水機場（飯野新）設置
2004 大高嶋防災ステーション
（防災）

1917 本郷樋管改良工事
1920 本郷に閘門（排水機場？）を設置
1921 北川辺領耕地整理組合設置
1922 第一排水機場設置 ＊関東大震災で崩壊 向古河・駒場・本郷樋管を本郷排水樋管に統合
1923 高台承水渠新設
1933 飯積樋管（用水）改造
1942 排水機場工事着手
1946 第二排水機場設置 ＊カスリーン台風で水没
1950 県営幹線改良工事着工
1952 耕地整理組合を北川辺領土地改良区に改組
1953 第三排水機場設置
失敗！用排水路が同一
1962 北川辺領排水機場県営土地改良事業
1968 邑楽用水路
1971 県営かんがい排水事業
1972 幹線パイプライン揚水機場（～1993）
シゴミ（地水）による湛水がなくなる
用排水路の分離
1993 県営湛水防除事業（～2001）
1998 北川辺領排水機場新設（第四排水機場）
美田

農林百号
コシヒカリ

1924 福祉無窮（伊賀袋）
用排水兼用のため上流部（溢水）下流部（水不足）
1964 竣工記念碑（伊賀袋）
湛水害に強いコシヒカリの栽培
安定的用水
1994 県営かんがい排水事業北川辺領地区竣工記念碑（伊賀袋）
2001 碑文（伊賀袋）
2010「北川辺コシヒカリ」商標登録

量とも優れたコシヒカリの一大産地となっている。

長雨が続けば、破堤し、田園は泥に覆われたが、閘門を造り、汚泥を取り除いて清き水にし、低湿地が良田となったことの喜びと同時にこれからも農民が皆安心して耕作に励めるのは盛事と「福祉無窮」（大正一三年建立）の碑文に見られる。その後、

【写真 5】利根川と渡良瀬川合流部景観
（旧北川辺町本郷　2023年 宮田撮影）

【表3】旧北川辺町水文化史

時代	江戸
主なできごと	1783 浅間山噴火 1838 浅間山噴火 1889 西谷田・海老瀬・大箇野・伊奈良村誕生
渡良瀬川	1595 館林藩主榊原康政築堤 1624 除川村直線化 矢場川合流 大改修 1731 洪水 1786 決壊（柏戸・小野袋） 1823 決壊（小野袋） 1824 決壊（小野袋・柳生） 1826 決壊（小野袋） 1828 決壊（小野袋） 1835 決壊（柏戸・柳生） 1844 決壊（小野袋） 1845 決壊（小野袋） 1846 決壊（柏戸・小野袋） 1855 除川村決壊 1870 決壊（柏戸・小野袋・柳生） 1875 除川・海老瀬村決壊 1889 決壊（柏戸） 18 決壊
利根川	1594 会の川締め切り 1595 館林藩主榊原康政築堤 1607 道路・堤防并橋梁之制 1621 新川通りの開削 1641 権現堂川・江戸川掘削 1704 大洪水 大改修 1731 江戸川棒出し 1740 全水系改修工事 1764 決壊 1783 河床上昇決壊（麦倉・曽根） 1786 決壊（栄・本郷） 1789 決壊・築堤願 1790 決壊（栄・本郷） 1805 決壊（本郷） 1812 決壊（栄） 1822 決壊（本郷・向古河） 1823 決壊（本郷） 1824 決壊（栄・本郷・駒場・向古河） 1828 決壊（栄・本郷） 1838 浅間川締め切り 1840 決壊（栄・本郷） 1841 合の川締め切り本郷に土出し 1844 決壊（栄・本郷） 1845 決壊（本郷） 1846 決壊（飯積・麦倉・栄・向古河） 1856 決壊（本郷） 1858 決壊（飯積・麦倉・栄・本郷） 1859 決壊（本郷） 1860 決壊（栄） 1866 決壊（栄） 1867 決壊（本郷） 1870 決壊（栄・本郷・伊賀袋） 1882 決壊（本郷） 1883 決壊（栄） 1885 決壊（駒場） 18 栄）
新田開発・土地改良	囲堤の造築？
稲	
竣工記念碑	

排水機場等の改修ごとに建立した三基の記念碑がある。

3 秋山川流域（図12、表5・6、写真6）

自然流入する広大な遊水地であった本地域を田や畑として耕作できる地にするまでの住民の想いは、渡良瀬川の築堤と秋山川を直接渡良瀬川に合流させる河川改修だったことがそれぞれの「開田の碑」の碑文か

【写真6】秋山川流域の田園風景
（2023年 宮田撮影）

【表 4】「福祉無窮」碑文

建立年月	建立地	建立者	篆額	翻刻	裏面
大正十三年（一九二四）十一月	加須市伊賀袋（北川辺領土地改良区事務所地内）	埼玉県知事　斉藤守圀	福祉無窮	北川邊領耕地整理碑 農商務大臣正三位勲一等高橋是清篆額 治圀ノ要ハ治水ニ在リ水利治マラサレム則チ圀家治マラサルナリ北埼玉郡川邊利島ノ二邑舊 古河川邊領ト稱シ利根渡良瀬ノ二流其南北ヲ劃リ四面皆隄ニシテ一團域ヲ爲セリ相傳フ元禄 中蕃山熊澤伯繼艸莱ヲ闢キ沛澤ヲ決シテ水利ヲ定メ長隄ヲ築キテ濫溢ヲ禦ギ治水墾田ノ利ヲ 擧ゲ封畛修整トシテ化ヲ承ケ農ニ勉メ人煙攅簇トシテ民物ノ富饒ナル殆ト封内ニ冠タリシト 今ニ至ルマテ其惠澤ヲ被リ呼テ蕃山隄ト称スト云フ爾来二百餘年滄桑の變川底日ニ高ク河流 淤塞ス是ニ於テ利渡ノ二流水勢大ニ變シ夏秋ノ候甚雨数日ナレハ忽チ水潦路ヲ浸シ泥濘脛 ヲ没シ交通モ屢梗リ田疇ノ害搬運ノ難殆ト寧歳ナシ若シ夫レ霖雨久シキニ彌ラムカ水勢暴ニ 漲リ全隄決潰シ江流内ニ注キ滾滾滔滔田園ヲ淹没シ廬舎ヲ崩析シテ一望海ノ如ク人畜ヲ漂没 スルコト尠カラス是ヲ以テ居民早ヲ喜ヒ撈ヲ擢ルト云フ輓近水災荐ニ臻リ田蕪シ戸耗シ蕭條 ノ氣四隅ヲ圧シ民心日ニ荒ミ轉徒シテ業ヲ變セムトスルモノ多ク有志ノ徒深ク以テ憂トナセ リ明治四十三年諸圀ニ霖潦アリテ河川氾濫ス内務省治水調査會ヲ設ケテ利渡ノ二流ヲ改修シ 大ニ土功ヲ興シ隄ヲ修メ本郷ニ閘門ヲ築キ大正九年四月竣工ス隄ハ其潰決ヲ遏メ閘門ハ其宣 洩遏ヲ度リ以テ巨害ヲ除キ田廬ヲ保ツヘシ有識ノ士相議シテ曰ク是時ニ當リ田畝ヲ整理シ灌 漑を通シ淤泥ヲ排シ治水整田ノ利ヲ擧ケムカ亦庶クハ田蕪戸耗ノ憂ヲ免カレムト乃チ之ヲ 宮ニ請ヒテ充ヲ得宮爲ニ特ニ補助金ヲ賜ヒ又給スルニ低利資金ヲ以テ是ニ於テ工程始メテ 決シ新郷海老瀬藤岡等千六百六十町歩ノ地ヲ合セ一區トナシ北川邊領耕地整理組合ヲ設ケ 拮据經營工ヲ督シ役ヲ奨メ十年十一月ヨリ起リ十二年九月功成リ将ニ落セムトス會大震災 アリ一部ニ破損ヲ生セリ乃チ復舊工事ヲ施シ十三年六月竣ル其間僅ニ三年餘ヲ費スコト金 四十六萬三千餘圓ナリ其計畫ノ法ハ或ハ舊渠ニ因リテ之ヲ釐メ或ハ地勢ニ隋テ之ヲ鑿チ其並 行スルモノハ卑キニ就カシメ卑行スルモノハ疏鑿シテ益卑キニ赴カシメ皆之ヲ本郷閘門ニ集 メ新巧ノ機械ヲ用ヰ之ヲ渡良瀬川ニ排濟ス其機電動二箇喞筒四箇ヲ具ヘ工精ニ材堅ニ縦横 ニ回轉シ数級承ケテ一直ニ瀉下ス洵ニ巨觀ナリ是ニ於テ大小ノ溝渠ハ經緯相資リ高低上下咸 ナ宜シキヲ得テ淤泥去リテ清泉流レ朽壌變シテ沃土トナリ沮洳化シテ良田トナリ北川邊ノ穀 復タ聲價ヲ増スニ至レリ組合員千四百四十四人親睦一家ノ如ク嚢ノ轉徒シテ業ヲ變セムト浴 セシモノモ皆其土ニ安ンシ益力ヲ耕耨ニ盡スヲ見ルハ洵ニ昭代ノ盛事ト謂フヘキナリ方今聖 明上ニ唱ヘタマヒ有志下ニ化シ其斯道ヲ闡暢光明シ斯民ヲ提撕携覚シテ人事ヲ盡ス所以ノモ ノ至レリ若シ夫レ領民此機ニ乗シ化ヲ承ケ農ニ勉メ利用厚生ノ道ヲ愆ナカラムカ則チ此擧豈 惟ニ治水整田ノ功ノミト謂ハムヤ頃者組合員胥謀リ石ヲ建テテ其事ヲ勅シ後世ニ遺サムトシ テ組合長羽鳥直次郎ヲ介シ予ニ文ヲ請フ予乏ヲ本縣ニ承ケ此盛擧ヲ見ルハ喜ヒ自ラ禁スル能 ハス乃チ其要領ヲ叙シ永ク不朽ニ垂レ後人ヲシテ其功徳ヲ誒ルルナカラシメムトス銘ニ曰ク 先拡修隄　殿惠四方　今人整田　頌徳家郷　田園愈拓　美穀穰穰　偉績雙絶　永享禎祥	関係者職氏名

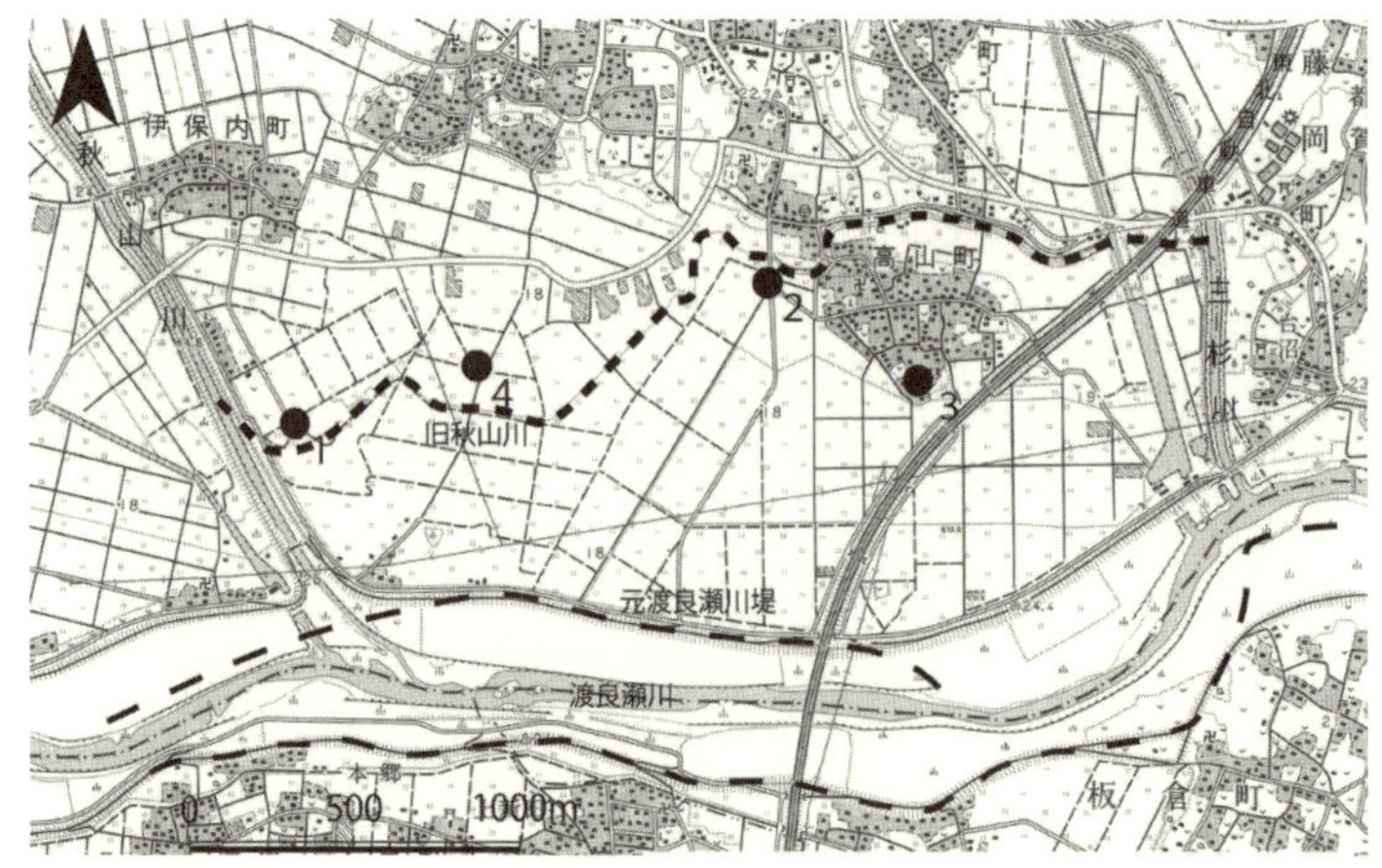

【図 12】秋山川流域の地形と「開田の碑」位置図（No. は表 6 に準拠）

【表6】秋山川流域「開田の碑」一覧表（No. は図12に準拠）

No.	建立年月	建立地	建立者	篆額	翻刻	裏面
1	昭和七年（一九三二）四月	佐野市伊保内地内	（植野村）	協和	当開墾地ハ栃木縣安蘇郡植野村大字植野ノ共有地ナリ面積貳拾八町貳段餘歩内訳水田左岸拾貳町九段餘歩右岸六町九段餘歩畑左岸五町六段餘歩右岸貳町壹段歩宅地貳仟餘坪アリ大正十四年十月十三日ヲ以ツテ工ヲ起シ昭和五年三月竣工シ尚耕地トシテ改善スル所アリ其職理ヲ完了セシハ昭和六年五月トス経費金九仟餘圓内農林省ヨリ開墾助成金壹仟参百ヲ圓交付セラル此地元佐野藩主堀田候ノ所領ナリシガ明治維新大政奉還ノ際大字植野ノ共有地ニ帰ス由来低湿地ノ地ニシテ年々水害ヲ被リ耕作ニ適セザリシガ偶々明治四十二年以来渡良瀬川改修工事ト共ニ秋山川ノ改修工事モ始メラル抑秋山川ハ本村ノ中央ヲ貫流シテ伊保内ノ南端ヲ過ギ更ニ左折シテ界村ニ至リシモノナルガ改修ノ結果一直線ニ南下シテ渡良瀬川ニ合流セシメ堅固ナル堤防ト大樋門トヲ以ツテ洪水氾濫ノ患ナキニ至レリ是ニ於テ植野區會ハ大正十三年十一月耕地トナスノ決議ヲ経大正十四年六月栃木縣知事ヨリ耕地整理施行ノ認可ヲ得タリ乃チ技師ノ派遣ヲ請ヒ測量及ビ設計ヲ囑シ更ニ其指導監督ノ下ニ同年秋末工ヲ起シ経営四箇年餘許多ノ資金ト莫大ノ労力トヲ費シテ遂ニ其完成ヲ見タリ是ニ於テ多年不毛の原野ハ一朝ニシテ肥沃ノ耕作地ト変ジ将来區民ヲ利シ延イテハ国家ヲ益スルコト測リ知ルベカラザラントス願フニ斯ノ成果ヲ収ムルニ至リシハ主トシテ村当局及ビ區会ノ処置宜シキヲ得タルノ致ス所ナリト雖亦直接之レガ工事ニ従事セシ委員諸氏ノ熱心ナル監督ト工事請負者ノ多大ナル努力トニ待ツ所勠カラズ茲ニ工事ノ完成ニ當リ其顛末ヲ略述シ関係者ノ氏名ヲ列挙シテ以ツテ後ニ傳フ	工事関係者氏名　村長ほか35名
2	昭和二七年（一九五二）八月	佐野市馬門前地内	越名沼沿岸耕地整理組合	開田の碑	事業之概要 明治初年より殷賑を極るに至つた芦尾銅山の煙毒はまづ水源地帯山林を荒廢せしめ為に渡良瀬川河床は土砂の流入堆積甚だしく順次河川の機能を失するに至る　明治中期以来沿岸一帯は年々数回に及び丈餘達する濁水の氾濫に見舞はれ低位部の耕地は勿論数千の家屋すら總べて浸水するの災厄を喫す　大正十年漸く渡良瀬川の改修成り　秋山川を伊保内地内より本川直流せしむることにより　當地区も一應外水の流入を防止することを得て　昔日の觀は全く一変するに至りたるも　地区内の悪水排除に関しては何等の設備なく　尚低位部十餘町歩は不耗のまゝ放置するの外なく　他の耕地と雖も毎年一回乃至数回冠水して収穫皆無に帰すること一再ならず　當地区民は塗炭の苦をなむ　秋山川筋水害豫防組合は大正十年に設立され　これを地元圃体として企劃された栃木縣営界村外一町三ケ村排水幹線改良事業は自昭和七年度至昭和十二年度の六ケ年を要し　排水機　排水幹線水路承水濟等の設備を完成し　茲に當地区耕地整理事業施行の気運を急速度に醸成されるに至つた 　越名沼沿岸耕地整理組合は昭和十一年十一月設立　當地区は其の第二区ノ二地区と稱し　他地区に先んと　昭和十二年二月第一期工事に着手し　昭和十七年六月第二期工事の完了により開田五十一町三反畑三町五反の全工事を完成す 工事請負区分（下表）	界村長・組合長名ほか18名
3	昭和三十年（一九五五）一月十七日	佐野市高山地内（熊野神社境内）	高山整理地耕作組合	開田の碑	当高山町は往時渡良瀬川の氾濫により耕地は勿論居宅の大部分を年々水魔蹂躙に侵され悲惨な歴史がある　大正十年渡良瀬川并秋山川の改修なり其の后昭和十二年栃木縣営界村外一町三ケ村排水幹線改良事業完成するに至るて始めて治水は完璧となり昔年の惨害は一顧の夢と化するに至つた越名沼沿岸耕地整理組合は昭和十一年十一月に設立され馬門高山越名鐙塚西浦都賀等を含む総地積二百七十三町歩に亘る廣汎な地城にして当區は其の第二区の一地区と稱し左記工事概要の通り昭和十五年十一月第一期工事着手し昭和十九年三月全工事を完了す　顧みるに且つては水魔のため一筆の水田をも見ることの出来る得なかつた当地区に現今六十三町余の美田を造成し得た喜びを思う時只々感慨無量なものがある 工事の概要（下表）	工事委員15名　建碑委員20名　石工名
4	昭和三十年（一九五五）三月	佐野市飯田地内	（赤城土地改良区）	飯田野　開田の碑	当地区は昔時より秋山菊沢両川の貫流せる開放流城にして春水秋霖常に漲溢して侵し鯰鮒発驚游没の池となし冬季水涸れて僅に薪蘇を芠るにすぎなかつた大正十二年六月渡良瀬川の改修成りて河流は変更船津川地内にて本流へ直放された以来氾濫は絶えたが地勢低湿にして禾穀を栽培すること可能はず空しく茅莇幾百年の貌をとどめた偶太平洋戦争の進展下国内に於ける糧穀増産の絶対的要請に応へんとして勃然原野開拓の気運が部落内に湧発するに至り茲に初めて松井雄登左縣林技師の計画により開田事業は進められた即ち昭和十九年二月起工決戦下より終戦後に続いた窘厄請勢裡通の艱を殆うし蹤えて経営実に十年余遂に直條の区画整然たる良田四十二町一反歩を完成した	工事関係者氏名22名

No.2 工事請負区分

期別	工事費	工事着手・竣工	主要工事	請負人
第一期	二万九千八百円	昭和十二年二月 六月	開田四十一町五反開畑二町四反分水樋又用水幹線延長八百四十四間	佐野市金吹町山口寅瀧
同	一万二千六百円	同　十三年三月 六月	用水幹線並支線のコンクリート擁立	上都賀郡西方村金崎月上正之
第二期	一万九千円	同　十七年三月 六月	開田九町八反開畑一町一反	佐野市久保町田沼源七

No.3 工事の概要

地域	工事費	工事着手・竣工	主要工事
字槻現向	四万三千五百十五円	昭和十五年三月 十六年三月	[illegible]歩水機場開田三十八町二段二畝歩開畑二段[illegible]畝歩
全上用水幹線南部	一万六千二百円	昭和十七年二月 十七年五月	開田十二町五段二畝歩開畑一町五畝歩
全上追加分	六千六百円	昭和十七年十二月 十八年三月	開田二町六段六畝歩開畑一段七畝歩
字越名	四万四千円	昭和十八年一月 十九年三月	五馬力十町）設置開田十町三段二畝歩開畑二町七段
計	十一万三百十五円		開田六十三町八段六畝歩開畑五町三段三畝歩

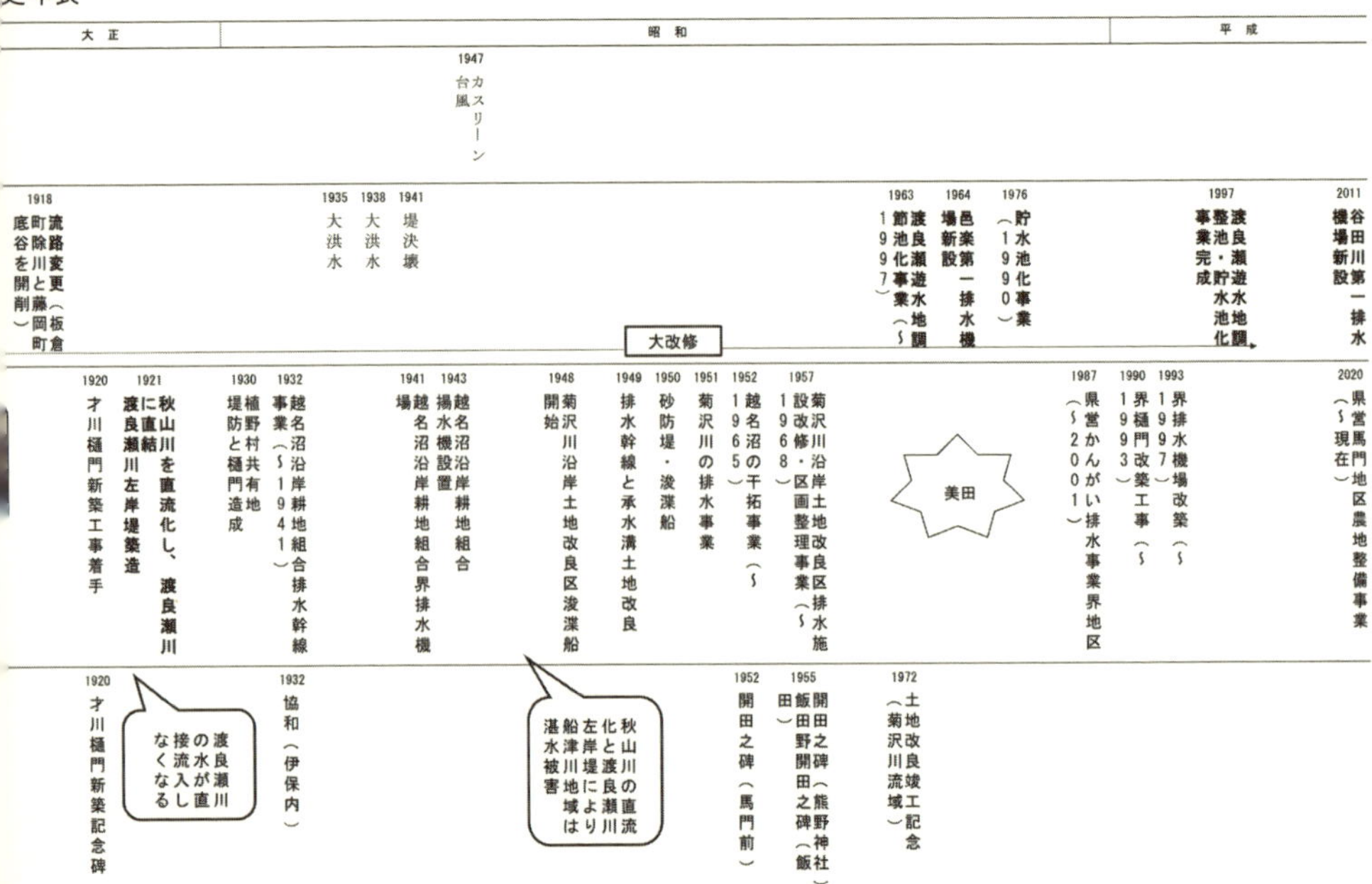

ら見てとれる。「開田の碑」は、開田（畑）総面積七・九八ha内の近距離間に、耕地組合ごとに四基を数える（図12）。碑文には、渡良瀬川の堅固な堤防をはじめとする改修、秋山川の直流化、排水改良事業等によって氾濫は無くなり、開田できた喜びが記され、住民の意識（想い）をみることができる（表6）。この地域の先人たちは、自然災害と霞堤という治水を受け入れざるをえなかったが、努力して築き上げてきた現在の穀倉地帯は、まさしく文化的景観と言えるのではないだろうか。

まとめにかえて

今回は利根川と渡良瀬川という大河川の〝川合〟である板倉町を中心とした周辺の僅かな地域のみの調査・報告であったが、随所に知恵や工夫、努力が感じられる水場景観の歴史がみてとれた。地域によって、大水への住民の意識（想い）は様々だが、先人たちが

【表5】　秋山

時代	江戸
主なできごと	1595 渡良瀬川を秋山川（佐野川）に瀬替　矢場川を渡良瀬川に合流／1700 新堀（只木沼）の水を赤麻沼に落とす／1704 蓮華川、渡良瀬川と合流していたのを、堤で塞ぎ、赤麻沼と繋げる。／1736 武州本川俣関所流失／1783 浅間山噴火／1838 浅間山噴火
渡良瀬川	1595 館林藩主榊原康政築堤／1624 除川村直線化／矢場川合流／1626 大洪水／1634 堤押切／大改修／1706 大洪水／1726 洪水／1731 洪水／1734 洪水／1772 洪水／1777 洪水／1780 洪水／1781 洪水／1786 大洪水（佐野川決壊）／1791 大洪水／1803 洪水／1812 洪水／1822 洪水／1824 洪水／1835 洪水／1840 洪水／1859 洪水／1870 洪水／1878 決壊多く、足尾銅山被害訴える／1880 流毒により、漁獲禁止／水）
新田開発・土地改良	1864 越名河岸土出し中止願い
竣工記念碑	

築いてきた文化的景観がみられる。さらに先人たちが培ってきた水場の知恵である自己（地域）防災意識をあらためて見直し、継承することによって、水場ならではの特色ある自己（地域）防災、ひいては住民主体の防災計画・防災訓練等に繋げていけると考える。

ところで、自治体誌（史）においては、行政区単位で編さんされがちであるが、一自治体域のみの調査ではなく、行政枠を越えた広域の調査、そして記録化が必要であろう。板倉町史編さん事業では、町民目線で、地についた詳細な調査と広範囲な調査を行い、記録化し、公開してきたことが、文化的景観の調査はもとより今回の報告も可能になった。四〇年前にこのような観点にたって行った編さん担当者の卓越した先見性にあらためて敬意を表する次第である。今回の〝川合〟という広域的かつ多方面的観点にたった研究、「地域誌」の総合調査こそが、文化的景観の調査には極めて重要となってくると考える。

末筆ながら、今回の調査にあたり、次の方々にお世話になり、心より感謝申し上げる。群馬県立女子大学教授簗瀬大輔氏・北川辺領土地改良区（理事長山崎繁雄氏・高橋郁夫氏）・佐野市土地改良区（高橋清一氏・天海弓子氏）・佐野市郷土博物館館長山口明良氏・板倉町文化財資料館・（作図協力）宮田圭祐氏

主要参考文献

板倉町史編さん委員会　一九八〇『板倉町史　板倉町周辺低湿地の治水と利水―水場の生活と知恵―』別巻四
板倉町史編さん委員会　一九八三『板倉町史　板倉の民俗と絵馬』別巻八
板倉町史編さん委員会　一九八六『板倉町史』通史上・下巻
板倉町教育委員会　二〇〇一「シンポジウム　水文化を活かした町づくり―先人の知恵から防災を考える―」『波動』Vol.6
板倉町教育委員会　二〇〇四『水防建築「水塚」調査報告書』
板倉町教育委員会　二〇〇八『群馬県板倉町　水場の文化的景観保存調査報告書』
板倉町教育委員会　二〇一一『利根川・渡良瀬川合流域に形成された水場景観保存計画（利根川・渡良瀬川流域の「水場」景観保存計画　改訂版）―群馬県板倉町―』
板倉町民俗研究会　二〇〇五『水郷のわざと生業』
伊藤安男　一九九四『治水思想の風土』
伊藤安男　二〇〇六「水塚・水屋・段蔵―日本各地の水防建築―」『波動』Vol.10
金子祥之　二〇一二「むらの領土管理にみる災害文化活用の論理―利根川下流域の新田村落を対象として―」『村落社会研究』第19巻第1号
木村　礎・林　英夫　二〇〇〇『地方史研究の新方法』
桑子敏雄　二〇〇五『風景の中の環境哲学』
北川辺土地改良区　（推一九五六）『北川邊領土地改良史』

北川辺町史編さん委員会　（推一九七九）『北川辺の水害』
北川辺町史編さん委員会　一九九三『小室家文書（上）』
小出博　一九七二『日本の河川研究』
佐野市史編さん委員会　一九七六『佐野市史』資料編4
佐野市農協萩原植野支所　一九七七『佐野市土地改良百年のあゆみ』
澤口宏　二〇〇六「渡良瀬川の河道変遷」『波動』Vol.10
東部地区文化財担当者会　二〇一三『埼葛・北埼玉の水塚』
西角井正慶ほか　一九七一「民間信仰の受容形態」『利根川―自然・文化・社会―』九学会連合利根川流域調査委員会
松浦茂樹　二〇〇五「地域対立からみた渡良瀬遊水地の成立」『波動』Vol.9
宮田裕紀枝　二〇一一「現利根川中流域左岸における「天保の締め切り」跡について―群馬・埼玉の県境を流れた古利根川（「間の川」）をめぐって―」『利根川』33
宮田裕紀枝　二〇一九「水場に生きる」『群馬文化』第337号

〝川合〟の町の地域研究―「里沼」の前と後―

前澤和之

はじめに

筆者は一九四六年（昭和二一）八月に群馬県邑楽郡館林町大名小路（現・館林市大手町）で生まれ、それからの十八年間をここで過ごした。いわば「町場」の子で、中学の校区内に城沼があり、茂林寺沼・多々良沼・渡良瀬川は自転車を漕いで遠征する所であった。その後、古代の上野国地域の調査研究を専門とし、館林市史編さんにかかわるようになったが、そこでは一帯の自然と歴史を言い表す言葉として「水辺」が選ばれた。そして、館林市歴史文化基本構想を策定する過程で、市域に点在する沼とそれが育んだ文化が地域の特色を形成する母胎となっていることに着目し、「里沼」の概念が打ち出されて日本遺産に認定として結実するに至った。

市民参加者を含めた館林大会の公開講演では、この地域の多くの人びとが経て来たであろう川と沼での体験を糸口として、市史編さんなどを通して得られた知見を、古代史研究からの関心を中心に紹介した。小論ではその内容を骨子として、新たな検討からの所見を含めて「里沼」と古代史との関わりを述べることにする(1)。

一　「里沼」の前

館林市史編さん関係者の間での地域認識の共有、それに基づく資料編の編成と通史編・特別編での論述、その成果を援用して策定された館林市歴史文化基本構想での「里沼」の着眼までの経緯を示す。

（一）館林市史の編さん

⑴　基本テーマ

二〇〇一年（平成一三）に始まった編さんでは、専門委員会での協議と編さん委員会の承認を経て、「利根川水系の大小河川が流れる豊かな自然環境のなかで、長い歴史が営まれてきた」と二つの大河とのかかわりから育まれた歴史と文化、その遺産に注目し、「水辺の暮らしと文化」を各時代の資料編・通史編、各分野の特別編での基本テーマとしてとり上げることにした。特別編第3巻として刊行された『館林の自然と生きもの』（二〇〇七年）は、地形の成り立ちや動物・植物を対象とするので、当然のことながら川と沼の存在が資料調査・論述の基となった。そして、特別編第5巻の『館林の民俗世界』（二〇一二年）では「第二章　水辺の環境と民俗」で、「池沼と河川の漁・川魚料理・沼辺を活かす暮らし」について多岐にわたる資料をとり上げて紹介し、後の「里沼文化」につながる視点を打ち出している。

この過程を振り返ってみると、全体に川と沼とを分けて考える意識は薄く、どちらかというと川に挟まれた地域との認識を基にした資料収集と編さん・論述が多くなった。その中にあって、民俗分野で沼の存在が育んだ文化の諸相を明らかにしたことが特筆される。

(2) 古代の史料

筆者が担当した『資料編1 館林の遺跡と古代史』（二〇一一年）の「第二部 古代の邑楽郡—文献史料—」では、「第2章 社会の動きと人びとの暮らし」の「4 交通路と渡河」で二九件・「5 水辺の暮らし」で二三件の古代史にかかわる史料を集成して掲載した。そして『通史編1 館林の原始古代・中世』（二〇一五年）の自然環境分野では池沼群と二大河川、考古分野では水田耕作などで水辺の暮らしに言及し、古代史料では「第七章 水辺のムラと暮らし」で「沼のある暮らし」「国境の川」と沼と川を分けた項目を建て、資料編に基づいて論述を進めた。

その中にあって古代史分野では、『万葉集』の「上毛野 伊奈良の沼の大藺草」が邑楽郡板倉町に所在した板倉沼に比定されることから、沼に言及する史料を網羅的に調べ、それを提示するのが館林市史らしさを表すものとして取り組んだ。

(二) 古代の川

(1) 川についての法制

古代における川について、基本となる法制面での扱いをあげてみる。

【史料1】『日本書紀』成務天皇五年九月条「〇前略 則隔二山河一而分二国県一 〇後略」[2]

【史料2】『日本書紀』大化二年（六四六）八月癸酉条「〇前略 宜下観二国々彊堺一 或書 或図 持来奉上レ示 国県之名来時将定 〇後略」

【史料3】養老令 田令 為水侵食条「凡田 為レ水侵食 不レ依二旧派一 新出之地 先給二被レ侵之家一」[3]

古代国家の政策では、国境などの領域を定めるのに山稜や河川などを目安として線引きが行われた。これは古墳時代に成立していた、地域ごとの勢力圏を分断しない方法でもあった。こうした境界は文書や図面に記録され、政治を行う上での基本台帳とされ、境界をめぐる問題が起きた際にはこれらに基づいて審判が行われた。川の流路の変動や洪水のため田が浸食された場合、旧流路が可耕地に変じたものは被害にあった家に優先して配分するなど、治水を含めた川の管理、争論発生時の対応は流路地域の国司・郡司の職務とされていた。

(2) 毛野川の流路変更

川の流路変動をめぐる事件や争論ではいくつかの事例が知られるが、ここでは『続日本紀』神護景雲二年（七六八）八月庚申（十九日）条に載る、下総国からの報告が述べる毛野川（現在の鬼怒川）の流路改修をめぐる問題を取り上げる。これによると、天平宝字二年（七五八）に東海道問民苦使の藤原朝臣浄弁らが、毛野川を掘り防ぐべきことを太政官に申し出て聴許された。しかし、七年後の常陸国からの報告で「川を掘ろうとしてその水の道を尋ねると、神社を壊し百姓の宅を損すること少なくない」とあったためこれを取り止めた。その結果、近年洪水が頻発し損決が日ごとに増しており、早くに掘り防がないと渠と川は崩れ埋まり、一郡の口分田二千町は長く荒廃するとの訴えが出されたのである。そうした経緯を踏まえて、両国に対して「下総国結城郡少塩郷少嶋村から常陸国新治郡川田郷受津村までの一千余丈を掘らせる。ただし両国の郡堺は旧川のままに定める」との裁定が示されたわけである。

治水策として河川の流路付け替えは現在でも困難な事業とされるが、それが国境を成す場合は大きな政治的問題となった例である。この経緯を詳細に検討した亀田隆之氏は、当初に示された流路案は常陸国の中に大きく入り込み、大幅に土地を損失することになるだけでなく、多量の労働力を国内から徴発しなくてはならず、到底承認できるものではなかったとする。[(4)] そのため七年間も工事は中断されたが、予想される被害の大きさから改めて流路の見直しを図った上で再開を命じたのである。そして、史料1・3の原則に即さない「両国の郡界は旧川のままに定める」との裁定は、常陸国は流路変更による土地の損失の代償として、耕地化する旧河道をそのまま領域とすることを承認させることになった。国司・郡司は領域住民の利益に反することは極力避けなければならず、それが勧農に努めた実績として自らの成績考課につながったのである。

(3) 利根川の流路変動

平安時代後期の長和四年（一〇一五）に、当地である上野国邑楽郡でも流路変動をめぐる争論が生じていた。

【史料4】『朝野群載』巻第二十二 諸国雑事上 移文(5)

「上野国移 武蔵国衙

来牒壱紙 被レ載下可レ糺二定穀倉院藤（原）崎庄所領田畠四至子細一事上

右 去二月十九日移 今月二日到来偁 云々者 依二来移旨一 検二旧例一 件田畠為二管邑楽郡所領一 経二数代一矣 而今号二彼庄所領内一 可二糺定一之由 其理難レ決 仍移送如レ件 国邑察レ状 移到准レ状 以移

長和四年三月四日」

武蔵国府から上野国府へ、邑楽郡の人びとが田畠としている土地が、以前は武蔵国に置かれた穀倉院藤崎庄の範囲であったとして、四至を子細に調べて糺すようにとの通知が出された。これを受けて上野国府が経緯を調査した結果、当該地は邑楽郡の所領となってから数代を経ており、今になってそうした主張を持ち出すのは納得できないので、武蔵国と関係者は承知してもらいたい旨の回答である。この争論は、国境をなす利根川の流路変動により生じた新たな陸地を巡るものとみてよい。

澤口宏氏によって、利根川は八世紀頃には現在の流路~旧合の川（邑楽郡板倉町と埼玉県加須市の境界付近）が本流

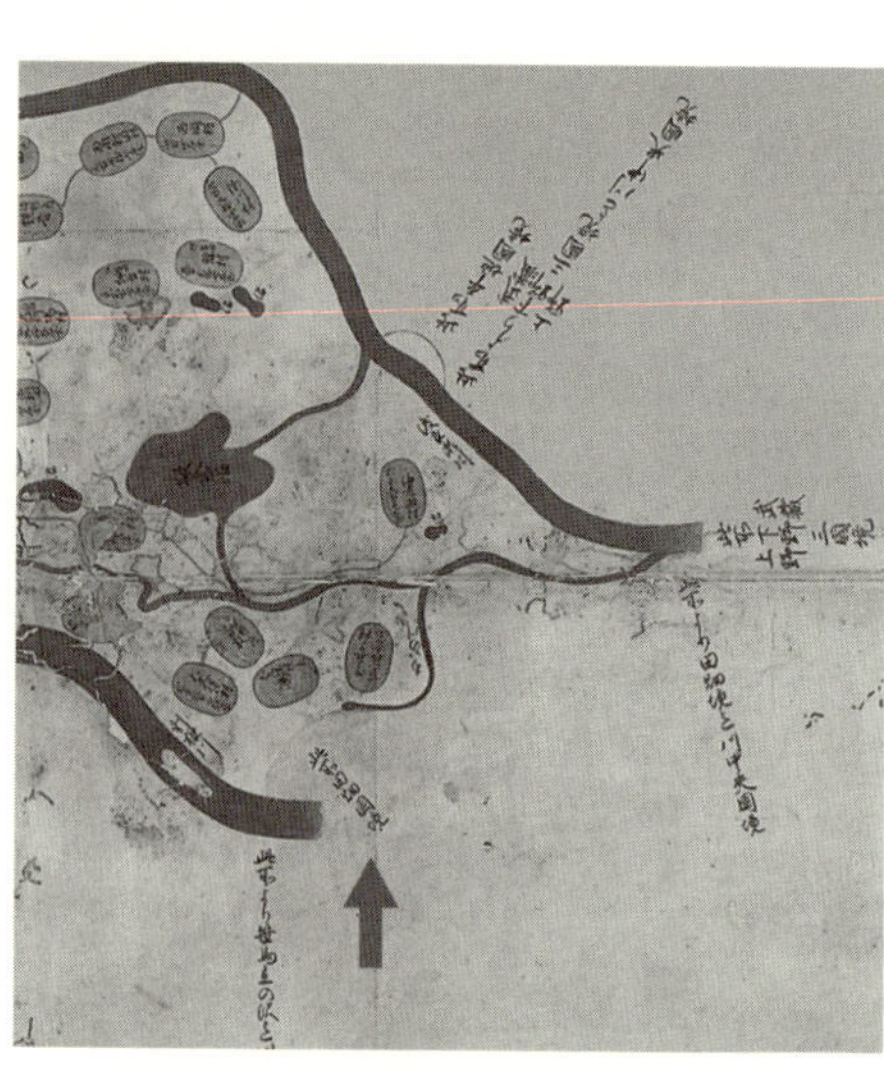

【写真1】元禄上野国絵図（部分）
群馬県立文書館所蔵

であったが、十二世紀前半には埼玉県羽生市を南に流れる会の川～古利根川に変動したことが指摘されている。邑楽郡の人びとは逸早く、新しく生まれた陸地の開墾に取り組んでいたのである。その場所については、「元禄上野国絵図」（一七〇二年）に「此所田畑国境」と注記され、早くから耕地化されていたことを窺わせる箇所の可能性が高い（写真1）。現在の群馬と埼玉の県境が、旧合の川の流路をなぞった複雑な形であるのは、この千年前の争いの痕跡をとどめたものとみることができる。

この争論が惹起したのは摂関政治の頃で、前年の上野介（親王任国であるため実質的には守）が平朝臣維叙から藤原朝臣定輔に交替する手続きの最中に当たっている。そうした時期に武蔵国府が今さらとも言える現状是正の申し入れを行い、上野国府が直ちに断固拒否の姿勢を示したのは、八世紀の毛野川の場合と同様に、国司は領域住民の利益を守るのが本義とされていたことを物語っている。国境を控える「川合」の住民は、流路変動といった事態に際して政治的緊張や駆け引きに巻き込まれる存在でもあった(6)。

（三）古代の沼

(1) 沼からの恵み

古代の人びとの沼とのかかわりを知る、基本となるのが次の史料である。

【史料5】『類聚三代格』寛平四年（八九二）五月十五日 太政官符「応レ禁三止公私點二領江河池沼等一事」

「右江河池沼有便二灌漑一者 尤斯農業之儲 田畝之備也 如レ聞 内膳司進物所幷官家諸人等 或寄二事供御一固加二禁制一或仮二名點地一競立二牓示一 至二干農要用レ水之日一 壊レ堤決レ水徒失二潤沢一 論二之公途一理不レ可レ然 ○後略」

河川や池沼が湛える水は農業に欠かせないものであったが、官司や権力者が勝手に専有してしまい、人びとが灌漑に使うのを妨げる事態が生じていた。それを禁じたのであるが、同様な出来事が頻発していたのは『類聚三代格』の嘉祥三年（八五〇）四月二十七日の太政官符「応下禁二制山野一不上レ失二民利一事」に「江河池沼之類同亦准レ此」、延喜二年（九〇二）三月十二日の太政官符「応レ停二止臨時御厨幷諸院諸宮王臣家厨一事」に「所二禁制一山河池沼等」とあるのにも示されている。「池」と並んで「沼」は、人びとに恵みをもたらす用水源の一つと見做されていたのである。また、「常陸国風土記」香島郡項には「東松山の中にある一大沼を寒田というが、（周囲は）四五里ほどで鯉・鮒が住み、之万・軽野の二つの里の田を少しく潤している」、「かつての水沼には、病人を癒すほど滋養に富んだ蓮根が生え、鮒や鯉も多く住んでいた」と、沼から獲られる産物は人びとの貴重な滋養分となっていたことが述べられている。[7]

そうした沼辺の景観を示すのが次の歌である。

【史料6】『万葉集』巻十四―三四一七[8]

「可美都気奴 伊奈良能奴麻能 於保為具左 与曽尓見之欲波 伊麻許曽麻左礼」

（上毛野 伊奈良の沼の大藺草 よそに見しよは 今こそ勝れ）

上野国にある伊奈良の沼に生える大藺草（フトイ）のようすにかけて恋心を表した歌だが、邑楽郡板倉町にあった板倉沼（全面埋め立てにより一九八〇年に消滅）の光景を詠んだものとされる（写真2）。巻十四には上野国に所在する伊可保の沼・可保夜が沼・伊奈良の沼と三つがまとまって載るが、『万葉集』全体を通してこうした例は他の国には

【写真2】板倉沼（1960年頃） 板倉町教育委員会所蔵

見られない。詠われる沼辺の産物であるフトイは、刈り取って陽に干して乾かし蓆を編む材料となることで知られる。『延喜式』民部下の交易雑物に列記される国ごとの品目の中に席（蓆）があるが、上野国の九百枚・細貫席六〇枚は全国最多である。『万葉集』に詠まれた「沼」は、上野国地域を特色づける光景の一つであったと言えるであろう。

⑵ 沼への畏れ

古代の沼と人びととのかかわりでは、もう一つの面があったことに注目する。

【史料7】『万葉集』巻十二－三〇二二

「去方無三 隠有小沼乃 下思尓 吾曽物念 頃者之間」

（行方無み 隠れる小沼の下思いに あれそもの念ふ このころの間）

他人には知れぬ恋心の定めなさを、水が流れ出ることなく静かにたたずむ沼の様子に譬えたもので、「下」にかかる歌枕「隠沼（こもりぬ）」の用例の一つである。同様な枕詞は、巻九－一八〇九・巻十一－二四四一・巻十二－三〇二一と三〇二三にもみられる。

【史料8】「肥前国風土記」松浦郡

「褶振峯 ○中略

有レ人毎レ夜来 与レ婦共寝 至レ暁早帰 ○中略 竊用二績麻一 繋二其人欄一 随レ麻尋往 到二此峯頭之沼辺一 有二寝蛇一 身人而沈二沼底一 頭蛇而臥二沼脣一 忽化二為人一 則語云 ○中略 於レ茲見二其沼底一 但有二人屍一 ○後略」

地名起源説話で、娘が朝早くに帰る男の跡を追ったところ、峯の上に在る沼に身体は人の形をした蛇が浸って寝ているのを見つけた、後で家族が探しに行ったところ沼の底に人の屍があったので、墓をつくって葬ったという怪異譚である。

激しく流れて被害をもたらすことも無く、隠れるように静かに佇む、そうした沼の姿が周囲の人びととの心象風景として刻まれ、秘められた恋心を示す歌枕となって広がり伝えられていった。その静寂さは何人も侵してはならない、そうした古人の思いを汲み取ることができる。そして、人里を離れて山の頂にあるような沼は、深い静けさに包まれた近寄り難い神秘性を示すことから、里人により怪異譚の格好の舞台とされた。

(3) 沼がもつ二面性

館林市域のような平地に在る沼には、人びとからどの様な思いが寄せられていたのだろうか。

【史料9】『古事記』中巻　景行天皇段(9)

「○前略　到㆓相武国㆒之時　其国造詐白　於此野中有㆓大沼㆒　住㆓是沼中㆒之神　甚道速振神也　於是　看㆓行其神㆒　入㆓坐其野㆒　○後略」

日本武尊が相武国（相模国、現在神奈川県）の国造から、野原の中に有る大きな沼には甚道速振神が住んでいるとの偽り話を聞かされて見に行き、野原に火を点けられるが、向かい火を放って相手を滅ぼす、焼津の地名起源説話である。野原の中の沼に畏怖すべき神が住まうとの伝えが実しやかに語られた、怪異譚の一種としてよいであろう。

城沼の近くで幼少期を過ごした田山花袋は、「幼き頃のスケッチ」の中で「四斗樽位の太さのある大蛇が沼の蘆の中を通って行った跡を見た漁師は幾人もある」と、同じような伝えをとり上げている。その一方で、漁師が持ってきたものとして菱の実・蓮の実・蓮根・ジュンサイ・鯉・鰻・泥鰌をあげる。平地に在って身近な沼も、得体の知れない魔物が住むという、「畏れ」を通して人びとに不可侵の念を抱かせるものであった。その一方で、史料5のように生業に欠かせない水源として、史料6の大藺草のような素材の産地として、そして花袋の体験のように食材獲得の場所として「恵み」をもたらす存在でもあった（写真3）。里人の身近にあった沼は、そうした「恵み」と「畏れ」の二面性をもっていたことを特色とする。その所以を考えてみると、大事な「恵み」の場所を無闇に荒らしてはならない、その自然の在り様を妨げてはならない、それを「畏れ」として喧伝した里人の知恵と理解してよいであろう。

二　「里沼」の後

館林市史編さんで基本テーマとした「水辺の暮らしと文化」、古代史分野では資料収集と論述を通して「川」と「沼」とに区分し、周辺の人びととのかかわりでは「川辺」と「沼辺」の暮らしを明らかにすることに努めた。そこでの成果が、どの様に活かされ展開したのかをとり上げる。

(一)　歴史文化基本構想の策定

(1)　歴史文化基本構想

二〇〇七年（平成一九）に文化庁が、今後の社会の変化に対応できる持続可能な文化財の保護・活用に関する新た

【写真3】城沼のレンコン掘り（1960年頃）
館林市史編さんセンター所蔵（近藤三郎撮影）

な方策として市町村に策定を求めたもので、地域の文化財を指定・未指定にかかわらず幅広くとらえ、住民が一体となって保存・活用することを目指している。館林市は二〇一八（平成三〇）年六月に第一回策定委員会を開催し、歴史文化の特性などの検討を進めた結果、五つの項目の第一番目に「水辺と台地が育む風土」があげられた。大河川に挟まれた市域には大小の沼が点在し、それが様々な歴史・文化の母胎となっていることに着目しての命題である[10]。

市史編さんでの基本テーマがもたらした成果に基づいて検討が進められ、これからの地域社会づくりにおける文化施策の中でも活かされることになった。市史編さん事業で積み重ねられた実績が、市民の活動と市役所各部門の施策として継承される方針が示されたのである。

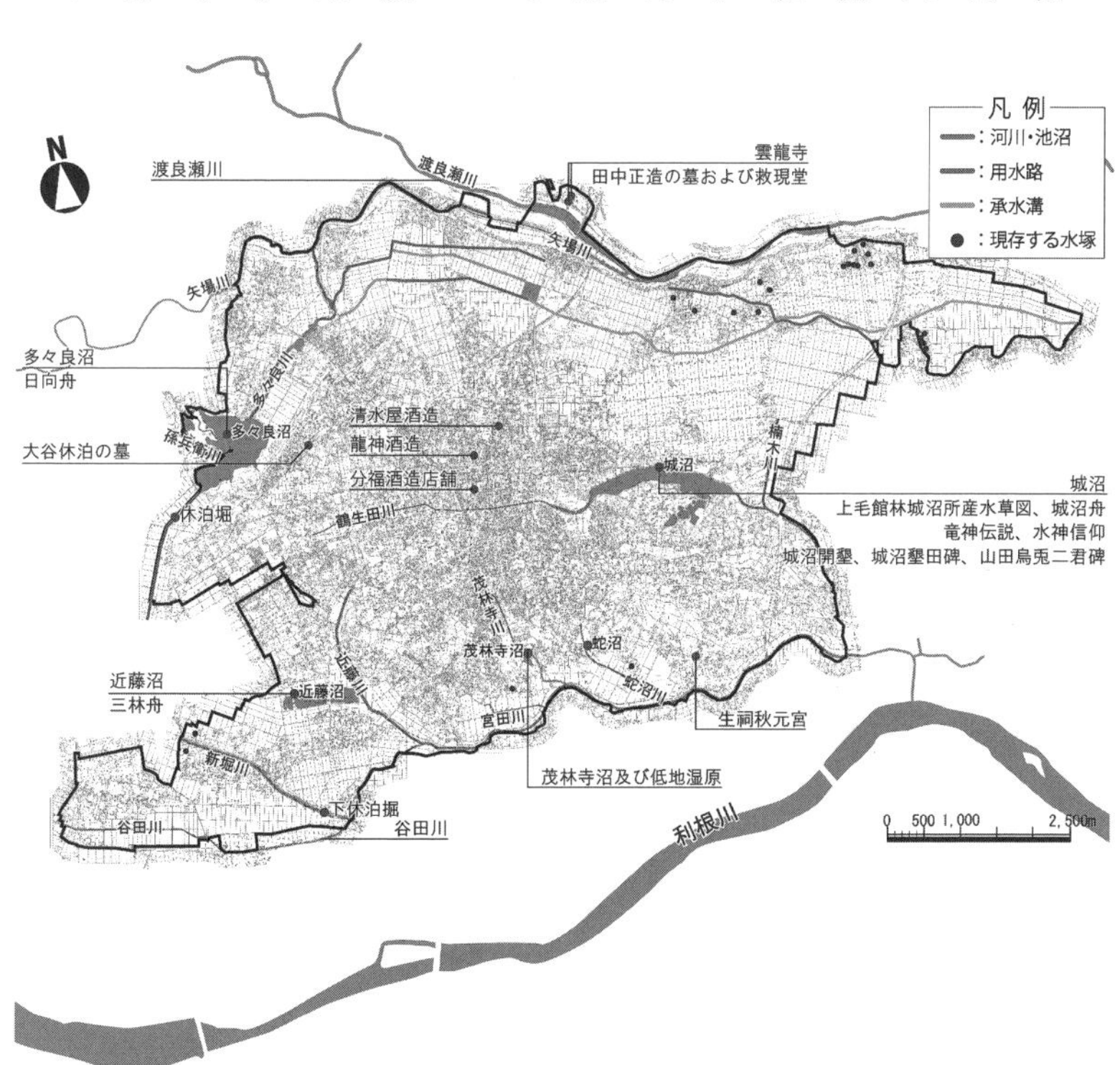

【図1】館林市歴史文化基本構想　沼辺・河川構成関連文化財群位置図

⑵「里沼」の着想

沼は全国各地に存在していたが、近世の新田開発や近代の都市化の波により、多くが埋め立てられて消滅するか縮小する中で、館林市域ではいくつもの沼が点在する形で残されてきた。自然と人が共生する姿を言い表した「里山」は広く知られており、環境省ではそれを活かして「里海」「里地里山」の表現を用いている。また、それに倣った「里沼」の用語も案出されたことがあるが、広く知られるには至らなかった。

市史編さんの過程で明らかにされたように、平地の広がる館林市域では沼の存在が人びとの生活と深く結びつき、自然と人との共生によって景観と生態系が維持され、様ざまな文化を育んできたことから、これらを「里沼」と呼ぶのが相応しいとの共通認識に至った（図1）。この着想が奏功して、茂林寺沼・多々良沼・城沼の「里沼」を対象にそれぞれの特性である「祈り」・「実り」・「守り」とその繋がりを明快に表したストーリーが評価され、二〇一九年（令和元）に文化庁から日本遺産に認定されたのである。

そして、館林市域では今日に至るまでいくつもの「里沼」が存在してきたのか、この理由を探る視点から地域の歴史を顧みると、今まで気に留めて来なかった事象に新たな意義を見出すことがある。[11] これを基点として地域研究を進めると、政治や制度、生活の分野において日本通史と結びつく着想を得ることも可能となった。

（二）「里沼」の由来

⑴「池沼」の用語

「里沼」の歴史的経緯を考える上で注意されるのが、現在も使われている用語としての「池沼」である。「河川」と同様に、「似ているがどこか違う」といった意味合いを感じさせる使い方がされている。『広辞苑』では「池」を「地を掘って人工的に水をためた所。自然の土地のくぼみに水のたまった所」、「沼」を「湖の小さくて浅いもの。ふつう、水深五m以下で、泥土が多く、フサモ・クロモなどの沈水植物が繁茂する」と区別して説明している。古代では『倭名類聚抄』に「沼和名奴」「池和名以介」（古活字本）、「池イケ」「沼ヌマ」（名古屋市博物館本）と併記して載せられているように、現在と同様に区分されて使われていた。史料5で示した寛平四年五月十五日の太政官符と、嘉祥三年四月二十七日および延喜二年三月十二日の太政官符がその例であり、「沼」は「池」と並んで人びとに恵みをもたらす灌漑用水源の一つと見做されていたのである。

(2)「池」と「沼」の相違

そこで、古代における「池」と「沼」の相違はどこにあるのかに目を向けてみる。

【史料10】『類聚三代格』延暦十九年（八〇〇）二月三日 太政官符「禁三断畿内七道諸国漁二竭池水一事」「益レ国之道 務在レ勧レ農 築レ池之設本備レ漑レ田」

【史料11】『日本後紀』大同元年（八〇六）六月癸巳朔条「勅 池之為レ用 必由二灌漑一」

これらを一例として、律令格式には「池」にかかわる多数の記事が載るが、「沼」については管見の限りでは前掲の三つの太政官符に「池沼」の表記としてあるのみで、「沼」が単独で取り上げられるものはない。また、『記紀』や六国史でも「池」はいくつもの記事に見ることができるが、「沼」は史料9の説話など僅かでしかない。そこで、こうした現象をもたらした理由を調べてみる。

【史料12】「出雲国風土記」秋鹿郡「恵雲池 築レ陂 周六里 有二鴛鴦・小鴨・鴨・鮒 四辺生葦・菰・菅一」[12]

【史料13】『類聚三代格』天長元年（八二四）五月五日 太政官符「応下不レ修二溝池一農人決中杖八十上事」「太政官去延暦十九年九月十六日下二五畿七道諸国一符偁 右大臣宣 奉レ勅 富レ国安レ民是帰二良田一 良田之開実在二溝池一 如レ聞

溝池不レ修田疇荒廃　宜下特立二条例一　以懲中違犯上者　○後略」

【史料14】『朝野群載』巻二十二　諸国雑事上

「庁宣　但馬国在庁官人等　仰二下雑事一

一　可レ修二固池溝堰堤事一　右　農務之要　尤在二池溝一　宜下下二知諸郡一　早致中修固上也　○後略」

【史料15】「延喜交替式」「凡　修理溝池出挙料　大国四万束　上国三万束　中国二万束下国一万束　○中略　国司実検日　加二

修理一　即載二朝集帳一　毎レ年言上」

国の長官である国守の職務の一つに、池溝と堰堤の修理があった（『朝野群載』国務条々事）。史料12は郡司を介して、池ごとの名称・所在する場所・構造（堤の有無など）・規模・景観・産物を把握し、記録して政府へ報告されていたことを示している。史料13・14では池は国家存立に欠かせない灌漑施設であり、それに伴う溝や堰堤の管理、速やかな修理の実施が命じられていたこと、史料15でその財源が計上され、修理の実施状況を年ごとに中央政府へ報告していたことがわかる。

ここに、「池」と「沼」との差異を読み取ることができる。「池」には陂（堤）が築かれ、用水管理のための溝や堰が設けられ、『記紀』に載る狭山池（大阪狭山市）のように溜池として人為的に開削されたものも知られている。[13] 灌漑施設として国司により厳正に管理され、修繕などの維持が重要な職務とされていたため、律令格式や正史にいくつもの記事が載せられたのである。それに対して「沼」には、管理や維持の措置を示した史料がみられない。山中の窪みに溜まった水、平地での河川の蛇行や塞き止めによって形成された沼は、堤が築かれ堰・溝が設けられることなく、国司による公的管理の対象とはされず、その扱いは近在の人びとの手に委ねられていたとみてよい。

（3）「里沼」の提起

目立った人工物を伴わず周囲には葦などが繁る水辺が広がる、長い時間をかけて培われてきた自然と一体となって佇む、それが古代の沼をとり巻く風景であった。そうであったからこそ、沼に寄せる人びとの心象を反映した「隠沼」が、歌枕となって長く伝えられてきたものと理解できる。そして、館林市域のような平地に在って人びととの身近な沼と沼辺は、生活の糧を得る場所であり、田を潤す水源、あるいは川から溢れた水を逃がす所ともなっていた。そのような沼の日常的な管理は近在の人びと、つまり里人に委ねられており、その「恵み」を損なうことが無いよう「畏れ」の場所としての物語が生み出されていった、そうした二面性は地域共同体の財産として在ったことの証左としてよい（図2）。そして、日常の暮らしの風景の一つとしてある沼は、筆者のかつての体験のように、ことさらに意識されるものではなかったのであろう[14]。

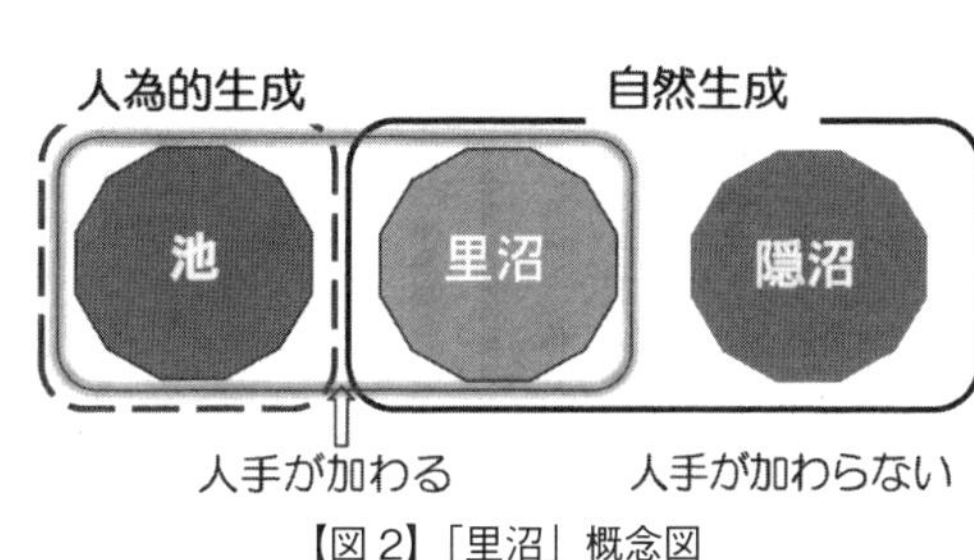

【図2】「里沼」概念図

これまでの論点を振り返ってみると、古代における「沼」の位置付けに遡る歴史をもちながら、長らく政治的関心の外に置かれた有り様を表したのが「里沼」であり、館林市がその積極的な意義付けを進めているのは、確かな由来をもつ点で妥当な取り組みとしてよい。そして、館林大会で提起された様ざまな分野からの検証と観点は、今後の地域史研究の方法に新たな示唆を与えるとして過言ではないであろう。

（三）「川合」への視点

(1)「川合」の提起

今回の大会では共通論題として「〝川合〟と「里沼」―利根川・渡良瀬川合流地域の歴史像―」をあげ、国境や県境にとらわれず、二大河川に係わる範囲を「川合」と称し、その合流域を対象とすることとした。「里沼」に並んで「川合」を地域把握の要点としたことに、館林市で開催することへの大きな意義が与えられたのである。そこで、古代の史料で「川合」の用例を調べると次の記事が注目された。

【史料16】「播磨国風土記」賀毛郡

「川合里土中上　腹辟沼　右　号㆓川合㆒者　端鹿川底　与㆓鴨川㆒　会㆓此村㆒　故号㆓川合里㆒」

端鹿里から流れる川（東条川）と鴨里から流れる川（万願寺川）が、ここで加古川に合流していたことによる地名で、現在の兵庫県小野市の河合地区に当たり、語義の由縁として今大会での位置付けと合致している。これを含めて『倭名類聚抄』に載る郷里名・駅名には「川合」「河合」「川相」が一〇例以上みられることから、古代においては地理的要件に基づいた通有の呼称であったとしてよい。それにもかかわらず「川合」が示す学術的意味に着目して、該当地域の歴史の変遷や文化の形成に及ぼした影響への考究が殆ど行われて来なかったことでは「里沼」の場合と似ている。

今大会が目的としたのは、「川合」でも下野・武蔵との国境をなす二つの川が合流する地域であり、そこに点在する「里沼」との組み合わせがもたらした、特有の歴史変遷と文化形成の様相の解明であった。その成果の検証は今後のことになるが、「里沼」探究の出発点となった市史編さんの基本テーマである「水辺の暮らしと文化」について、学術的厳密性と展開性を大きく止揚する役割を果したことは間違いない。

(2)「川合」地域の様相

「川合」と「里沼」の組み合わせがもたらした、具体的な様相を示す二つの例をとり上げてみる。

先ず、『地方史研究』四二四号の問題提起で関口博幸氏が紹介した、城沼のすぐ東側にある陣谷遺跡の発掘調査による所見である。[15] ここは微高地と浸食谷から成る低地で、古墳時代後期に集落が営まれ本格的な土地利用が始まったとみられる。その一部から木製馬鍬が二点発見されたが、完形で残るものは幅約一・五mの台木に長さ約四五㎝の木製歯が一二本装着されており（装着穴は一三箇所）、AMS法による分析で七世紀後半〜八世紀後半のものと判定された。もう一点も同一規格で、これと同時期の可能性が高い。また、周辺には葦が繁る低地を盛土で埋め立てて平坦地とした痕跡や、城沼方面からの幅六m・深さ二mの大溝、長胴甕・壺・坏等を帯状に並べた水際祭祀とみなされる遺構も見つかっている。詳細な分析はこれからであるが、律令政治の整備が進められた時期に、この付近で大規模な開発事業が実施されたことが確認されたのである。今も「里沼」の風情を残す城沼であるが、「川合」地域における「池」への転換が図られた時期があったことを窺わせて興味深い。

次は、二〇〇一年（平成一三）に発掘調査された邑楽郡明和町大字矢島にある矢島三ツ俣遺跡である(16)。ここは「里沼」であった大輪沼から利根川支流の谷田川に連なる「川合」の低湿地に位置するが、かつては旧河道か氾濫流路であった場所で、木杭が東西方向に三〇mにわたり二列に並んで設置されているのが発見された。水際の軟弱な地盤の箇所に設けられた護岸施設である杭列は、間隔は上端部で三・七m前後を測り、横杭や間仕切りのような構造も設けられていた。構築されたのは九世紀中頃の可能性が高い。この杭列の南西端の埋め土上層部から、仏像と見られる姿を墨で描いた木札が出土した。長さ九・三㎝×幅五・八㎝の板状のヒノキ材で、表面は丁寧に加工されている。この杭列による護岸工事は当時としては大がかりなものであり、近在から多くの人びとが参加していたとみてよいであろう。この出土状況から、仏像墨画木札は工事がある程度進んだ段階で使用された祭具の可能性があり、陣谷遺跡の祭祀遺構に類した性格を示している。八世紀の京畿における行基の造営活動を思わせるもので、河川や池溝の維持管理におけるこの地域の人びとのかかわり方、それを支えたであろう仏教信仰のあり様を知ることができる点で重要である。

(3)「川合」の長柄神社

今大会で注目された一つが、共通論題研究発表で宮田裕紀枝氏がとり上げた、邑楽郡板倉町地域での水神信仰である。[17]宮田氏は「ナガラ信仰とは、大水の脅威から人々を護る水神、そして農業神として広まったと推察する」とし、町内に長柄神社が三社・長良神社が一〇社あり、これらは水神信仰の石造物と同じく、破堤地や河道変流地に建てられていることが多い状況に注目している。邑楽郡内の四〇余箇所に点在する長柄神社と長良神社は、「長柄郷」の存在と合わせて地域の歴史の変遷を解き明かす鍵の一つとして館林市史でも重点的にとり上げてきた。[18]平安時代後期の状況を記す総社神社本「上野国神名帳」には「正一位長柄明神」とみえている。現在、事代主神を祭神とする長柄神社は四社あり、邑楽町篠塚に在って本社に目される一社を除く三社は板倉町に鎮座している。また、城沼の北岸近くに祀られる当郷神社はかつて長柄神社であったことが知られる。この他に、現在は長良神社だが明治期までは長柄神社だったのが七社で、その内の六社は板倉町内にある。

このように長柄神社の分布には、際立った偏在性が認められることに注意したい。実在した藤原長良を祭神とする長良神社は、平安時代末期以降に佐貫氏による荘園設立に際して設立・安置され、その勢力が拡大していく過程で音を同じくする伝来の長柄神社を併合し、祭神と明神名を換えていったと推察される。このような経緯を踏まえてみると、現存する長柄神社の由来は古代にまで遡る可能性があり、佐貫荘の範囲は湿潤地の多い板倉町地域には及んでいなかったとの仮説を立てることも可能であろう。宮田氏による指摘は、この「川合」地域において古代から「里沼」が果たした役割と、その用語の由縁たる里人とのかかわりを知る、格好の手掛かりの提示であることを述べておきたい。

おわりに

(1)「里沼」提起の意義

日本遺産認定にかかわったことがある文化庁の調査官との私的な会話の際に、館林市が申請した「里沼」について「全国どこにもあるもので新鮮な魅力に欠けるとの印象→地域の歴史と文化との係わりを鮮やかに描いたシナリオに感銘→身近にある遺産の価値に気付かせる素材として全国に発信できる意義は大きい」と認識を変えていったことを聞いた。長年にわたる市史編さんなどで、館林市地域にかかわる歴史や文化を調査・考察してきたが、幼い時から身近にあって特別なものではなかった沼を、学術的な検討を経て「里沼」として見直すことになった。そうすると、古代の律令政治における治水政策の中で沼がどの様に位置付けられてきたか、当時の人びとが「隠沼」に惹かれ枕詞となった理由、そうした面で新たな関心を拓くことが出来た。

(2)「川合」展開への期待

この概念の提示により、それに言い表される地勢を受けての「邑楽郡」が成立した意義を、前後の歴史展開と隣接地域の状況への考察を加えて、これまで以上に明らかにすることが可能となった。陣谷遺跡の調査研究の報告は矢島三ツ俣遺跡の状況に続いて、具体例をもって「川合」での「里沼」の光景を思い描かせるものである。また、本大会の共通論題での高橋人夢氏の古代の交通と開発の報告は、陸路と水路とが交わる「邑楽郡」地域を例として、史料・遺跡の両面から「川合」の内実を検証するものとなっている[19]。いずれも、これからの地域研究の方法に新たな視点をもたらすことが期待される。

(3) これからの地域研究

上野国の東端に位置する邑楽郡は、律令政治では国府（遺跡は前橋市）からは僻遠の地であった。そうした郡内の四〇余箇所に点在する長柄神社と長良神社は、「長柄郷」の存在と合わせて地域の歴史の変遷を解き明かす鍵の一つとなる。本大会の共通論題での宮田氏の報告には、水場の住民の大水対応と意識における、長柄神社・長良神社と川・池溝・沼とのかかわりをはじめとして、小論でとり上げた論点の殆どが含まれている。今日の実状を良く知ることは、これまでに研究、論述されてきた古代社会での在り様を検証し、その実相をより明確にする手掛かりとなるとの示唆である。

(4) これからの地域づくり

多くの自治体は、その特色を端的に言い表した標語を用いて、地域づくりの指針としているが、館林市の場合は「城下町」がそれに当たるであろう。町場にいると日頃からその雰囲気を身近にしているので違和感を覚えることは無いが、周辺の農村部では果たしてどうであろうか。この旧館林町に当てはまる標語は、四方に広がった館林市に相応しいものなのか、そのような疑問を感じることがある。それに比べて日本遺産に認定の「里沼」は、茂林寺沼・多々良沼・城沼に蛇沼・近藤沼が加わり、「城下町」も含めた市域の多くで近しい存在となっている。また、それが育んだ沼辺文化は、今大会の開催に示されたように学術的関心の対象としての魅力をも有している。これからは「川合」と「里沼」が秘める多様な価値を活かして、古代の人が撰字した「邑楽」[20]に相応しい、住んで楽しく来てみて面白い、人びとが集い繋がる地域づくりが進められることを期待している。

註

（1）公開講演でとり上げた「Ⅰ川合の町で過ごす」「Ⅲ－3「川合」の「邑楽」」は紙幅の都合で割愛した。
（2）小論で引用する『日本書紀』などの六国史、『類聚三代格』・『延喜交替式』は新訂増補国史大系による。
（3）小論で引用する令文は思想大系『律令』（岩波書店）による。
（4）亀田隆之「毛野川の修造営工事」（『日本古代治水史の研究』吉川弘文館、二〇〇〇年）。
（5）新訂増補国史大系『朝野群載』による。
（6）この争論の経緯と内容の詳細は、前澤「邑楽の古代史と川―館林市史での試み―」（『群馬文化』三一七号、二〇一四年）を参照されたい。
（7）小論で引用する「風土記」は、註（12）を除いて日本古典文学大系『風土記』（岩波書店）による。
（8）小論で引用する『万葉集』は、日本古典文学大系『万葉集』（岩波書店）による。
（9）日本古典文学大系『古事記』（岩波書店）による。
（10）詳細は『館林市 歴史文化基本構想』（館林市教育委員会、二〇一九年）、『館林市史 別巻 館林の里沼 日本遺産認定記念』（二〇二一年）を参照されたい。
（11）中世以降の館林市域の沼の変容については、佐藤孝之「消えた沼、残った沼―近世館林の沼事情―」（第七三回二〇二三年度地方史研究協議会大会 要旨・レジュメ集、および本論集所載の論文）を参照。
（12）島根県古代文化センター編『出雲国風土記―校訂・註釈編―』（八木書店、二〇二三年）。
（13）古代の池溝の構築・管理については、前掲註（4）亀田著所載の論文に詳しい。
（14）管見の限りでは、古代史料には「里沼」と同様に「里山」の用語も見受けられない。
（15）「館林市陣谷遺跡から読み解く古代の土地利用と景観」（『地方史研究』四二四、二〇二三年）。本遺跡での調査所見は、この地域の古称である「オオアラキ」（新たに開墾するの意を強調）から、和銅六年（七一三）五月に出された「郡・郷名には好字を付ける」「二字を用いる」の施策によって「邑楽」（たくさんの人が集う楽土の意）が当て字されたように、律令政治の進展に伴う生産基盤開発の状況を示すものと理解できる。

(16) 群馬県企業局・明和第二工業団地調査会『明和第二工業団地造成に伴う埋蔵文化財発掘調査報告書　矢島三ツ俣遺跡』(二〇〇三年)。

(17) 「水場の文化的景観にみる住民の大水対応と意識―国選定重要文化的景観地域の板倉町を中心として―」(第七三回二〇二三年度地方史研究協議会大会　要旨・レジュメ集、および本論集所載の論文)。

(18) 長柄神社・長良神社の由来と所在地等については『館林市史　資料編1　原始古代　館林の遺跡と古代史』(二〇一一年)、『館林市史　通史編1　館林の原始古代・中世』(二〇一五年)に詳しい。

(19) 高橋夢人「〝川合〟における古代の交通と開発―利根川・渡良瀬川流域を事例に―」(第七三回二〇二三年度地方史研究協議会大会　要旨・レジュメ集、および本論集所載の論文)。

(20) 郡名の「邑楽」の成立事情と語義の詳細については、前掲註(6)前澤論考・前掲註(18)『館林市史』を参照されたい。

第七三回（館林）大会の記録

大会成果論集刊行特別委員会

はじめに

第七三回（館林）大会は、二〇二三年一〇月二一日（土）から二三日（月）の三日間、群馬県館林市の日清製粉ウェルナ三の丸芸術ホールを会場に開催した。大会の共通論題は、「〝川合〟と「里沼」―利根川・渡良瀬川合流域の歴史像―」とした。

本大会は、新型コロナウイルス感染症拡大防止の観点と、遠方からの参加を考慮し、前大会に引き続き、対面・オンライン併用で実施した。一日目は、午前に自由論題研究発表二本、午後に公開講演と総会を、二日目は、共通論題研究発表八本と共通論題討論を行った。三日目には、館林市内において巡見を行った。

ここでは、本大会の準備状況や大会終了後に開催した総括例会までの経緯を記しておきたい。

一　大会開催の経緯と準備

二〇一九年七月、群馬県の関係者から県内での大会開催の申し出を受け、他地域からの大会開催の希望がないことから、二〇二〇年三月より大会開催に向けた調整が進められた。同年九月、第七一回（茨城）大会および第七二回（仮称・三重）大会延期にともない、第七三回大会も延期となった。同年一〇月、二〇一九年度第一〇回常任委員会において第七三回大会を群馬県内で開催することを決定し、第七三回（仮称・群馬）大会として準備を開始した。

二〇二一年一一月、二〇二一年度第一回常任委員会で第七三回（仮称・群馬）大会準備委員会を発足し、同月の第一回準備委員会で互選により髙木謙一が委員長に就任した。準備委員会は、左記の六名で構成した。

【大会準備委員会】

鬼塚知典　桑原功一　佐藤貴浩　髙木謙一　手塚雄太
宮坂　新

二〇二二年一一月、二〇二二年度第一回常任委員会で承認を得て、生駒哲郎・桐生海正・鎮目良文・長谷川幸一・山下真理子の五名が加わり、大嶌聖子常任委員長とともに大会開催に向けて準備が進められた。

同年四月九日、第一回実行委員会を開催し、実行委員会が正式に発足し、群馬県内の大学、博物館などに勤務する研究者を中心に、大会実行委員会結成の準備が進められ、左記の二〇名で構成された。

【大会実行委員会】

顧　　問　前澤和之　　佐藤孝之
実行委員長　簗瀬大輔
実 行 委 員　青木裕美　足立佳代　飯森康広
　　　　　小嶋　圭　近藤聖弥　坂本達彦
　　　　　鈴木耕太郎　高橋人夢　高柳友彦
　　　　　永島政彦　沼賀健一郎　野口華世
　　　　　長谷川明則　藤田　慧
事　務　局　中村　豊　岡屋紀子　井坂優斗

大会実行委員会・準備委員会・運営委員会の協議内容については、会誌『地方史研究』の「事務局だより」「第七三回（館林）大会運営委員会報告」で詳述したので、本記録では省略する。各委員会の開催状況は、以下の通りである。

なお、大会開催一か月前にあたる二〇二三年九月三日には、館林市文化会館において、共通論題研究発表八本を検討するプレ大会を対面・オンライン併用で開催した。

【大会実行委員会】

第1回　二〇二二年　四月　九日（館林市文化会館）
第2回　　　　　　　五月二九日（館林市文化会館）
第3回　　　　　　　七月二四日（オンライン）
第4回　　　　　　　九月　三日（館林市文化会館）
第5回　　　　　　　一〇月二二日（館林市文化会館）
第6回　　　　　　　一一月二六日（館林市文化会館）
第7回　　　　　　　一二月一七日（館林市文化会館）
第8回　二〇二三年　二月二三日（館林市文化会館）
第9回　　　　　　　五月二一日（館林市立図書館）
第10回　　　　　　　六月　四日（館林市文化会館）
第11回　　　　　　　七月一六日（館林市役所）
第12回　　　　　　　八月二七日（館林市文化会館）
第13回　　　　　　　九月　三日（館林市文化会館）

【大会準備・運営委員会】

第1回　二〇二一年一二月二一日（オンライン）
第2回　二〇二二年　一月二八日（オンライン）
第3回　　　　　　　六月二八日（オンライン）
第4回　　　　　　　八月三一日（オンライン）

第5回　一一月　三日（オンライン）
第6回　一一月二二日（オンライン）
臨　時　二〇二三年　三月　二日（オンライン）
第7回　五月三一日（オンライン）
臨　時　六月一九日（オンライン）

本大会の準備期間中、新型コロナウイルス感染症拡大にともない、対面で委員会を開催することを見送る場合もあった。準備・運営委員会は原則としてオンラインで開催し、協議・諸連絡を行った。また、第9回から第12回までには、定例の実行委員会に加え、準備報告会や小規模な巡見を開催し、大会テーマに関する共通理解を深めた。

このほか、二〇二三年八月二六日、研究小委員会主催の第六回研究例会が大会関連例会として開催され、青木裕美氏「中近世移行期における姻戚ネットワークと由緒―両毛地域を中心に―」の報告がなされた。報告要旨は、会誌『地方史研究』第四二七号（二〇二四年二月）を参照されたい。

二　共通論題の設定

本大会を開催するにあたり、大会実行委員会および準備（運営）委員会では、共通論題の設定に向けて検討した。常任委員会では、数度にわたって議論を重ね、最終的に共通論題を「〝川合〟と「里沼」―利根川・渡良瀬川合流域の歴史像―」と決定した。大会趣意書は会誌『地方史研究』第四二四号（大会特集Ⅰ）・第四二五号（大会特集Ⅱ）に掲載し、大会に向けて議論を深めた。なお、趣意書および設定に至る経緯については、本書の「刊行にあたって」を参照されたい。

三　問題提起

共通論題および大会趣意書に関する問題提起を募集し、二四本を掲載した。左記の1～17を会誌『地方史研究』第四二四号（大会特集Ⅰ）に、18～24を第四二五号（大会特集Ⅱ）に掲載した。なお、副題は略す。

1　関東平野の中の〝川合〟と「里沼」　澤口　宏
2　縄文時代の遺跡分布と〝川合〟　宮田圭祐
3　赤岩堂山古墳と光恩寺の意義について　足立佳代
4　館林市陣谷遺跡から読み解く古代の土地利用と景観　関口博幸
5　多々良沼とたたら製鉄跡　市橋一郎
6　「鶏足寺世代血脈」の地域史料としての可能性　近藤聖弥

7　戦国期における沼の機能　新井浩文
8　〝川合〟地域の沼城の特性　飯森康広
9　〝川合〟地域と古河公方　藤田　慧
10　〝川合〟の関所と通船改　竹内　励
11　日光脇往還館林宿の機能と周辺助郷村　秋山寛行
12　〝川合〟地域における政治領域の形成とその地域性　川名　禎
13　〝川合〟における水害と館林藩の対応　宮坂　新
14　利根川・渡良瀬川合流域における自然環境と土地利用　関戸明子
15　群馬県東部、邑楽・館林地域における米と麦の食文化　横田雅博
16　川魚食は残った　内田幸彦
17　渡良瀬川の大水と水塚・揚げ舟　板橋春夫
18　利根川・渡良瀬川合流域の中世荘園に関する一考察　野口華世
19　近世後期、渡良瀬川流域の鷹捉飼場　巻島　隆
20　近代における〝川合〟の物流　渡辺嘉之
21　近現代の館林織物業の展開にみる研究課題　鈴木理彦
22　近代以降の文芸作品にみえる〝川合〟・「里沼」　井坂優斗
23　館林・邑楽郡における弁財天信仰と道祖神信仰について　鈴木耕太郎
24　日本遺産「里沼」の認定と館林の地域特色　岡屋紀子

四　自由論題研究発表

自由論題研究発表は、本会会員の日頃の研究成果を発表する場であり、共通論題との関連性が求められるものではないが、テーマやフィールドにおいても参考となる充実した議論が行われた。大会一日目に行った自由論題研究発表は、以下二本である。

越後国奥山荘中条・黒川相論にみる大名裁判権　新保　稔（東京）

年貢制度と地理的条件―上野国高崎藩を中心に―　和田健一（群馬）

五　公開講演

公開講演は、一日目の午後に二本が行われた。いずれも本書に収録している。

〝川合〟の町の地域研究―「里沼」の前と後―
群馬県地域文化研究協議会会長　前澤和之

消えた沼、残った沼　―近世館林の沼事情―
東京大学名誉教授　佐藤孝之

六　共通論題研究発表

共通論題研究発表は、二日目に八本が行われた。いずれも本書に収録している。

1　〝川合〟における古代の交通と開発　高橋人夢（群馬）

2　〝川合〟の在地領主―利根川・渡良瀬川合流域の拠点形成―　長谷川明則（群馬）

3　近世治水政策の地域的対応と地域意識―館林領普請組合の成立伝承を視点に―　小嶋　圭（群馬）

4　邑楽郡における藻草・泥の採取と沼の「環境」への影響―十九世紀中葉〜二十世紀初頭の多々良沼を中心に―　坂本達彦（埼玉）

5　足尾鉱毒事件と〝川合〟・「里沼」地域―旧谷中村を中心に―　中嶋久人（東京）

6　戦間期における小麦生産と製粉業の発展―利根川・渡良瀬川合流域を中心に―　高柳友彦（千葉）

7　水田の多様性と農業の変化―館林市域の事例から―　永島政彦（群馬）

8　水場の文化的景観にみる住民の大水対応と意識　宮田裕紀枝（群馬）

七　共通論題討論

共通論題研究発表終了後、共通論題討論が行われた。議長団は、大会実行委員の飯森康広氏（群馬）、鈴木耕太郎氏（群馬）、大会運営委員長の高木謙一（千葉）が務めた。

大会共通論題「〝川合〟と「里沼」―利根川・渡良瀬川合流域の歴史像―」の趣旨説明は、共通論題研究発表に入る前に委員長高木が述べた。

〝川合〟とは、利根川・渡良瀬川に挟まれた邑楽台地を中心に、両二大河川に関わる地域、その合流域を指し、大会独自の規定として対象地域を設定した。その想定する範囲については、「刊行にあたって」に〝川合〟地域想定図Ａ・Ｂを掲載したので、あわせて参照されたい。

続いて、「里沼」は、「里山」や「里海」「里湖」に対置する概念として、すでに提唱されたものを引用している。その意義としては、沼辺に暮らす人々が生物資源や水生植物を利用し、自然環境を改変しながら生活を営んできた場・景観を指す。館林市では、市内に残る四つの沼を「里沼」と位置づけ、これらは「日本遺産」に認定されている。こうした自然環境・地理的条件は、高崎大会などで議論されてきた内陸部や山間地域に位置する地域とは大きく異なる景観である。

趣意書では、考古から現代に至るまでの当該地域に関わる歴史的事象を挙げているが、すべての時代・分野を網羅することはかなわなかった。それについては、会誌四二四・四二五号の問題提起で、重要な論点や様々な指摘がなされているので参照されたい。

共通論題研究発表では、古代から近現代までの八名の方の研究成果の発表があり、前澤・佐藤両氏の公開講演でも共通論題に関わる重要な論点も見られた。以上の成果から、この〝川合〟と「里沼」という地域の歴史像を学術的に明らかにすることを試みた。

討論の進め方としては、三部に分けて進めていくことを提示した。①個別の報告に対する質疑応答を行い、続いて、議長団より前半に②〝川合〟地域における拠点について、後半に③沼および低湿地帯の開発について、以上の二つの論点からアプローチした。以下、当日の討論状況を記す。

①個別研究発表に対する質問応答

議長団の高木の進行で個別研究発表に対する質問応答が行われた。はじめに、澤口宏氏（群馬）から長谷川明則氏に質問がなされた。

澤口　佐貫荘の領域が利根川左岸沿いの自然堤防から低・台地に集中している理由をどのように考えているか。

長谷川　まず、利根川左岸沿いということに関してお答えしたい。須藤聡氏の先行研究で、上野国の西方に位置する那波荘（現伊勢崎市）の開発を行った藤原秀郷流の那波氏が、利根川沿いに進出し、次第に佐貫荘の開発に乗り出したとされている。自然堤防から低台地に集中している理由は、河川と同じような標高の土地であれば洪水の影響を受けやすいということがあるので、少しでも高い土地に拠点を築いて耕作をするということだと考える。

澤口　藤原氏は利根川沿いに開発したということだが、なぜ利根川なのか。北側の地域に開発がおよばなかったのか。

長谷川　邑楽台地の中心地帯は渇水であるので、渡良瀬川流域から用水を引いてくるような開発が難しかったのではないか。また、渡良瀬低地については、下野国に近いこともあって足利氏の被官が勢力を広げてきており、佐貫氏の勢力が広げにくかったのではないかという印象がある。

次に、大塚恒平氏（神奈川）より長谷川明則氏に質問がなされた。

大塚　古代・中世と時期が移るにつれ、台地周縁、自然堤防上、沼縁と武士の郷地が移るのは理解できたが、完全に移るのか。あるいは以前の拠点も残るのか。継続して使われる場合、用途はどのように変化するのか。

長谷川　状況を見てみると、完全に移ることはないと思われる。藤原秀郷流の佐貫氏が開発していた台地上の集落も近世まで残り、利根川・谷田川沿いの自然堤防上の集落も残っているので、それぞれ後の時代に引き継がれており、少しずつ広がっていくというイメージである。用途については、地形的特質によって利用の仕方に差があると思われる。

さらに、阿部嵩彦氏（群馬）より長谷川明則氏に質問がなされた。

阿部　長良神社が現存する近代的な利根川の堤防に非常に近く存在しているが、堤防ができる以前はどのような景観で、水害の被害はなかったのか。

長谷川　報告時に用いたスライドの中で、『封内経界図誌』に描かれたナガラ神社であげたように、近世幕末期には川に接していたような立地景観が広がっていたが、中世には人間の背丈を超えるような堤防はなく、そのような場所にナガラ神社があったと思われる。水害については、川からすぐ水が来るような低地にあるのではなく、自然堤防上の少し高い所にナガラ神社が立地しているのが多かったので、少しでも被害を受けないような場所に生活の拠点、武士の拠点が置かれていた。とはいえ、自然堤防は何メートルも高さがある場所ではないので、大きな水が出た場合は被害を受けたであろう。

続いて、澤村怜薫氏（埼玉）より小嶋圭氏に質問がなされた。

澤村　館林領御普請組合について、成立時期・背景、普請の対象を知りたい。また、「館林領」の認識について、館林藩の城付領可変領域にあたる地域が意図的に「館林領」認識を活用展開したとのことだが、可変領域においてそれらの認識は均質的なものであったのか。

小嶋　館林領御普請組合の成立については、天和三年（一六八三）といわれ、大谷貞夫氏の研究では具体的な背景も含めて明らかにされている。大谷氏の主張によれば、徳川綱吉の所領である宰相領館林藩が消滅するにあたり支配関係が錯綜し、江戸への訴願水論が多発する状況を受けて、幕府が御普請所定式組合を設立したことが始まりとされ、それ以前は個別領主の支配の中で政策が行われていたとある。大谷氏も報告内で引用した享保一九年（一七三四）成立とされる「子孫心付草」を分析され、中世以来個別領主が管轄していたと述べている。

実際これがどこまで現実的だったかというと、例えば大谷休泊の伝承が残っていたり、平地林があったりとかを含めて考えると、実態として館林長尾氏以来の水方奉行が奉行職を置いて何らかの差配を行っていたのは明らかである。公開講演の中で佐藤氏が、榊原康政の頃、文禄堤が〝川合〟の地域を取り囲んでいた時期に、綱吉期に矢場川を付け替えて国境を変えるという大規模で一円的な治水政策が、領域を支配していた個別領主によって行われていたと述べていた。私はおそらく綱吉期までにこの普請組合の原型があったのであろうと考えているが、どこまで遡れるかは今回引用した史料ではあくまで伝承的な側面が強く定かではない。普請の対象については、報告で引用した嘉永三年（一八五〇）の「館林領農家水配鑑」にある綱吉領の四か領と「西領」を含んだ領域、公式的には一九一か村で構成される組合である。

続いて二点目の質問について、可変領域の村々、館林藩領から外れる村々による「館林領」の認識は、均質的なものではなかったと私は考えている。例えば、「館林領」という認識が生まれてきただろうと思われる板倉低地の村々は、谷田川や渡良瀬川に排水された水が逆水で戻ってきて水溜まりになるような地域であった。また、大輪沼周辺は、矢場川から排水される流末の村であるという認識がある。文政四年（一八二一）の渇水時期には、水元である上流付近の村々がさかんに訴願を行っている。それぞれの地域が温度差のある中で、先行研究にもあるとおり幕末にかけて普請組合が機能しなくなる中で、一体性を主張することが利と考えた地域が意図的に、様々な伝承であるとか絵図をもって展開していくのではないかと考えている。

澤村　なぜこの質問をしたのかというと、均質的ではない中では利害関係がそれぞれ違うと思われるからである。利根川を挟み反対側に位置する忍領組合では、小組合がそれぞれ組まれており、小組合ごとで入会関係がおそらく一致しているものが併存しているのではないかと考えている。はたしてそういったものが存在しているのかという点と、存在しているのであれば、その中での濃淡が異なってくるのではないかという点が気になった。変動しない城付地の部分と可変地域との差が、かなり出てくるのではないか。「館林領」という言葉が、用いている人々によって意味が異なり、「館林領」は彼らが捉えかえしている一つのロジックのように思われる。問題なのは「館林領」という言葉や範囲ではなく、なぜこのように捉えようとしたのかということが、今大会に関係するのではないかと考えて伺った次第である。

小嶋　全体的な領域を意図的に創出していく。それを可視化していくために版本が作られていった側面があると思われる。指摘のとおり、小組合ごとに毛色が異なった訴訟があって、本来はその分析をしようと思っていたが、あまりにも多様性があって追うことができなかった。沼地があるエリア、あるいは水門が境になってそこが訴訟の糸口になる所があるなど領域ごとに異なる。一方で、こうした問題があるという事実を述べたが、大きい議論については今後考えていきたい。

続いて、宮﨑俊弥氏（群馬）より高柳友彦氏に質問がなされた。

宮﨑　館林邑楽地域は、木綿織物生産がさかんであったが、木綿の栽培の話題が報告では出てこなかった。近代の畑作では、木綿はほとんどなくなってしまったのか。

高柳　江戸時代から明治初期にかけて木綿は畑作で作られていたが、日本全国的にも近代以降、明治中・後期頃にはほぼなくなってしまったという理解でよいと思う。会誌四二五号で、鈴木理彦氏が館林の織物について、渡辺嘉之氏が館林駅の貨物で問題提起を書いているが、綿糸に関しては他地域から輸送してきている。ただし、統計的にははっきりしたことはわからない。

引き続き、宮﨑俊弥氏（群馬）より永島政彦氏に質問がなされた。

宮﨑　昭和一六・二六・三六年の作付変化の指摘は興味深かった。この背景・原因はどのようなものであったか。

永島　作付変化の大きな原因は、一つは機械化、二つに土地改良である。この地域で特徴的なのは低湿地が存在するということで、機械化にしても耕運機を導入するが、ドブッタなどでは旧時代の牛を利用し、人力で田起こしをしていたことが続いていたことである。土地改良についても、昭和二九年に行われるが一度では十分でなかったため、何回か客土をしたり、暗渠排水の工事をしたり、何回かの工事を経て変わっていった。昭和三六年の作付をみると、あえてドブッタを使って早場米の耕作をし、必ずしもマイナス面だけを捉えず与えられた条件の中でいかに耕地を利用していくかがよく考えられている。

次に、大塚恒平氏（神奈川）より永島政彦氏に質問がなされた。

大塚　どうしても耕地に向かない所は、住宅地化されたという話であったが、そのような場所は地形的な問題でそうなるのか。それとも地質的な問題なのか。

永島　専門的な部分まで調査がおよんでいないが、この瀬戸谷町という住宅地は、大規模に団地が造成され、広域的な土地改良が行われるなかでできている。

さらに、阿部嵩彦氏（群馬）より永島政彦氏に質問がなされた。

阿部　農家が田地に小さな地名を付けているが、網羅的に収集し研究されているのか。

永島　とても網羅的には把握できてないが、これまで見てきた農業日記では必ずと言ってよいほど耕地に名前を付けている。付け方のパターンはある程度あって、一つには家に対して付ける、例えば家の前や家の裏など、二つには字名・家の中でわかる区画を付ける、三つには耕地を成す経緯や耕地の形・面積など、大まかに分けると三つあげられる。

最後に、寺門雄一氏（東京）より宮田裕紀枝氏に質問がなされた。

寺門　カスリーン台風以降、七〇年以上水害がなかった理由は何か、揚舟は今でも軒下にあるのか、住民の水防意識にはどのような変化があるか。

宮田　理由としては、渡良瀬遊水地が設置されたことや毎年のように堤防が強化されていること、排水機場のポンプの容量を上げることなどがあげられる。ただ、二〇一九年に台風が発生した際には、私も初めて避難を経験し、毎年訓練はしていたが様々なことを考えさせられた。揚舟については、二〇年ほど前の調査で二二〇艘が軒下や納屋にあることが確認された。平成一三年には群馬県で国民文化祭が開催された際に、先人の知恵を見直そうということで揚舟を降ろして乗っていただいたことがある。水防意識の変化について、先の七月頃に防災計画が改められ、標高二五メートルくらいの所にある洪積台地上の小学校へ初めて車で移動した。高台に親戚がいる家はそちらに避難を、そうではない家は車で高台へ逃げるようにという訓練内容であった。その時思い出したのは、「水場に嫁にやるな」ということで、嫁にやると家族中の人間が高台に来るからと云われている。つまり、板倉町の中で姻戚関係を結んでおくことは、大事なことであると強く感じた。防災計画も水場で生きている住民主体のものができればよいと考える。

寺門　カスリーン台風以来水害がないというのはあまり低地では聞かない。地域や家族の中で世代を超えてどのように伝えているのか。

宮田　取り組みとして、水場の風景を守る会であるとか、学校では水防教育を行っており、副読本などを通じて伝えられている。ただどの程度伝えられているかはわからない。揚舟については町内の民俗研究会の指導の下、各小学校で揚舟講座を開催し、揚げ降ろし方や漕ぎ方について学習する機会があったが、最近は行われていないようで残念に思う。

②〝川合〟地域における拠点について

ここで議長団の飯森に進行が代わり、〝川合〟地域における拠点についての議論が行われた。

議長飯森　前半のテーマは拠点ということで進めていく。まず、高橋報告についてであるが、邑楽郡家を政治的な拠点として位置づけ、東山道武蔵路あるいは渡河点のように政治・経済の複合的な拠点になるというような発表であった。その後、邑楽郡家や新田郡家のような古代の政治的な拠点が、中世の拠点に必ずしも繋がらないように思える。その要因は何か。

高橋　それには、邑楽郡家だけでなく山田郡家や新田郡家を含めて回答したい。まず、邑楽郡家は現在の大泉町の古氷あたりが推定地とされ、中世においても古戸渡や対岸の長井渡のような渡河点として機能していた。中世の拠点としては、古海のあたりに秀郷流藤原氏が入る形で、基本的には古代から中世にかけて拠点が引き継がれるようなイメージを持つ。山田郡家も渡良瀬川の右岸の渡河点に位置し、中世には薗田御厨、一二世紀後半には薗田宿が形成され拠点が引き継がれている。対岸の足利郡家も同様なイメージを持つ。一方で、新田郡家については少なくとも一三世紀の後半になると、利根川の渡河点の世良田の方に中世の拠点が移っている。その要因は詳らかではないが、おそらく新田郡家の位置は東山道の本道に、武蔵路の合流点に絞られて築かれたと思われる。その拠点を裏付けるものが東山道であって、中世的な交通大系に移行した際に、本来自然的に利根川の渡河点の後背地である世良田に移ったため、新田郡家は本来的な役割を終えているので新田荘の形成の際にそのように移行していったと思われる。つまり、それぞれの地域に則した古代の拠点、中世の拠点がなぜ築かれたということをもう少し事例を集めて検討していかなければならない。

議長飯森　政治的な拠点と流通の拠点を比較するのは難しいと思われる。続いて長谷川氏には、一四世紀後半頃までの在地レベルというよりも郡単位の拠点について、お話しをいただきたい。

長谷川　今回報告で用いた在地領主の拠点というのが郷や村単位の拠点であったので、古代の郡家にあたるような郡単位の拠点はないかというところである。中世においては、佐貫氏が邑楽郡家に近い古海という場所を拠点に佐貫荘を開発したといわれており、中世初頭では古代における郡家・郡規模の拠点が引き継がれているのではないかと思われる。一方、鎌倉期以降になると、古海・古戸というような古代の郡家周辺の拠点が、郡単位としての拠点の求心力が失われているのではないかという印象がある。佐貫氏が利根川・谷田川の方に進出していったということもあり、現在の千代田町になるが舞木や赤岩という集落があるが、その辺りが郡単位とはいえないがもう少し広域的な拠点として注目されるのではないかと考える。その理由としては、舞木氏は佐貫氏の庶家であったが南北朝以降になると佐貫氏が惣領家の力を失い舞木氏が惣領的な立場として台頭してくるという点、隣接する赤岩は歴史的な渡河点であるという点があげられ、また赤岩にある光恩寺に一二世紀末に造られたといわれる阿弥陀如来像が現存するが、武士が仏像を造るような拠点であったと言えるのではないだろうか。会誌四二五号掲載の問題提起の中で、野口華世氏が平安仏と浄土庭園を持つような寺院が、在地の武士層が都と繋がっていたことを背景に築かれたものであると指摘している。以上のようなことから、中世前期においては舞木・赤岩が重要な拠点であったと考えられる。

議長飯森　赤岩の光恩寺の話が出てきたので、問題提起を書かれた近藤聖弥氏（群馬）に信仰の拠点の広がりについて伺いたい。

近藤　問題提起で取り扱った鶏足寺は、渡良瀬川流域の小俣に位置し、醍醐寺三宝院流を継承し、関東に進出する大きな足掛かりとなった重要な拠点である。鶏足寺世代血脈を書いたのは光恩寺三世慈宥であり、拠点が渡良瀬川流域の鶏足寺から赤岩の光恩寺へと移っていく。鶏足寺としての機能を残しながら、舞木氏と結びつく形で赤岩へ進出し、武蔵の北部まで教線を拡大していくという状況が見受けられた。

議長飯森　長谷川氏の渡河点という拠点に、近藤氏の述べた信仰の拠点が重なってくるという方向性が見え、この地域の特徴がうかがえる。長谷川氏の報告の中でナガラ神社についての分析があったが、それと対比されるような赤城神社の分布について、信仰の拠点という視点で伺いたい。

長谷川　報告の中でナガラ神社の立地について取り扱ったが、明治以降に郷単位・村単位で神社を合祀するような動きがあり、近世以前にも神社の移転があるのでどこまで中世まで遡れるのかは難しい問題であった。赤城神社は現在、邑楽郡周辺では渡良瀬川流域に近い所に立地しているが、慎重に見ていかなければならない。ナガラ神社の分析では、南側の利根川・谷田川低地、その北側に広がる邑楽台地、さらに北側の渡良瀬低地のように分類して検討した。ナガラ神社は、一番南側の利根川・谷田川低地を中心に鎮座し、邑楽台地にも鎮座しているが、台地の中央に位置していることは見受けられなかった。佐貫氏の所領の分布も中心部には少ないということもあり、ナガラ神社の分布と重なる部分が多いと考えられる。『館林市史』の中で前澤和之氏が、ナガラ神社の勧請の経緯と佐貫氏の進出について関連づけたような記述があるが、その指摘は正しいと考えられる。また赤城神社は、現在館林市内に限ってみると傍示塚町・足次町・木戸町に立地しており、ナガラ神社の分布との境目が概ね旧矢場川であることが推測される。

議長飯森　ナガラ神社について、前澤和之氏（群馬）にもお伺いしたい。

前澤　ナガラ神社には二つの表記があることに注意しなければならない。一つは長柄、二つに長良で、邑楽郡内に四〇数社ある。元々長柄であったものが長良と改められたものを含めて、長柄神社は市史編纂の調査で一〇社を数えた。長柄というのは珍しい呼称なのでその理由を調べていくと、総社神社本『上野国神名帳』の邑楽郡の冒頭に正一位長柄明神とみえ、邑楽郡の最有力神社で、神階で言うと式内大社に匹敵し、社会的・政治的に高い位置づけであった。また、長柄郷は高橋氏が指摘するように郡家の存在と合わせて考えるべきである。長柄はおそらく、大和王権の古墳時代に大和葛城の方に本拠地をもち、河内にもみられる。氏族である長柄首氏が、大和王権の開発の一環で東国に進出してきたと推測される。その拠点が古墳時代の遺跡が残る現在の大泉町近辺であり、開発を進めていく中で自らの祭神である事代主命に由来する神社を祀った。一方推測だが、長良についても藤原北家の中で平安時代の初めに公卿として人望を集めた藤原朝臣長良を祭神とし、佐貫氏の拠点に祀り、あるいは開発の拠点で祀ることで先祖の功能を借りたことがあったのではないか。また、宮田報告の中で長柄神社が板倉町内に三社あることが確認されたが、それ以外にも長柄だった所が長良になったのが何社かあるが、これらは非常に古い神社である可能性がある。これは、佐貫荘の東側の進出を示しているのではないか。以上のことから、二つの呼称があることをもう一度今回の議論を含めて見直し、この地域の発展についてあるいは古代から中世への繋がりについて、色々な点が浮かび上がってくるのではないかと思われる。

議長飯森　神社からこの地域の開発、拠点の広がりが見えてくることは興味深いことである。続いて小嶋氏には、中世に領主層によってつくられた括りである「館林領」が、近世になると民衆側からつくり出されるようになったということだが、その契機について伺いたい。

小嶋　支配の拠点と生活の拠点という視点を設ける必要がある。中世までに在地領主の拠点になりえたのは、自然堤防沿いであるとか、渡河点あるいは戦国期以来の池沼縁辺部といった話であったが、そういった地域は近世では村々の生活の拠点なりゆく場所にあった。支配の拠点で考えれば、会誌四二四号掲載の川名禎氏による問題提起にあったように、館林藩の城下である城付領がこの地域の中心となっていく。一方でもう少しマクロな視点で考えると、簗瀬大輔氏が開会の挨拶でこの地域を「中央関東」として表現されたが、それを受けて近世に当てはめてみるとやはり大きな拠点は江戸城になる。江戸を守ると言った時に、この中央関東という地域は水害発生の地に他ならない。その中で利根川の東遷事業や様々な治水政策が行われてきており、その流れで考えれば天正期に榊原康政がこの地に封ぜられてきたことには納得がいく。また、その時期に広域的な堤を造っていくような動向は合致するのではないかと思われる。地域の中で言えば、館林藩の城下町・城付領が広がったり小さくなったりする中で、生活の拠点である沼や河川、水門が訴訟・水論の問題が発生源になりやすいということがこの地域の特徴である。報告の中で取り扱った絵図に対し、澤村氏から非常にイデオロギー的で言説的な要素が強いとの指摘を受けたがその通りで、村々があたかもこの河川に挟まれた地域を切り取って一体性を主張していく。一方で、近藤氏の言うように、河川を越えて人の文化・移動が見られるのがこの地域の特徴でもあり、この言説的な「館林領」フィルターを取り払って考えないと、地域の具体的な様相はわからないだろう。宮田報告の中で、ナガラ神社が水防の信仰のなかで位置づけられているという話があったが、江戸時代以降は水から守ってくれる神様として地域の中では見られているわけで、このナガラ神社が置かれているエリアが守るべき館林城下の外にあるような利根川・谷田川沿いであるとか、板倉低地に集中しているのも検討していかなければならない。報告で用いた「館林領」の図の中に、古代中世の様々な情報と重ね合わせて見た場合、何か新しいことがわかるのではないだろうか。

議長飯森　次は話題を変えて、開発を通してその後里沼はどうなったのかということについて目を向けていきたい。高橋氏が報告の中で、用水の開発について中世に引き継がれていくプレ新田堀やプレ上休伯堀について述べられ、渡良瀬川から直接引水していくことを指摘されていた。古代の用水技術としては早いと思われるだが一般的に考えられるものなのか、それとも〝川合〟地域の特徴として考えていいのか伺いたい。

高橋　大河川から引水することは本来的には避ける傾向にあり、湧水や山麓の中小河川を使って灌漑用水を機能させる。大河川から引水するのは、渡来系の技術や仏教の知識を使うものであるので本来的には難しい。この〝川合〟地域は平野かつ台地上に位置しているので、湧水や中小河川から得にくく、どうしても上流から引水する必要がある。私が提起したプレ新田堀やプレ上休伯堀もどの程度機能したのか、成功したのかでさえ不明であるが、渡良瀬川から引水していたのは〝川合〟地域の地形的な特徴であると考えられる。利根川からは標高の問題で引水できない。ただ、〝川合〟地域がこの邑楽台地だけかというとそうではなく、例えば八世紀中頃の越前道守荘の絵図が正倉院文書に残っているが、生江川と日野川の合流域に「川合」という書き込みがあり、二つの川から用水を引き込み、周囲には沼のようなものが描かれている。同様な景観を有する地域というのは他にもあったのではないだろうか。今回の事例をもとに〝川合〟地域を全国的に探していくと、地域独自の水利の問題が見えてくるのではないかと思われる。

議長飯森　結果として中世においても用水として引き継がれ、かなりの水量が得られていたのではないかと想像できる。その大きな用水が耕地の開発に導いていくわけだが、それに関わってくる武士のあり方にどのように影響していくのかを長谷川氏に伺いたい。

長谷川　高橋報告のプレ新田堀・プレ上休伯堀に刺激を受けたところがあり、この二つが古代末から存在し、現在の新田堀・休泊堀と大体同じようなところを流れていたとするならば、佐貫氏が最初に進出したといわれる邑楽台地西部を開発する背景として考えることができる。『館林市史』の中では、渡良瀬川からの用水の受益地と非受益地を分けて分析をしており、佐貫氏は非受益地である利根川・谷田川低地を開発したがそれだけでは充足できず、受益地の方へ進出したと説明されている。しかし、高橋報告を踏まえると古代からの用水があったのであれば、まず受益地に着手し力を蓄え、その後より開発が難しい利根川・谷田川低地へ進出したというように、逆の方向性で説明ができるのではないだろうか。

議長飯森　用水の関係で、西から東へという開発の方向性が見えてきた。近世になると、低湿地の開発が画期となると思われるが、公開講演でも発表された佐藤孝之氏（埼玉）に伺いたい。

佐藤　講演では小規模な沼が開発によって消えていく話をしたが、それだけではなく多々良沼や城沼も開発の対象とり、大輪沼にいたっては宝永期に新田へと開発され、消えてしまったということが趣旨であった。先ほど、矢場川の付け替えによって国境が変わったという話があった。矢場川は現在太田市の辺り方から流れて館林市の上早川田で渡良瀬川に合流しているが、それ以前は早川田の近くの木戸村辺りからそのまま東流していわゆる渡良瀬低地の中央を流れていた。本来はそれが国境で、さらにはそこが渡良瀬川であったという説もあるようだが、付け替えによって下野国の梁田郡・安蘇郡の一〇か村程度が上野国に編入された。なぜ付け替えをおこなったのかは当時の史料はないが、下流地域の水害防止と新田開発が目的といわれており、これにより渡良瀬低地の開発がかなり進んだ。付け替えは、徳川綱吉藩主時代の寛文期に行われたが、その後館林藩領では検地なども実施され、寛文郷帳と元禄郷帳を比較すると、旧矢場川流域の渡良瀬低地の村々でかなり石高が増えている。その後、用水にも影響を与え、多々良沼も用水になっているわけで、付け替えと用水網の整備がどのように関係しているのか、検討の余地があるように思われる。

議長飯森　矢場川の付け替えのように、川の流れが変わっていく中で用水もシステム的に整備されていくのだが、用水と里沼に関して小嶋氏に伺いたい。

小嶋　佐藤氏の公開講演にあったように、人が沼を用益・使用する方法の分析軸には三つの観点がある。漁撈と藻草のように沼自体を資源として用益とする方法、広域的な受水域を保維持するための用水源としての使用方法、さらに新田開発を施すことで新たな価値を付与する方法の三つの観点である。それがどのように関わってくるのかを見なければならない。報告で取り扱った館林封内という地域は治水の面でも板倉低地に比べて安定しており、この地域を潤しているのは大体多々良沼である。多々良沼は、自然堤防であるとか付け替えの関係で、他の沼に比べて治水・利水の面で比較的安定しており、実際には水下四〇か村との争論が起きているが、特殊な地域であると思っている。一方で、ナガラ神社の付近や大輪沼が干拓されたエリア、板倉沼は周辺の村々から水害が忌避されて新田開発の手が伸びやすい。板倉沼に隣接する村は、寛保期の洪水後の訴訟をみると満水になって沼が広がって浅地ができるので藻草が生えやすく、そこに魚が集まってその資源をめぐって争いが起きる。諸役を「館林領」という一体性をもって忌避しようとしながら、資源としては確保しようとし、周囲の村々は影響を受けるので干拓を進めようとするせめぎ合いがあった。このように、沼や用水をめぐって考えていかなければならないという貴重な分析軸だと思われる。また、邑楽郡周辺を「つる舞う形」の「鶴の首」と表現するように、〝川合〟地域の両河川の狭さにも注目しなければならないと思っており、四つの堰が上流域にあるので移動するのが広域になる。そのため、忍領組合に比べれば広域的で、かつ藩領だけではどうにもならないので幕府が管轄するような状況であったことも考えなければならない。

議長飯森　坂本報告では、食用になった植物がいくつかあると述べられていたが、自生しているものと作付しているものの違いがあるようなのでその点について伺いたい。

坂本　まず用水源としての沼という議論があったが、多々良沼というのは用水・悪水が入ってくる沼であるのも大きな特徴である。悪水なので田地の表土などが流れ込んでくるので、ある程度沼の中の養分が高いと思われ、そういう沼であることを前提に回答したい。多々良沼で自生している植物は、ヨシやマコモが確認され、事典を読む範囲だと新芽の部分など食べることもできるようである。レンコンに関しては、チョウセンハスが自生したという話があるが、蓮が自生しているとレンコンになるかというと難しい問題がある。レンコン栽培に必要なのは日照と養分なので、ある程度気温が高くて日が当たらないといけない。多々良沼のレンコンが自生していたのか、作付していたのかというと、一部自生していたが作付に関しては近代になると栽培しなくなってしまうこともあって栽培方法が伝わっていないのか記録として残っていない。一方で、茂林寺沼の方では、具体的に種を蒔いているという記録があるが、レンコンは発芽率が悪いため大変であったことがわかる。

③沼および低湿地帯の生業、開発について

続いて、議長団の鈴木に交代し、沼および低湿地帯の生業、開発についての議論が行われた。

議長鈴木　後半は、生業や低湿地帯の開発、そこに見られる人々の実相が論点である。漠然とした質問になるのだが、そもそも里沼を開発すると聞くと沼を埋め立てるというような方向で考えがちであるが、里沼と開発について坂本氏に伺いたい。

坂本　報告で用いた館林藩が作成を命じた村絵図『封内経界図誌』と、明治一〇年代の裁判の時に村側が提出した証拠の村絵図には、双方に沼の中に田地がつくられていることが確認でき、おそらく掘上田になるのだと思われる。『封内経界図誌』は藩が作成させているので、藩が認識していないところに田地があるのはおかしなことになるので、沼の中にある田地ではあるが藩は田地と認識していたと思われ、そういうような開発を行っていたのである。先ほどの食糧の話と絡めていくと、二〇〇〇年刊の『日向郷土史』によれば、多々良沼の中の田地で米に適さないところではレンコンをつくっていたという記述がある。レンコンの方が稲よりも養分を必要とし、税制上の問題でレンコンは本途ではなく小物成に含められるので、税金的にもよいのであろう。多々良沼の場合、蓮根掘冥加という年貢が課され毎年どれだけ収穫しても金額は変わらないというメリットがあった。ただ、肥料を大量に必要とするので、手をかけずに伸びていく植物を肥料にする方が、レンコンに手間をかけるよりよいという判断が幕末までに徐々にされていったという見通しがある。

議長鈴木　米が獲れないからレンコンをというわけではなくてというところが興味深い。続いて低湿地の開発に話題を移したい。中嶋報告では、谷中村に住む一有力農民の意識というものが引用されている島田宗三の『田中正造翁余録』などに見られた。中嶋氏に確認しておきたいのは、島田が違和感を持ちながらも農業を補完する漁業とあるが、こうした意識というのは谷中村で漁業をやることに対する忌避感なのか、あるいは自らを耕地に根付く農民としてのいしきであるのかを伺いたい。

中嶋　そもそも一九戸しかない残留民の中で、それがどのように生活をしていたのかということだが、島田の意識でしかないと思われる。ただ、残留民全員が漁業に対して違和感を持ったのかはわからないが、漁業をしなければ農業経営は成り立たないということははっきりわかっている。必要だとわかっていながらも漁業ではやりたくない、本人の問題なのかもしれないがなるべくなら農業で谷中村の復興をしたいと考えていたようだ。

議長鈴木　書きぶりをみても個人の意識・忌避感を覚える。旧谷中村では排水事業を行い、結果的に失敗となった。原野の開墾・農事改良によって麦・豆を増産していく方向性が見えるのだが、会誌四二四号掲載の関戸明子氏による問題提起で水害を受けやすい作物であったとも指摘されている。こうした排水を行うということは稲作に向けた取り組みなのだろうか。排水事業で何を目指していたのだろうか。

中嶋　これについても島田の意識と言ってしまえばそれでしかないのだが、それ以前にも排水事業を行っていないわけではなく、蒸気機関・機械式ポンプを使って試みられた。その時はかなり大規模で、国家の認定を受けたものであった。の前近代史の議論を聞いていて少し違うと思うのは、水を引いてくることによって開発を行うのではなく、ここでは水を排除して開発を行うという点ことが大きな違いである。板倉町でも排水処理施設がなければ、現在の景観にはならない。つまり、水を排除しなければならないというのは大きな相違点としてあげられる。麦と米の問題については、排水機を使ってまであまり商品価値が高くはない大麦を作るとは思えないので、米を生産しようと考えたのだと推測される。島田宗三は、まず大麦を生産することが重要であって、米は副次的なものとして考えている。大麦を売って外米を購入し、大麦と米を混ぜて食べるという生活様式なので、米がいらないわけではないが大麦を作ることは彼にとって大きな意味があった。一方、田中正造は時々小麦を生産させてはどうかと言っており、どちらかというと小麦へのこだわりが見受けられる。前近代は米を中心に考えられていて、生業に関することと、一農夫が食べていくことについてはあまり研究がされてこなかったように思われ、木村茂光氏らが議論されていた覚えがある。今回の報告で、麦や畑作の重要性について感じた次第である。

議長鈴木　高柳報告では小麦の生産と製粉業の発展について述べられていたが、一九三〇年代に入ると邑楽郡域においても小麦・大麦以外に米の生産も上昇しているように見える。この背景について伺いたい。

高柳　一般的に米の生産量増加の契機は、一九二〇年代の耕地整理事業と農業技術の開発、品種改良にあると言われており、邑楽郡では作付面積に占める陸稲の割合が少しずつ減っていることがわかる。また、陸稲自体の生産性が向上して、一・五倍くらいになっていることが要因で、元々邑楽郡の生産量は低いが急激に上昇している。ただ、一人当たりであるので生産性で見ると勢多郡などの方が圧倒的に多い。

議長鈴木　続いて、他県では小麦とともに大麦の生産が増加しているが、群馬県では大麦が減少して小麦がかなり増加している。この背景についても伺いたい。

高柳　作付面積を見ると大麦を作らず、米・小麦に転換していることがわかる。基本的に米は一九三〇年代を含めてずっと増産されており、政策として推されている。米を増産することが必然的であるのはわかるが、大麦の減少については未だ理解が足りていない。

議長鈴木　ここで、原直史氏（新潟県）からの質問を取り上げたい。海岸砂丘にさえぎられて内陸に湖沼が点在する新潟県との共通点があまりにも多く感銘を受けた。新潟地域では、水害常態への対応としての「割地」が著名だが、この〝川合〟地域の耕地にそうした事例はあるのだろうか。永島・宮田両氏に伺いたい。

永島　民俗調査において、館林地域の中では「割地」の事例は出てきていない。館林地域の農地は細かく分散している傾向があり、大地主はあまり存在がみられない。そのようなこともあり、水田の割り替えのようなことは行いにくかったのではないだろうか。

宮田　板倉でもそのような事例は聞かない。

原　永島氏の発言のように、耕地の罹災の条件による違いは大きいと思われる。これまでの議論を聞いていて、日本海岸側には海岸砂丘列にさえぎられて内陸に池沼が広がっていく例が多々あり、そうした土地とこの〝川合〟・「里沼」との風景や地域としての共通点がある非常にあるという印象を持った。他地域で同じような自然条件を有しているような所にも議論を広げていき、それぞれの条件の中でどのような共通性や違いがあるのかという問題に発展していくことができるような提起がこの大会でなされたと思われる。

議長鈴木　この大会の本質的に関わるようなコメントをいただいた。続いて、宮田報告では佐野市の秋山川流域における開田碑について触れられていたが、碑文の中に開田を喜ばしいことだとする住民意識が見られるという話があった。排水機場が板倉町で進められていく中で、板倉地域の中でこのような開田碑はみられるのか。

宮田　開田碑に似たような土地改良区碑などを含めると、板倉町全体で一三基ほど残っている。板倉沼は三〇〇ヘクタールほどあるのだが、板倉沼自体に立っているのは一基しかない。一方で、秋山川流域を見た時にわずか八ヘクタールほどの規模で、なぜ四基も残っているのか疑問を抱き今回取り上げた。

議長鈴木　前半の討論でも、拠点の一つとして信仰の場が話題となった。宮田報告では、雷電神社とナガラ神社の分布について整理がなされているが、鷲神社は板倉地域にはないのか。

宮田　板倉には見られず、埼玉県の沖積地に分布の広がりが見られる。現在北川辺が埼玉県に属し利根川の左岸に位置するが、これは利根川東遷の新川通の開削があったときに飛地となったものであり、なぜ鷲神社が分布しているのかそこまではおよばなかった。

議長鈴木　宮田報告では、信仰の拠点が住民意識に根付いているということが示されていた。信仰と生業というものが密接な関係にあることは明らかではあるが、この地域における概括を永島氏に伺いたい。

永島　これまでの議論で、ナガラ神社や赤城神社が出てきたが、赤城信仰については都丸十九一氏によって研究が進められた。基本的には水分神、水と農耕を司る神を祀り、よく日光との神戦譚でムカデが話題となる。赤城山周辺地域では、八月朔日に先祖供養として赤城山あるいは地蔵岳に登り、卯月八日には山遊びと称して登拝する。こうした諸行事は赤城神社の祭祀に関わらず、赤城山周辺に広がっている。実は、赤城の神がムカデという伝承は希薄で、有名な老神温泉では蛇祭りが行われ赤城峠の伝説では龍神を祀っている。一方で、館林市足次町の赤城神社ではムカデの彫り物があり、一部赤城神社がムカデとの関わりで語られている。赤城山から見て南東方向にあたり、関東平野の中央部に分布している赤城神社についてはムカデを祭神として祀り、ムカデの絵が奉納されている。都丸十九一氏よると、武将がムカデを強いものの象徴として使っていたという点、有名なのは藤原秀郷のムカデ退治で、秀郷に繋がる土豪、あるいはその威光を背景として祭祀をしたいと考えた人たちが祀ったのではないかといわれる。館林地域は、都丸十九一氏が指定した範囲に含められる。

板倉の雷電神社が雨乞いの神として有名であるが、かつては各地から参拝に来たり、御水を借りに来たりしていた伝承が残る。一方で、雷に対する信仰というと雷を畏れるという心情もあるわけで、板倉の雷電神社は雹乱除けのお札を発行していて、これを受けに来る人々は関東平野中央部の広い範囲で見られる。雹は初夏・梅雨の終わり頃に発生し、近年も群馬では被害が出ているが、農作物に対する影響が大きい。近代以降養蚕の規模が拡大すると、この時期の降雹により桑の葉が失われて養蚕をする上では致命的な打撃を受けるので、雹を畏れるという心情もあった。ただし、館林地域では戦前にはほとんど養蚕が行われなくなる。おそらく小麦類の生産に加え、赤生田・羽附地区などのように野菜の出荷を行っているので、畑作はそういう転換を早い段階で迎えたのだと思われる。また、この地域では「富士西の三束雨」という言葉があるが、館林では富士山が南西方向に見え、その西側の方に雷雲が湧くと麦三束を束ねるうちに雷雲が来るという意味である。麦は雨を比較的嫌う作物で、収穫した麦を濡らしてしまうと、発芽をしたり、カビが生えたりして等級が下がることもあり、日常雨を気にして生活をしていた。一方で、この地域は低湿地であるため湿田が多いのだが、乾田は用水の流末に位置し、用水からの水が不足して悩まされていた。雷の音がゴロゴロと聞こえるとあわてて出かけ、くろぬり（畔塗り）をして田植えをしたという話をよく聞く。以上のことから、雷電信仰が農耕・畑作と関係していると考えられる。

討論のまとめ

ここで再び議長が高木に代わり、討論のまとめが行われた。

議長高木　これまでの共通論題研究発表・議論の中で、この地域の特徴というものが多く浮かび上がったと思われる。一方で、原直史氏が述べられたように今大会の提起が、他地域と比較してどのような共通性・違いがあるのか、今回の共通論題が一つのモデルケースになりうるのか、検討する課題も残っている。実行委員長の簗瀬大輔氏（群馬）にそうした課題も含めてコメントをいただきたい。

簗瀬　〝川合〟と「里沼」というものを我々がどのように捉えればよいかということが、この地域に限って言えば、その地域像がかなり鮮明になったと思われ、第一の課題がクリアできた。大変感謝申し上げたい。一方、議論の中で越前や越後などにも似たような所があるとの意見が出ており、それらとはどのようにすり合わせをしていくのかという新たな課題もできた。実は、新たな課題というよりも初めから想定していた課題であったと思われる。今回の共通論題の表記を改めて確認すると、〝川合〟に〝　〟が付いており、「里沼」には「　」が付いていることに気がつくだろう。これはまだ、これらの語彙や概念が共通認識になっていないという印で、この会場だけで当面通用するという意味合いがある。このことから第二ステージでは、〝　〟や「　」を外すための研究に取り組むことになる。つまり、〝　〟や「　」を外して、全国共通の学術概念の提起に挑戦すること、これが次の課題であろう。今回の議論で、越前や越後のような事例が得られたことはその第一歩である。そのためには、今後議論の仲間を全国的に増やしていくことが重要になるが、そのときの地方史の大会のあり方、共通論題の立て方、報告の選定の仕方に関して、前例にとらわれず果敢にチャレンジできる大会スタイルを尊重してほしい。悪い言い方になるが、今大会の議論が一過性の打ち上げ花火に終わらず、継承され蓄積されていくような議論になればよいと思う。方法論としての〝川合〟・「里沼」論とはすなわち地方史の大会のあり方論とも言えるのではないだろうか。

今回大会では、川と沼を主題としたことから水辺の景観ということが全面に出てきたが、実はここには洪積台地という重要な景観要素であり、テーマが隠れているのである。〝川合〟・「里沼」というのは台地ありきの川であり、台地ありきの沼なのであるので、すなわち邑楽台地が今大会の重要な景観構成要素であるので、「〝川合〟・「里沼」の地域像」は「邑楽台地とその周辺の地域像」と言い替えることもできる。しかし、準備段階でなるべく固有名詞を使わないという方針が立てられたことがあったので、そこで出てきたのが〝川合〟であり「里沼」ということであった。邑楽台地は地形的には埋没台地と言われており、洪積台地の上に沖積低地がかぶりつつある。したがって、台地といっても沖積低地とあまり見分けがつかず、土地利用の仕方に注目しなければその差がよくわからない所である。もし、他地域に仲間を探すならば、そのような埋没台地とその周辺地域というような事例を探してみるのも第二ステージの重要な視点である。同じ〝川合〟であっても下総台地のような彫りの深い台地と川の関係とは全く違うし、東京低地のようなデルタ地帯の〝川合〟とも異なる。川が並行して二本流れ、直に合流していれば何でも〝川合〟なのかというと決してそうではない。やはり、埋没台地とその周辺地域ということで〝川合〟・「里沼」概念の再構築をしていくことが今後の課題として見えてきたと思う。

共通論題討論では、多くの方から質問・意見・提起等がなされ、当初の予定時間を延長して活発な議論が行われた。当日の記録をもとになるべく臨場感が伝わるように、紙幅の許される限り掲載した。発言者の意図しないかたちで要約された箇所がある場合、責任は髙木にある。

八　巡見

大会最終日の一〇月二三日は大会テーマをふまえ、左記のコースで巡見を行った。

多々良沼（多々良沼遺跡）→茂林寺（宝物館）・茂林寺沼→つつじが岡公園（つつじ映像学習館）→善導寺（本堂・榊原康政の墓）→善長寺（榊原忠次母祥室院殿の墓）・城沼→〈昼食〉→解散

新型コロナウイルス感染症拡大防止の観点から一コースを二グループに分け、バス二台に分乗して移動した。道中、大会事務局の岡屋紀子・井坂優斗両氏を中心に、実行委員の協力を得て解説をいただいた。

Aグループは芸術ホール前に集合してマイクロバスで移動し、駅に集合したBグループと合流したのち、多々良沼へ向かった。多々良沼では、交互に①野鳥観察棟（多々良沼遺跡遺物の見学）と②多々良沼遺跡をめぐり、次の茂林寺では、境内・宝物館・茂林寺沼展望スポットをグループごとに回った。その後、各グループは別々に、Aグループはつつじが岡公園→善導寺→善長寺・城沼の順に、Bグループは、善導寺→善長寺・城沼→つつじが岡公園の順に巡った。

つつじが岡公園では、映像学習館で里沼に関する映像を見て、善導寺では本堂内の見学と境内での榊原康政の墓所などを見学、榊原忠次母祥室院殿の墓所および城沼の説明を受けた。最後は、昼食会場となる「館林うどん」で合流して会食を行った。その後、昼食会場から館林駅まで送迎も行い、解散後は製粉ミュージアムなどへの案内もいただいたことから、大会開催地の企業ミュージアムへ向かう参加者も多くみられた。

巡見は大会実行委員と運営委員の巡見担当（宮坂新氏）を中心に、見学先への挨拶をはじめ、コースの下見やスケジュールの調整など入念な準備を行い、無事に開催できた。ご協力いただいた関係各位に、この場を借りて感謝申し上げたい。

九　総括例会

大会終了後の二〇二四年二月二三日、館林市文化会館において、総括例会（第二回研究例会）が開催された。総括例会は研究小委員会が担当し、大会の成果と課題を確認している。運営委員会から鬼塚知典氏、実行委員会から近藤聖弥氏が報告を行った。

鬼塚氏は、館林大会の大会開催までの流れを確認しながら、運営面および考古学的な視点から大会テーマ・共通論題の成果・課題について報告された。近藤氏は、若手研究者として大会に参加した経験談と群馬をフィールドにする研究者としての視点から、大会の成果・課題について総括した。

続いて、大会の内容面について鬼塚氏は、「里沼」を各時代の地域特性を見極めながら丁寧に一つの「沼」として、それぞれの意義を見出すべきと指摘した。近藤氏は、〝川合〟は自然環境が作り出した環境で、人々は自然環境と格闘しながら生活を積み重ね、「里沼」は人間が自然環境に働きかけて作り出した環境で、その時代の人々の生活を反映すると位置付けた。

討論では、運営が良好に進められた要因として、地元に精通した事務局の体制や館林市史編さん委員を通じたコミュニケーションなどがあげられ、こうした自治体や研究者の協力の賜物であったことが指摘された。また、共通論題研究発表や問題提起の執筆を多くの若い研究者に依頼できたことは、今後一〇年・二〇年先の地域研究にも繋がるのではないかという意見が得られた。

また、前澤和之氏は古代史料に「川合」という用語・概念があったことを指摘し、古代史における池沼に対するイメージについて説明され、それに対し佐藤孝之氏は、中世に転換期があったのではないかと示唆し、簗瀬大輔氏は人為的に沼を認識したのは一三世紀ではないかと述べた。

一方、過去に開催された埼玉大会の比較として、中世から近世までの報告がなく利水だけでなく軍事的な視点がなかったことについて指摘があった。共通論題討論の中で簗瀬氏が提起した「普遍性」の問題については、地域形成のあり方や「水場」に対する見方の違いについて、個別な検証を重ねていく必要があるとの意見が得られた。

いずれの報告および討論も、今後の館林周辺地域だけでなく同様な地形・環境がみられるような地域の研究を前進させる重要な課題を提示した。その要旨は、会誌『地方史研究』第四三〇号（二〇二四年八月）に掲載されており、あわせて参照されたい。

おわりに

本大会は、群馬県内からはもちろん、全国各地の会員も含めて、参加者二三一名（オンライン三九名含む）におよんだ。巡見の参加者は七一名であった。大会準備にあたられた地元実行委員の皆様、後援・協力・協賛いただいた団体関係者の皆様、そして大会にご参加いただいた皆様のご協力のおかげで、無事大会を盛会にて終えることができた。この場を借りお礼を申し上げたい。

前大会は新型コロナウイルス感染症により、開催自体が危ぶまれていたが、今大会はかつての活気ある姿が戻りつつあったように思われる。その一方、準備段階では感染症拡大にともない、制限された場面もないわけではなかった。そのような中、大会事務局の差配のもと、なるべく顔を突き合わせて議論することができ、それがいかに重要であるかを強く実感した。

最後になったが、本大会を開催するにあり、多くの方々から ご支援を賜った。ことに大会実行委員の方々、後援・協力・協賛をいただいた諸機関・諸団体の方々には、大変お世話になった。改めて御礼を申し上げるとともに、後援・協力・協賛の諸機関・諸団体を紹介させていただく。

後援　群馬県・群馬県教育委員会・館林市・館林市教育委員会・群馬大学・群馬県立女子大学・高崎経済大学・共愛学園前橋国際大学・國學院大學栃木短期大学・(株)上毛新聞社・群馬テレビ(株)・ケーブルテレビ館林

協力　館林市観光協会

協賛　公益財団法人群馬県埋蔵文化財調査事業団・群馬県市町村公文書等保存活用連絡協議会・群馬県博物館連絡協議会・群馬県高等学校教育研究会歴史部会・群馬県高等学校教育研究会地理部会・館林市「日本遺産」推進協議会・群馬県地域文化研究協議会・群馬歴史民俗研究会・群馬歴史資料継承ネットワーク・

群馬地理学会・群馬地名研究会・館林文化史談会・桐生文化史談会・利根川文化研究会・埼玉県地方史研究会・足利市文化財愛護協会・安蘇史談会・水場の風景を守る会・NPO法人足尾鉱毒事件田中正造記念館・アサヒ飲料（株）・正田醤油（株）・（株）日清製粉ウェルナ・（株）日清製粉グループ本社　製粉ミュージアム

本書の刊行は、大会実行委員会、特に委員長の簗瀬大輔氏をはじめ、同じく実行委員であり議長団にご登壇いただいた飯森康広氏・鈴木耕太郎氏の協力を得て、地方史研究協議会第七三回（館林）大会成果論集刊行特別委員会が担当した。委員会は、企画・総務小委員会のもとに組織され、鬼塚知典・鎮目良文・手塚雄太・長谷川幸一・宮坂新・高木謙一（委員長）の六名で構成した。刊行にあたっては、館林市・飯島長壽氏に資料のご提供・ご協力をいただいた。また、株式会社雄山閣には刊行をお引き受けいただき、ことに編集部の羽佐田真一氏・八木崇氏のお世話になった。記して謝意を表したい。

（文責　高木謙一）

共通論題研究発表者

共通論題討論議長団

執筆者紹介（五十音順）

小嶋　　圭（こじま　けい）
一九九〇年生まれ
群馬県文化財保護課

坂本　達彦（さかもと　たつひこ）
一九七六年生まれ
國學院大學栃木短期大学教授

佐藤　孝之（さとう　たかゆき）
一九五四年生まれ
東京大学名誉教授

高橋　人夢（たかはし　とむ）
一九九五年生まれ
吉岡町文化財センター

高柳　友彦（たかやなぎ　ともひこ）
一九八〇年生まれ
一橋大学大学院経済学研究科講師

中嶋　久人（なかじま　ひさと）
一九六〇年生まれ
明海大学非常勤講師

永島　政彦（ながしま　まさひこ）
一九六二年生まれ
群馬県立高崎高等学校

長谷川　明則（はせがわ　あきのり）
一九九二年生まれ
群馬県職員

前澤　和之（まえざわ　かずゆき）
一九四六年生まれ
群馬県地域文化研究協議会会長

宮田　裕紀枝（みやた　ゆきえ）
一九五二年生まれ
元板倉町教育委員会

2024（令和6）年10月19日 初版発行 《検印省略》

地方史研究協議会 第73回（館林）大会成果論集
〝川合〟と「里沼」―利根川・渡良瀬川合流域の歴史像―
（かわあいとさとぬま　とねがわ・わたらせがわごうりゅういきのれきしぞう）

編　者　ⓒ地方史研究協議会

発行者　宮田哲男

発行所　株式会社 雄山閣
〒102-0071　東京都千代田区富士見2-6-9
電話 03-3262-3231㈹　FAX 03-3262-6938
https://www.yuzankaku.co.jp
E-mail　contact@yuzankaku.co.jp
振替：00130-5-1685

印刷・製本　株式会社ティーケー出版印刷

Printed in Japan 2024　ISBN978-4-639-03004-1　C3021
N.D.C.216　268p　22cm